ISOLIEROELE

Theoretische und praktische Fragen

Bearbeitet von O. Alber, B. Anderson, A. Baader
F. Evers, W. Hoesch, Gg. Keinath, E. Kirch, A. Nikuradse
W. O. Schumann, H. Stäger

Zusammengestellt und herausgegeben von der
RHENANIA-OSSAG MINERALÖLWERKE A-G HAMBURG

Mit 155 Abbildungen

BERLIN
VERLAGSBUCHHANDLUNG JULIUS SPRINGER
1938

ISBN 978-3-642-50396-2 ISBN 978-3-642-50705-2 (eBook)
DOI 10.1007/978-3-642-50705-2

Softcover reprint of the hardcover 1st edition 1938

Vorwort.

Wir haben in dem vorliegenden Werk den Versuch unternommen, einen Überblick über die wesentlichsten Fragen zu geben, welche auf dem Wissensgebiet „Isolieröle“ zur Erörterung stehen.

Maßgebende Herren aus Wissenschaft und Industrie sind unserer Einladung gefolgt und haben ihre Ansichten über diese Fragen niedergelegt. Wir sprechen den Herren Mitarbeitern auch an dieser Stelle unseren besonderen Dank aus.

Die Tatsache, daß über die behandelten Fragen in Fachkreisen zum Teil unterschiedliche Meinungen bestehen, findet naturgemäß in den vorliegenden Arbeiten auch ihren Niederschlag.

In der Behandlung der wissenschaftlichen Fragen kann das Buch nicht den Anspruch auf Vollständigkeit erheben, da uns die notwendige Begrenzung des Gesamtumfanges Beschränkungen hinsichtlich der Zahl der Mitarbeiter und der Auswahl der Themen auferlegte.

Es lag uns jedoch daran, das Buch trotzdem zu einem wertvollen Hilfsmittel für die *Praxis* zu machen und seinen Inhalt zu diesem Zwecke durch eine Behandlung möglichst aller in der Praxis auftauchenden Fragen lückenlos zu gestalten. Dieser Gesichtspunkt war bei der Auswahl der behandelten Fragen maßgebend. Diesem Zwecke dient auch das ausführliche und mit ergänzenden Ausführungen versehene Stichwort-Verzeichnis.

Wir wünschen und hoffen, daß das Buch unseren Freunden Hilfe und Anregung und ein gern benutzter Wegweiser sein möge.

Hamburg, im Februar 1938.

Rhenania-Ossag
Mineralölwerke Aktiengesellschaft.

Inhaltsverzeichnis.

Über Elektrizitätsleitung in Isolierölen[1].

Von **Alexander Nikuradse**, Berlin.

Mit 21 Abbildungen.

Hier werden die dielektrischen Eigenschaften der Öle behandelt. Besondere Aufmerksamkeit wird der Polarisation, dem Dipolmoment des Moleküls und der Dielektrizitätskonstante gewidmet.

Neben einigen spezifischen Erscheinungsformen der Trägerleitung bei niedrigen Spannungen werden die Charakteristiken und Konstanten der Ionenströmung wie Ionenbildung, Ionengeschwindigkeit, Ionenbeweglichkeit, Wiedervereinigung usw. besprochen. Es wird gezeigt, welchen Einfluß die Kolloidteilchen, Assoziation, Polymerisation, Hydratation auf die Ionenvorgänge ausüben.

Die Polaritäts-, Temperatur- und Druckeffekte werden sowohl bei niedrigen als auch bei hohen Feldstärken erörtert.

Bei hohen elektrischen Spannungen hat man einen sehr starken Anstieg des Stromes mit der Spannung beobachtet. Dieser Spannungseffekt hat äußerlich eine große Ähnlichkeit mit dem, den man auch in Gasen festgestellt hat. Die Stromleitung bei hohen Feldstärken wird diskutiert. Auch die Glimmerscheinungen, die man in Ölen beobachtet hat, werden kurz gestreift (*1*)[2].

1. Verschiebungs- und Leitungsstrom.

Wird an die Elektroden A (Anode) und K (Kathode) die Spannung U angelegt (s. Abb. 1), so beobachtet man im Galvanometer den Strom i. Der von der Spannung U erzeugte Strom besteht aus zwei Teilen: 1. dem Verschiebungsstrom und 2. dem Leitungsstrom (Konvektionsstrom). Der Verschiebungsstrom wird durch die Deformation der Elektronenbahnen und durch die Drehung der Dipolmoleküle im elektrischen Felde hervorgerufen. Der Leitungsstrom ist jedoch durch die

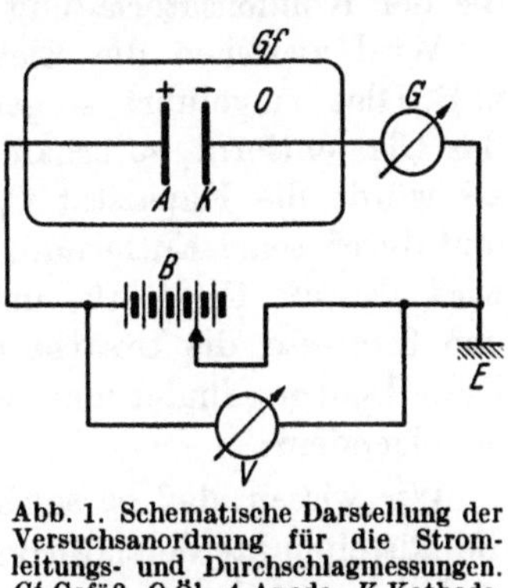

Abb. 1. Schematische Darstellung der Versuchsanordnung für die Stromleitungs- und Durchschlagmessungen. *Gf* Gefäß, *O* Öl, *A* Anode, *K* Kathode, *G* Galvanometer, *V* Voltmeter, *B* Batterie.

[1] Mitteilung aus dem Laboratorium für Elektronen- und Ionenlehre der Technischen Hochschule Berlin.

[2] Siehe Literaturverzeichnis, S. 53.

Bewegung der negativen und positiven Ladungsträger (Elektronen und Ionen beider Vorzeichen) bedingt. Die folgende Ausführung soll sich mit der Natur dieser beiden Stromarten befassen.

2. Öle als Dielektrikum.

Polarisation. Dielektrizitätskonstante. Ist ein Kondensator, der aus zwei Kondensatorplatten (Elektroden A und K) besteht (Abb. 2), mit einem Elektroskop verbunden und wird ihm eine Ladung e_0 aufgedrückt, so zeigt das Elektroskop $E\,S$ einen Ausschlag. Der Ausschlag ist der Ladung e_0 proportional. Durch die Kondensatorladung e_0 ist die Potentialdifferenz U_0 (Spannung) zwischen den Elektroden (Kondensatorplatten) gegeben.

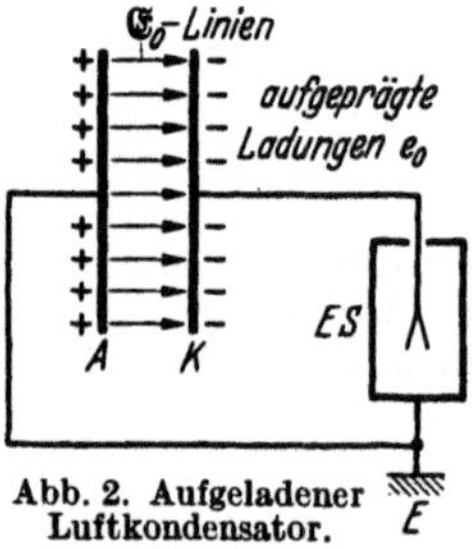

Abb. 2. Aufgeladener Luftkondensator.

$$U_0 = \frac{e_0}{C_0} = e_0 \frac{4\pi\delta}{F},$$

wo $C_0 = \frac{F}{4\pi\delta}$ die Kapazität, F die Fläche der Elektrode und δ den Elektrodenabstand bedeuten. Im Elektrodenzwischenraum herrscht dann die Feldstärke

$$\mathfrak{E}_0 = \frac{U_0}{\delta} = e_0 \frac{1}{C_0\delta} = e_0 \frac{4\pi}{F},$$

die der Kondensatorladung e_0 proportional ist.

Wird zwischen die Elektroden statt Luft ein anderes Dielektrikum, z. B. Glas, eingeführt, so geht der Ausschlag im Elektroskop zurück. Wird das Glas entfernt, so erhält man den früheren Ausschlag. Es sieht so aus, als würde die Kapazität C_0 durch die Einführung des Glases vergrößert und durch seine Entfernung verkleinert. Durch die Einführung des Glases wird also die Feldstärke im Innern des Kondensators geschwächt. Es ist von Interesse, die Ursache dieser Feldschwächung physikalisch zu deuten. Diese Deutung findet man in der dielektrischen Polarisation. Sie besteht in folgendem:

Wir wissen, daß es solche Moleküle gibt, die fertige Dipole darstellen: die Mittelpunkte der positiven und der negativen Ladungen e des Moleküls sind voneinander um einen bestimmten Betrag l entfernt. Diese beiden Pole der Ladungen bilden innerhalb des Moleküls ein Dipolmoment

$$M = e \cdot l.$$

Ein solches Molekül erfährt in einem elektrischen Feld eine Ausrichtung

(Orientierung). Die Drehung des Moleküls (Abb. 3) erfolgt mit dem Drehmoment

$$N = e \cdot l \cdot \sin\varphi = M \cdot \sin\varphi,$$

wo φ den Winkel darstellt, der durch die Polachse PP des Moleküls und die Richtung der Feldstärke $\mathfrak{E}$ gebildet wird.

Die Nicht-Dipolmoleküle können durch das Feld polarisiert werden. Als Beispiel hierfür wollen wir ein Wasserstoffatom zuerst ohne Feld und dann in einem Feld betrachten. Man stellt sich ein Wasserstoffatom aus einem Kern K (Proton) und einem Elektron gebildet vor. Das Elektron führt Bewegungen um den Kern aus. Der Wirkungsmittelpunkt der Ladung des Elektrons fällt mit dem des Kerns zusammen. Wird das H-Atom in ein elektrisches Feld eingeführt, so wird die Bahn des Elektrons verschoben und deformiert, z. B. so, wie in der Abb. 4 gestrichelt angedeutet wird und die beiden Wirkungsmittelpunkte der Ladungen gehen auseinander. So entsteht ein quasielastisches Moment des Atoms, welches in gewissen Grenzen der Feldstärke proportional ist.

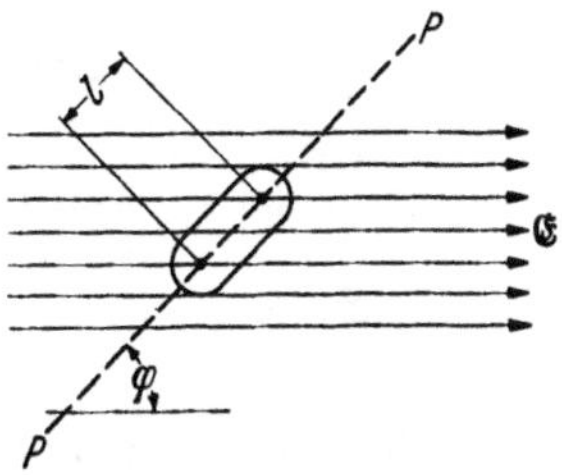

Abb. 3. Orientierung des Dipolmoleküls in einem elektrischen Felde. l Entfernung zwischen den Mittelpunkten der positiven und negativen Ladungen (Ladungspole), $P-P$ Polachse, φ Winkel zwischen der Polachse $P-P$ und der Feldstärke $\mathfrak{E}$.

Die Dipoldrehung und die Polarisation der einzelnen Moleküle verursachen eine zeitlich begrenzte Verschiebung der Ladungen. Denkt man sich durch den Elektrodenzwischenraum eine Fläche F—F gelegt (Abb. 5a), so geht infolge der Verschiebung eine bestimmte Anzahl Ladungseinheiten durch die Einheit dieser Fläche hindurch. Diesen Strom nennen wir die dielektrische Verschiebung. Dieser Prozeß ordnet die Moleküle des Dielektrikums so, wie es in der Abb. 5a angedeutet ist. Die benachbarten Moleküle neutralisieren gegenseitig die Polladung mit entgegengesetztem Vorzeichen. An der Kathode bleibt jedoch eine Schicht mit positiver, und an der Anode mit negativer Ladung. Als Endresultat erhält man einen Zustand, bei dem an der Innenwand des Kondensators eine Ladung e' festgestellt wird. Die Ladung e' ist der aufgeprägten Ladung e_0 proportional.

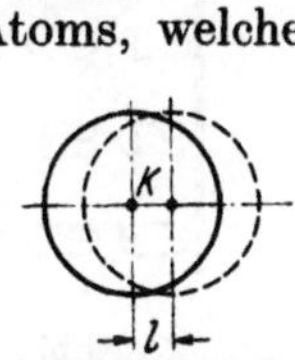

Abb. 4. Schematische Darstellung der Elektronenbahndeformation eines Wasserstoffatoms in einem elektrischen Felde. l Entfernung, um die die Mittelpunkte der negativen und positiven Ladungen durch die Feldwirkung gegeneinander verschoben wurden.

$$e' = \alpha \cdot e_0.$$

Den Proportionalitätsfaktor α wollen wir Verschiebbarkeit oder Polarisierbarkeit des Moleküls nennen. Die Ladung e' hat eine Feldstärke $\mathfrak{E}'$ zur

Folge, wobei $\mathfrak{E}'$ die ursprüngliche Feldstärke $\mathfrak{E}_0$ schwächt. Im Vakuum (Luft) erhält man also den Feldverlauf der Abb. 2, und durch Einführung des Dielektrikums wird das ursprüngliche Feld geschwächt, wie dies die Abb. 5b zeigt.

$\mathfrak{E}_0 = \frac{4\pi}{F} \cdot e_0$	Durch Überlagerung $\mathfrak{E}_0$ und $\mathfrak{E}'$ entsteht das resultierende $\mathfrak{E}$.	$\mathfrak{E} = \mathfrak{E}_0 + \mathfrak{E}'$
$\mathfrak{E}' = -\frac{4\pi}{F} \cdot e'$		$= \mathfrak{E}_0 - \alpha\,\mathfrak{E}_0$
$= -\frac{4\pi}{F} e_0 \cdot \alpha$		$= (1-\alpha)\,\mathfrak{E}_0$
$= -\mathfrak{E}_0 \cdot \alpha$		$= \frac{1}{\varepsilon}\,\mathfrak{E}_0$

Die Konstante $\varepsilon = \frac{1}{1-\alpha}$ wird als Dielektrizitätskonstante des Mediums bezeichnet. Sie ist also eine Funktion der Polarisierbarkeit der betreffenden Substanz (Abb. 6). Die Dielektrizitätskonstante kann durch Messungen z. B. auf folgendem

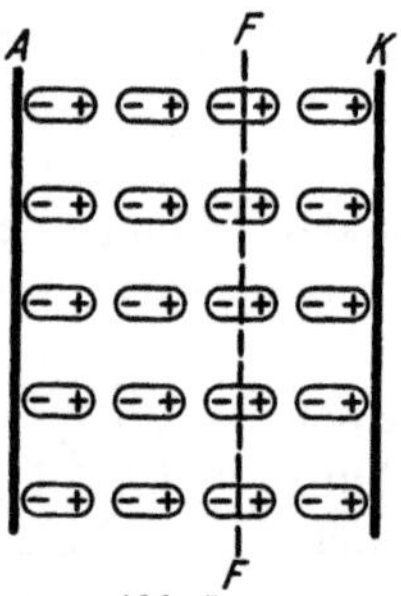

Abb. 5a.

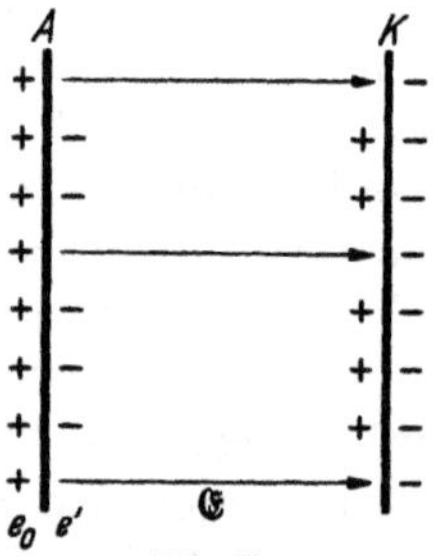

Abb. 5b.

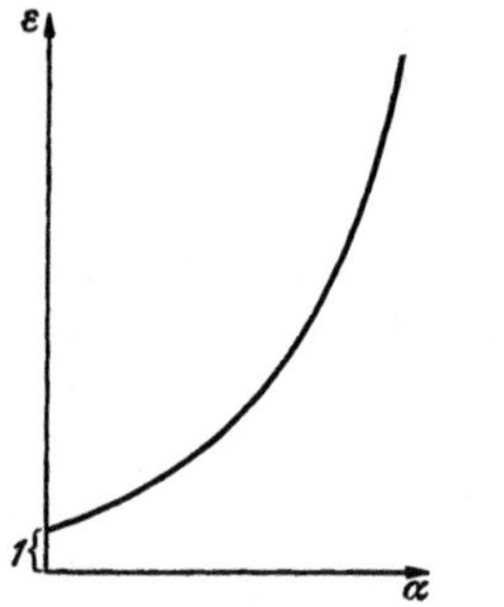

Abb. 6.

Abb. 5a. Die orientierten Moleküle. F—F die gedachte Fläche, durch die ein bestimmter Anteil des Stromes (Verschiebungsstrom) fließt, der infolge der Molekülorientierung und der Elektronenbahndeformation (Polarisation) hervorgerufen wird. Abb. 5b. Aufgeladener Kondensator mit Dielektrikum (vgl. Abb. 2). e_0 aufgeprägte Ladung; e' polarisierte Ladung, die im Öl-Dielektrikum dicht an den Elektroden entsteht; sie hat eine Feldstärke $\mathfrak{E}'$ zur Folge, die die ursprüngliche Feldstärke $\mathfrak{E}_0$ schwächt. $\mathfrak{E}$ resultierende Feldstärke.

Abb. 6. Die Abhängigkeit der Dielektrizitätskonstanten ε von der Polarisierbarkeit α.

Wege, direkt bestimmt werden. Wir wissen, daß

$$U = \mathfrak{E} \cdot \delta = \frac{1}{\varepsilon}\,\mathfrak{E}_0 \cdot \delta = \frac{U_0}{\varepsilon},$$

wo U_0 die Spannung des Kondensators ohne Dielektrikum ist. Ist C_0 die Kapazität des Kondensators ohne Dielektrikum und C die Kapazität mit Dielektrikum, so ist bei gleicher Ladung e_0

$$\mathfrak{E}_0 = U_0 \cdot C_0 = U \cdot C = \frac{U_0}{\varepsilon}\,C \quad \text{oder} \quad \varepsilon = \frac{C}{C_0}.$$

Danach kann die Dielektrizitätskonstante jeder Substanz bestimmt werden, indem man die Kapazität des Kondensators bestimmt, und zwar zuerst in dieser Substanz und dann in Luft (Vakuum). Das Verhältnis dieser zwei Kapazitätswerte C und C_0 ergibt eben die Dielektrizitätskonstante (Tabelle 1).

Die Dielektrizitätskonstante ist eine Funktion der Viskosität (Temperatur), der Frequenz und der Feldstärke.

Tabelle 1.

Substanz	ε
Trafoöle . . .	2,5
Paraffinöle . .	2,2
Petroleum . .	2,0
Wasser	81,0
Glimmer . . .	6 bis 8
Luft	1,0006
Vakuum . . .	1,0000

Die Polarisierbarkeit α eines Moleküls ist eine theoretische Konstante. Sie kann für eine Substanz im Dampfzustand mit Hilfe der Clausius-Mosottischen Beziehung ermittelt werden, wenn die Dielektrizitätskonstante ε der betreffenden Substanz experimentell bestimmt wurde.

$$\frac{\varepsilon - 1}{\varepsilon + 2} = \frac{4\pi}{3} n \cdot \alpha,$$

wo n die Zahl der Moleküle in 1 cm³ ist. Multipliziert man die Gleichung mit $\frac{M}{d}$ (M = Mol. Gewicht, d = Dichte), so erhält man

$$\frac{\varepsilon - 1}{\varepsilon + 2} \cdot \frac{M}{d} = \frac{4\pi}{3} \cdot \frac{M}{d} \cdot n \cdot \alpha = \frac{4\pi}{3} N\alpha = 2{,}54 \cdot 10^{24} \cdot \alpha,$$

wo $N = 6{,}06 \cdot 10^{23}$ die Zahl der Moleküle in 1 Mol bedeutet. Den Ausdruck

$$p = \frac{4\pi}{3} N\alpha = 2{,}54 \cdot 10^{24} \alpha$$

wollen wir als Molekularpolarisation bezeichnen.

Der orientierenden Kraft entgegen wirkt die Wärmebewegung der Moleküle. Sie hält die Moleküle in ständiger Unordnung. Bezeichnet $\bar{\mu}$ den Mittelwert des Moments in Feldrichtung und μ das Moment eines Moleküls, so ist

$$\frac{\bar{\mu}}{\mu} = \operatorname{ctg} a - \frac{1}{a} = L(a) \quad \text{Langevinsche Funktion},$$

wo $a = \frac{\mu \mathfrak{E}}{kT}$, $\mathfrak{E}$ = Feldstärke, $k = 1{,}37 \cdot 10^{-16}$ = Boltzmannsche Konstante, T = absolute Temperatur ist.

Bei großen Feldstärken tritt Sättigung ein, wie die graphische Darstellung der Langevinschen Funktion $L(a)$ zeigt (Abb. 7a). Bei nicht zu hohen Feldstärken kann man sich der ersten Näherung der Funktion

$$L(a) = \frac{a}{3} - \frac{a^3}{45} + \frac{25\,a^5}{955}$$

bedienen. Dann erhält man für den Mittelwert des elektrischen Moments der Moleküle

$$\frac{\bar{\mu}}{\mu} = \frac{a}{3} = \frac{\mu}{3\,k\,T}\,\mathfrak{E} \qquad \text{oder} \qquad \bar{\mu} = \frac{\mu^2}{3\,k\,T}\,\mathfrak{E}.$$

Bei dieser Überlegung wurde stillschweigend angenommen, daß die Bahnen der elektrischen Ladungen, die die Moleküle bilden, undeformierbar sind. Diese Voraussetzung trifft nicht ganz zu. Das äußere Feld verursacht die Verschiebung der Elektronenbahnen des Moleküls. Bedeutet nun α_0 den Betrag der Polarisation, die infolge der Deformation der Elektronenbahnen unter der Wirkung des äußeren Feldes entsteht, so ist die Gesamtpolarisation

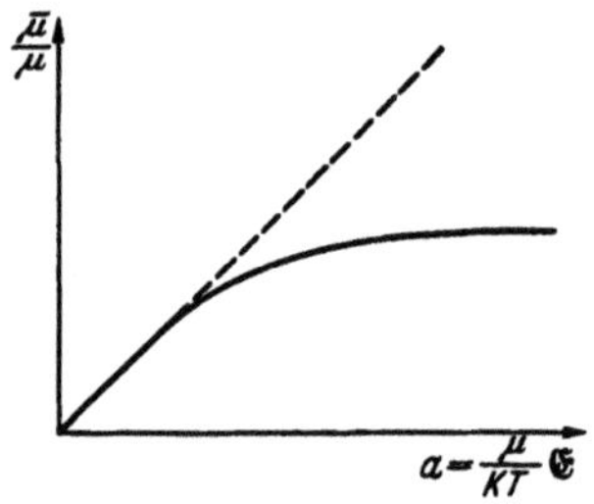

Abb. 7a. Die Langevinsche Funktion.

$$\alpha = \alpha_0 + \frac{\mu^2}{3\,k\,T},$$

wo $\frac{\mu^2}{3\,k\,T}$ die infolge der Dipolorientierung entstandene Polarisation bedeutet. Den Mittelwert des elektrischen Moments gibt dementsprechend der Ausdruck

$$m = \left(\alpha_0 + \frac{\mu^2}{3\,k\,T}\right)\mathfrak{E}.$$

Auf Grund der Messungen der Dielektrizitätskonstante sind wir in der Lage, mit Hilfe der Clausius-Mosottischen Beziehung die Molekularpolarisation p zahlenmäßig auszurechnen.

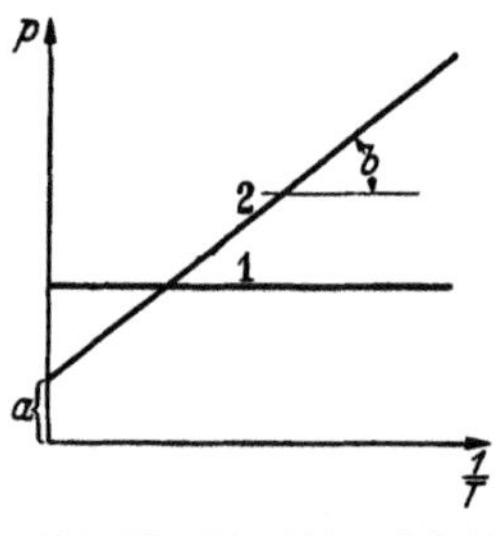

Abb. 7b. Die Abhängigkeit der Molekularpolarisation p von der Temperatur T.

$$p = \frac{\varepsilon - 1}{\varepsilon + 2}\,\frac{M}{d},$$

wenn das Mol. Gewicht M und die Dichte d bekannt sind. Trägt man p als Funktion von $1/T$ auf, so erhält man zwei Typen der Kurven, wie die Abb. 7b zeigt. Die Kurve 1 ist unabhängig von der Temperatur. Sie deutet darauf hin, daß die Moleküle dieser Substanz nicht polar sind. Die Kurve 2 kann durch die Gleichung

$$p = A + \frac{B}{T}$$

gegeben werden. Sie spricht dafür, daß diese Substanz aus Dipol-Molekülen besteht. Als molekulare Polarisation ergibt sich

$$p = \frac{4\,\pi}{3}\,N\left(\alpha_0 + \frac{\mu^2}{3\,k\,T}\right).$$

Hieraus ergibt sich die Bedeutung der Konstanten A und B, die sich aus der experimentell gewonnenen Kurve 2 der Abb. 7b bestimmen lassen.

$$A = \frac{4\pi}{3} N \alpha_0 \quad \text{und} \quad B = \frac{4\pi}{9} \frac{N}{k} \mu^2 .$$

Aus der Gleichung von B kann auch das Dipolmoment μ bestimmt werden.

$$\mu^2 = B \frac{9}{4\pi} \frac{k}{N} = B \frac{9}{4\pi} \frac{1{,}37 \cdot 10^{-16}}{6{,}06 \cdot 10^{23}}$$

oder $\mu = 0{,}0127 \cdot \sqrt{B} \cdot 10^{-18}$ abs. elst. E. Für NH_3 fand man $A = 5{,}45$; $B = 15{,}250$ und daraus $\mu = 1{,}57 \cdot 10^{-18}$ abs. elst. E.

Tabelle 2.

Substanz	chem. Formel	μ abs. elst. E
Wasserstoff . .	H_2	0
Wasser	H_2O	$1{,}87 \cdot 10^{-18}$
Methylalkohol .	CH_3OH	$1{,}73 \cdot 10^{-18}$
Benzol	C_6H_6	0

3. Stromzeitcharakteristik.

Bei unveränderlicher Spannung kann man in dielektrischen Flüssigkeiten in einigen Fällen eine Zunahme des Stromes i mit der Zeit t, und in einigen

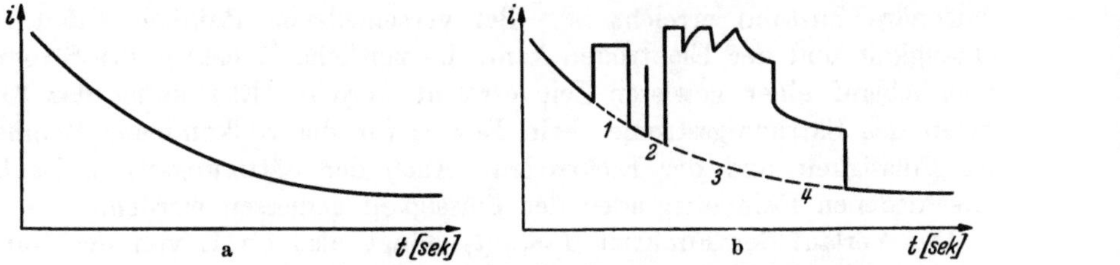

Abb. 8a und b. Die Abhängigkeit des Stromes von der Zeit bei U = const.

Fällen eine Abnahme beobachten. Man hat gleichzeitig beobachtet, daß ein Aufbau und Abbau der Raumladung stattfindet.

Wir wollen den Fall der zeitlichen Abnahme des Stromes verfolgen: Die i—t-Kurve kann glatt verlaufen, wie sie in Abb. 8a gezeigt wird. Sie kann aber auch Stromstöße aufweisen. Den Charakter dieser Stöße zeigt die Abb. 8b. Nach dem erfolgten Stoß kann der Strom eine Zeitlang konstant bleiben (Abb. 8b), und dann erst später abfallen (vgl. Abb. 8b, Stelle 1). Der Stoß kann aber auch momentan sein, wie die Stelle 2 der Abb. 8b zeigt. Endlich können dem Stoß auch Schwankungen nachfolgen (Stelle 3) oder ein Abfall ähnlicher Art wie bei der Grundkurve, nur mit einem erhöhten Wert (Stelle 4 der Abb. 8b). Die Reihenfolge der Stöße 1, 2, 3 ... in der Abb. 8b ist willkürlich gewählt; auch die Form der Stöße kann eine andere sein. Den Kurvenzug der Abb. 8b kann man sich aus zwei Kurven zusammengesetzt denken: 1. der Grundkurve, wie sie in Abb. 8a dargestellt ist, und 2. der Überlagerung der Stöße 1, 2 usw. über der Grundkurve. Beide Ströme haben verschiedene Ursachen. Während die erste Kurve durch den Abbau der Raumladung oder durch die Wirkung der dispersen Teilchen od. dgl. erklärt werden kann, ist die Ursache der zweiten Kurve (Überlagerung) in momentan auftretenden, fast unkontrollierbaren Erscheinungen zu suchen. Sie kann z. B. durch Kraterbildung an den Elektroden, oder durch Spitzenbildung (auch Suspension usw.) erklärt werden. Sie sind einmalig und die Ionennachlieferungsquelle ist zeitlich begrenzt. Der Überlagerungseffekt ist besonders bei kleinen Elektrodenentfernungen und bei Spitzenelektroden ausgeprägt.

In Mineralölen ist eine geringere Zeitabhängigkeit des Stromes vorhanden als in anderen dielektrischen Flüssigkeiten, wie z. B. in Hexan, Toluol, Xylol usw. Die Konstanz des Stromes mit der Zeit (bei $U = \text{const}$) ist nicht unbedingt ein Zeichen der äußersten Reinheit der Flüssigkeit und der Elektroden. Sie zeigt bloß, daß unter den bestimmten Bedingungen (bei dem gegebenen Reinheitsgrad der Flüssigkeit und der Elektroden) der stationäre Zustand erreicht ist. Bei verschiedenen Reinheitsstufen der Flüssigkeit und der Elektroden kann die zeitliche Konstanz des Stromes nach Ablauf einer gewissen Zeit erreicht werden. Ebenso ist das Auftreten des Sättigungsstromes kein Beweis für die vollkommene Reinheit der Flüssigkeit und der Elektroden. Auch der Sättigungsstrom ist bei verschiedenen Reinheitsgraden der Flüssigkeit gemessen worden.

Der Verlauf der Funktion $I = f(t)$ hängt also ab 1. von der Natur der Flüssigkeit, 2. von der Reinheit der Flüssigkeit, 3. von der Reinheit der Elektroden, 4. von der Temperatur, 5. von der Höhe der Spannung, 6. von der Elektrodenkonfiguration.

4. Stromspannungscharakteristik.

Für die Aufnahme der Stromspannungscharakteristik benutzt man die auf folgende Weise erhaltenen Stromwerte. Man läßt den Strom (bei konstanter Spannung) mit der Zeit abklingen, bis der Strom konstant geworden ist. Diese Stromzeitkurven werden bei verschiedenen Spannungen aufgenommen. Die konstanten Stromwerte trägt man als Funktion der Spannung auf. In diesem Zustand hat man auch eine stationäre Raumladungsverteilung beobachtet. In folgendem sollen nun die stationären oder statischen Charakteristiken besprochen werden. In mäßig gereinigten Isolierölen ist die Abhängigkeit des Stromes von der Zeit sehr gering. Durch

Reinigung der Elektroden und der Flüssigkeit beseitigt man diese Abhängigkeit leicht.

In Abb. 9 ist die Hauptcharakteristik dargestellt, die die Beziehung zwischen dem Strom I und der Spannung U zeigt. Wir wollen die Betrachtungen in drei Teile teilen:

1. bei niedrigen Spannungen, also bei $U \leq U_0$,
2. bei hohen Spannungen, also bei $U \geq U_0$,
3. bei der elektrischen Funkenentladung.

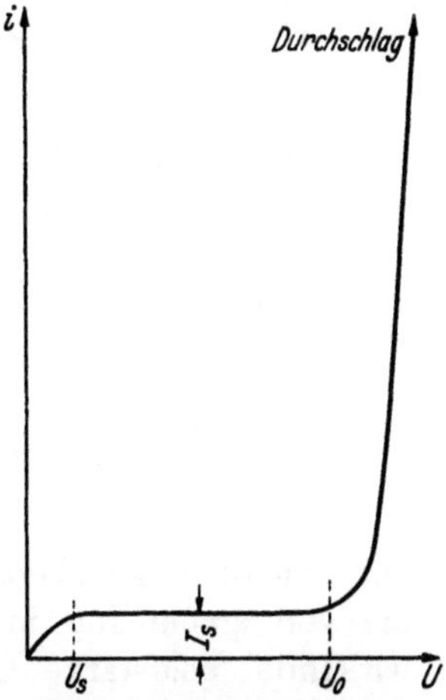

Abb. 9. Stromspannungscharakteristik. I_s Sättigungsstrom, U_s Sättigungsspannung. U_0 Spannung, bei der der exponentielle Wiederanstieg des Stromes mit der Spannung beginnt.

Der Spannungswert U_0 ist dadurch charakterisiert, daß bei ihm das Sättigungsgebiet aufhört, und der Strom anfängt, mit der Spannung exponentiell zu steigen, bis schließlich der dritte Fall, die elektrische Funkenentladung (Durchschlag) eintritt. Diese letzte Erscheinung (Funkenentladung) werden wir gesondert behandeln (S. 23).

Bei ganz niedrigen Spannungen ($U \leq U_s$; Abb. 9) beobachtet man Proportionalität zwischen Strom und Spannung (Ohmsches Gebiet). Mit wachsender Spannung erreicht der Strom bald einen Sättigungswert, d. h. trotz steigender Spannung bleibt der Strom konstant. Nimmt man die Sättigungsströme bei verschiedenen Elektrodenentfernungen auf, so erhält man den in Abb. 10 durch die Kurven 1 und 2 dargestellter typischen Verlauf. Die Kurve 1 zeigt, daß der Sättigungsstrom mit dem Volumen der Flüssigkeit nicht wächst. Im Sättigungsstrom ist die Gesamtzahl der in der Zeiteinheit gebildeten Ionen zu erblicken, und zwar im ganzen Elektrodenzwischenraum. Die Gesamtzahl der in der Sekunde erzeugten Ionen bleibt also konstant, wenn die Elektroden auseinandergezogen werden.

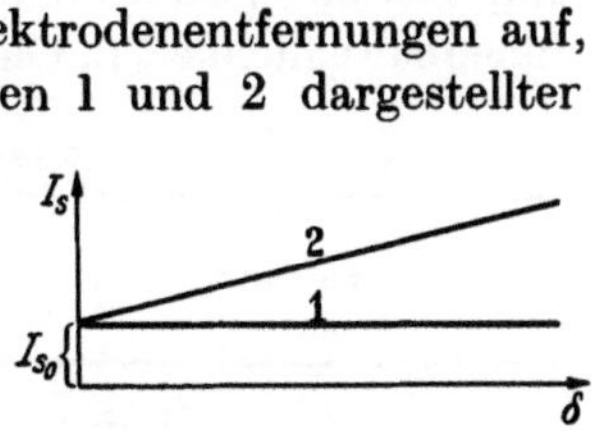

Abb. 10. Die Abhängigkeit des Sättigungsstromes I_s von der Elektrodenentfernung.

Andererseits beobachtet man aber eine einfache Proportionalität zwischen dem Sättigungsstrom I_s und der Elektrodenflächengröße. Dieser experimentelle Tatbestand führt uns zur Annahme, daß die Erzeugung der Ionen an der Elektrodenoberfläche stattfindet. Die Mineralöle zeigen dieses Verhalten eindeutig, das auch in anderen Flüssigkeiten beobachtet wurde. Hier haben wir also eine ausgesprochene Flächenionisation.

Gibt man aber der Flüssigkeit Zusätze, die elektrolytisch wirken, oder bestrahlt man sie von außen (künstliche Ionisation), so bekommt man die Kurve 2 in Abb. 10. Diese Kurve beginnt bei $\delta = 0$ mit dem Stromwert I_{s0} und wächst proportional der Elektrodenentfernung, d. h. dem Volumen des zwischen den Elektroden befindlichen Dielektrikums.

$$I_s = I_{s0} + a \cdot \delta.$$

Der Sättigungsstrom, also die Gesamtzahl der erzeugten Ionen besteht aus zwei Gliedern: Das erste Glied I_{s0} bleibt konstant mit wachsendem δ. Das ist der Betrag der Flächenionisation; das zweite Glied $a \cdot \delta$ ist proportional dem wachsenden Flüssigkeitsvolumen. Das ist der Betrag der Volumenionisation.

5. Ionenströmung.

Die Kraftwirkung K der Feldstärke $\mathfrak{E}$ auf das Ion mit der Ladung e ist

$$K = e \cdot \mathfrak{E}.$$

Die Ionenbeweglichkeit wollen wir mit k bezeichnen. k ist die Strecke, die von einem Ion in 1 s zurückgelegt wird, wenn die auf dieses Ion wirkende Feldstärke $\mathfrak{E} = 1$ V/cm beträgt. Die Ionenbeweglichkeit hat daher die Dimension $\frac{\text{cm/s}}{\text{V/cm}}$. Die Geschwindigkeit des Ions ist

$$v = k \cdot \mathfrak{E}.$$

Die Beweglichkeit k des Ions hängt von seiner Ladung, seiner Dimension und von der Viskosität des Mediums ab. Damit läßt sich erklären, daß die Ionenbeweglichkeit in Gasen viel größer ist als in Flüssigkeiten. Die folgende Tabelle 3 demonstriert diese Aussage.

Tabelle 3.

Substanz		Beweglichkeit in $\frac{\text{cm/s}}{\text{V/cm}}$ k^+	k^-
Gase	Luft	1,37	1,9
	Helium	5,0	6,3 bis 600
Flüssigkeiten	Hexan	$1{,}2 \cdot 10^{-1}$	$1{,}8 \cdot 10^{-1}$
	Mineralöl	$9{,}2 \cdot 10^{-5}$	

Fließt durch die Flächeneinheit der Strom j Amp, so ist die Zahl der in 1 s durchströmenden Träger

$$q = \frac{j}{e},$$

wo e die Ladung eines Trägers bedeutet. Werden in 1 s in der Volumeneinheit n_0 Ionen erzeugt und n' rekombiniert, so werden im ganzen Elektrodenzwischenraum mit dem Abstand δ und der Elektrodenfläche F

$$n_0 \cdot \delta \cdot F$$

Ionen erzeugt und

$$n' \cdot \delta \cdot F$$

rekombiniert. Die Ionenzahl, die an die Elektroden abgeführt wird, erhalten wir aus der Differenz der obigen Ausdrücke

$$N' = n_0 \cdot \delta \cdot F - n' \cdot \delta \cdot F = \delta F (n_0 - n')$$

oder auch

$$n_0 \cdot \delta \cdot F = \frac{j}{e} + n' \cdot \delta \cdot F.$$

Sind in 1 cm³ n_p positive und n_n negative Ionen vorhanden, so werden n' Ionen in 1 s in 1 cm³ rekombiniert

$$n' = \alpha \cdot n_p \cdot n_n,$$

wo α den Rekombinationskoeffizienten bedeutet. Ist $n_p = n_n = n$, so erhalten wir

$$n' = \alpha \cdot n^2$$

oder auch

$$n = \sqrt{\frac{n'}{\alpha}}.$$

Ist die zwischen den Elektroden wirkende Feldstärke gering, so bewegen sich die Ionen mit geringer Geschwindigkeit; sie verweilen im Elektrodenzwischenraum längere Zeit. Deswegen ist die Wahrscheinlichkeit der Zusammenstöße und damit auch der Wiedervereinigung der positiven und negativen Ionen bei langsamen Ionengeschwindigkeiten größer als bei schnellen. Wächst die Feldstärke, so wird die Verweilzeit der Ionen im Elektrodenzwischenraum geringer und die Zahl der rekombinierten Ionen geht zurück, bis bei bestimmten Feldstärken keine Ionen mehr durch Rekombination verlorengehen. Dann ist

$$N' = n_0 \cdot \delta \cdot F = \frac{j_s}{e}$$

(j_s = Sättigungsstromdichte). Bei sehr schwachen Feldstärken, also bei sehr geringen Ionengeschwindigkeiten, werden sehr wenig Ionen an die Elektrode abgeführt, fast alle Ionen werden rekombiniert, und wir erhalten

$$n_0 = n'$$

und aus der Gleichung

$$n = \sqrt{\frac{n'}{\alpha}} = \sqrt{\frac{n_0}{\alpha}}.$$

Die Leitungsstromdichte ergibt sich

$$j = n \cdot e \cdot v = n \cdot e \cdot k \cdot \mathfrak{E} = \sqrt{\frac{n'}{\alpha}} \cdot e \cdot k \cdot \mathfrak{E}.$$

Bei geringen Spannungen ist also der Strom der Feldstärke proportional (Ohmsches Gesetz).

Wird nun die Feldstärke $\mathfrak{E}$ gesteigert, so wächst $\frac{j}{e}$ in der Gleichung

$$n_0 \cdot \delta \cdot F = \frac{j}{e} + n' \cdot \delta,$$

die Wahrscheinlichkeit der Rekombination wird geringer, und wir erhalten die Gleichung $N' = n_0 \cdot \delta \cdot F = \frac{j_s}{e}$, woraus j_s errechnet werden kann.

$$j_s = n_0 \cdot e \cdot \delta \cdot F \quad \text{(keine } \mathfrak{E}\text{-Abhängigkeit)}.$$

6. Ionenbeweglichkeit und Assoziation, Polymerisation und Hydratation.

Auf das Ion wirkt die Kraft K

$$K = e \cdot \mathfrak{E}.$$

Ihr entgegengesetzt wirkt bei gleichmäßiger Ionengeschwindigkeit der Widerstand des Mediums

$$L \cdot 6\pi \cdot \eta \cdot r \cdot v,$$

wo L = zusätzlicher Koeffizient der inneren Reibung,
η = Koeffizient der inneren Reibung = Viskosität,
v = Ionengeschwindigkeit,
r = Ionenradius. (Im Fall angelagerter Moleküle: Radius des ganzen bewegten Gebildes.)

Wir führen L ein, weil durch den makroskopischen Koeffizienten (die innere Reibung) nicht ohne weiteres die Ionenreibung angegeben werden kann.

Es ist

$$e \cdot \mathfrak{E} = L \cdot 6 \cdot \pi \cdot \eta \cdot r \cdot v = L \cdot 6\pi \cdot \eta \cdot r \cdot k \cdot \mathfrak{E}$$

oder auch

$$k = \frac{e}{L \cdot 6 \cdot \pi \cdot \eta \cdot r}.$$

Leider ist der Koeffizient L der zusätzlichen Reibung der Ionen nicht bekannt. Deswegen hat die obige Gleichung nur qualitative Bedeutung.

Wird η oder r größer, so wird k geringer und der Widerstand R größer. Einen Einfluß auf die Ionenbeweglichkeit üben Assoziation und Polymerisation aus, weil diese die Viskosität beeinflussen. Durch Assoziation verbinden sich mehrere Moleküle und bilden einen Komplex. Wahrscheinlich geschieht dies auf Kosten der zusätzlichen Valenzkräfte. Die intermolekularen Kräfte solcher Molekülkomplexe sind erhöht; daher kommt es, daß der Koeffizient der inneren Reibung der Flüssigkeiten, in denen die Assoziation der Moleküle stattgefunden hat, größer ist als ohne Assoziation. Mit der Temperatur ändert sich die Assoziationsstärke. In zähflüssigen Substanzen, z. B. Ölen, verlangt der Prozeß der Assoziation lange Zeiten, Sekunden, ja oft Minuten.

Tabelle 4. Ionenbeweglichkeit in wäßrigen Lösungen.

Positive Ionen	k^+	Negative Ionen	k^-
H^+	$33 \cdot 10^{-4}$	OH^-	$18{,}2 \cdot 10^{-4}$
Na^+	$4{,}6 \cdot 10^{-4}$	Cl^-	$6{,}85 \cdot 10^{-4}$
K^+	$6{,}75 \cdot 10^{-4}$	CO_3^{--}	$6{,}2 \cdot 10^{-4}$
NH_3^+	$6{,}7 \cdot 10^{-4}$	$(COO)_2^{--}$	$6{,}6 \cdot 10^{-4}$
Fe^{+++}	$4{,}6 \cdot 10^{-4}$	NO_3	$6{,}5 \cdot 10^{-4}$

Wir wissen, daß die Beweglichkeit der Ionen der Viskosität umgekehrt proportional ist. Andererseits wissen wir, daß die Assoziation gewisse Zeit braucht, bis sie vollzogen ist. Bei den Messungen über die Temperaturabhängigkeit der Leitfähigkeit ist es daher notwendig, die Messung bei jeder Temperaturstufe erst dann durchzuführen, wenn sich die der betreffenden Temperatur entsprechende Assoziation eingestellt hat. Man tut dies aber automatisch, weil die Erreichung einer gleichmäßigen und stationären Wärmeverteilung mehr Zeit braucht als der Assoziationsprozeß.

Tabelle 5. Ionenbeweglichkeit in dielektrischen Flüssigkeiten.

Flüssigkeit	k^+	k^-	$k^+ + k^-$
Hexan	$1{,}2 \cdot 10^{-1}$	$1{,}8 \cdot 10^{-1}$	$3{,}0 \cdot 10^{-1}$
Schwefelwasserstoff .			$6{,}75 \cdot 10^{-2}$
Vaselinöl			$6{,}0 \cdot 10^{-5}$
Transformatorenöl . .			$9{,}2 \cdot 10^{-5}$

Die Moleküle können sich in Gruppen zusammenschließen auf Kosten der Grund-Valenzkräfte der Moleküle. Bei diesem Prozeß, den man als Polymerisation bezeichnet, findet gewöhnlich eine Wärmeentwicklung statt. Eigentlich entsteht dabei eine neue chemische Verbindung. Mit dem Polymerisationsprozeß ist eine Erhöhung der Viskosität der Flüssigkeit verknüpft, also eine Herabsetzung der Ionenbeweglichkeit. Die Änderung der Viskosität bei der Assoziation ist sehr gering verglichen mit der bei einer Polymerisation. Der Polymerisationsprozeß bewirkt oft eine Viskositätsänderung um ein Vielfaches (etwa um 10^{12}) und führt die Substanz aus der flüssigen in die feste Phase über. Die potentielle Energie dieser Molekülkomplexe bei gegebener Temperatur ist nach der Polymerisation geringer als vorher. Deshalb kann der Ausgangszustand nicht ohne weiteres erreicht werden. Der Prozeß ist irreversibel. Dies ist bei Assoziation nicht der Fall.

Auch der Dipolcharakter der Flüssigkeitsmoleküle spielt für die Frage der Ionenbeweglichkeit eine wesentliche Rolle, weil damit die Hydratationserscheinung (Abb. 11) zusammenhängt. Befindet sich ein freies Ion in einer Dipolflüssigkeit, so lagern sich die Dipolmoleküle mit dem der Ionenladung entgegengesetzten Pol rings um das freie Ion an (Hydratation). So wird das bewegte Gebilde vergrößert. Daher ist in Hexan (keine Dipolflüssigkeit) eine größere Beweglichkeit zu erwarten als in Wasser oder gar in Ölen. Die Experimente bestätigen diese Erwartung (Tabelle 5).

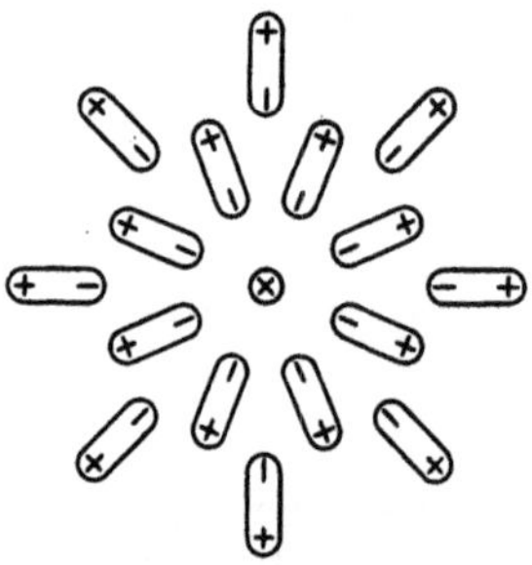

Abb. 11. Hydratation.

7. Kolloidteilchen in Ölen und die Beweglichkeit.

In absolut reinen Flüssigkeiten hat man es mit verhältnismäßig einfachen Erscheinungen zu tun. Sie werden aber kompliziert, sobald fremde Beimengungen in die Flüssigkeit hineinkommen. Die Beimengungen können entweder molekular verteilt sein (gelöste Substanzen) oder in größeren Aggregaten, deren Dimensionen bis 10^{-5} cm reichen (Kolloidteilchen). In beiden Fällen verhalten sich die Beimengungen verschieden.

Die Öle enthalten polymolekulare Verbindungen, die als flüssige disperse Phase betrachtet werden können. Diese „Kolloidteilchen“ können Ströme verursachen, die mit der Zeit abnehmen. Gewöhnlich zeigen sie eine Aufladung gegenüber der Grundflüssigkeit. Eine ähnliche Aufladung zeigen auch die Suspensionen und Emulsionen. Hardy [s. Eggert (*2*)] hat gezeigt, daß diese dispersen Teilchen die Flüssigkeitsionen absorbieren. Nikuradse wies nach, daß diese Teilchen als Ladungsträger in einem elektrischen Feld von einer Elektrode zur anderen getrieben werden können. Die Teilchen sollen kugelförmig mit dem Radius r angenommen werden. Die Ladung sei e, das Potential P. Auf das Teilchen wirke die Feldstärke $\mathfrak{E}$. Unter der Wirkung dieses Feldes wird das Teilchen beschleunigt. Die Teilchengeschwindigkeit ist dann

$$v = \frac{e \cdot \mathfrak{E}}{6\pi \cdot \eta \cdot r},$$

wo η die Viskosität der Flüssigkeit bedeutet. Ist nun c die Kapazität des kugelförmigen Teilchens, und P sein Potential, so ist

$$e = c \cdot P.$$

Dieses in die obige Gleichung eingeführt, ergibt

$$v = \frac{c P \cdot \mathfrak{E}}{6 \pi \eta r} = \frac{P \mathfrak{E}}{6 \pi \eta}$$

(bei einer Kugel kann zahlenmäßig $c = r$ gesetzt werden). Die Beweglichkeit k ist hieraus

$$k = \frac{v}{\mathfrak{E}} = \frac{P}{6 \pi \eta}.$$

Das Potential P hat eine Größenordnung von etwa 70 mV.

Die Leitfähigkeit, die durch diese Teilchen hervorgerufen wird, ist gegeben durch

$$\lambda_{\text{koll.}} = k \cdot n \cdot e = \frac{n \cdot P \cdot e}{6 \pi \eta} = \frac{n \cdot P^2 \cdot r}{6 \pi \eta}$$

(n = Teilchenzahl pro 1 cm³). Diese Leitfähigkeit kann also durch Beeinflussung der Viskosität verändert werden, was z. B. durch Temperaturänderung leicht erreicht werden kann. Dementsprechend ist ein Temperaturgang dieser elektrophoretischen Leitfähigkeit zu erwarten. Nach Smoluchowsky ist die Leitfähigkeit durch

$$\lambda_{\text{koll.}} = A \frac{n \cdot P^2 \cdot (r + d)}{\pi \eta}$$

gegeben (d = Dicke der Teilchen, Doppelschicht). A enthält die Teilchenform und andere Konstanten. Das Verhalten der Leitfähigkeit kann sehr wesentlich davon abhängen, ob die Flüssigkeit katophoretische Ströme führt, oder ob sie als vollkommen rein zu betrachten ist.

Beim Stromdurchgang wird die Zahl der Kolloidteilchen in der Volumeneinheit geringer. Dieser Umstand bedingt die Abnahme des Stromes mit der Zeit des Stromdurchgangs. Bei geringer Zahl der Kolloidteilchen kann die Leitfähigkeit bei Stromdurchgang in kurzer Zeit beträchtlich abnehmen (auf $^1/_{10}$ bis $^1/_{100}$).

Die dispersen Teilchen können sich kurz vor den Elektroden sammeln, wodurch eine Raumladungskonzentration und damit auch eine Feldverzerrung vor den Elektroden hervorgerufen wird. Der experimentell beobachtete Auf- und Abbau der Raumladung vor den Elektroden kann hierin seine Erklärung finden.

8. Temperatureffekt.

Die Experimente haben gezeigt, daß die Leitfähigkeit von Mineralölen mit der Temperatur sehr stark anwächst. Der Verlauf des Logarithmus des Sättigungsstromes mit $1/T$ (T = absolute Temperatur) wird in Abb. 12 wiedergegeben. Der Sättigungsstrom I_s wächst also mit der absoluten Temperatur T nach folgendem Gesetz

$$I_s = I_{s\,T} \cdot e^{-\frac{\alpha}{T}}.$$

Man kann aber auch zeigen, daß ebenso die Beziehung

$$I_s = I_{s\,T'} \cdot e^{\alpha_1 T}$$

erfüllt ist.

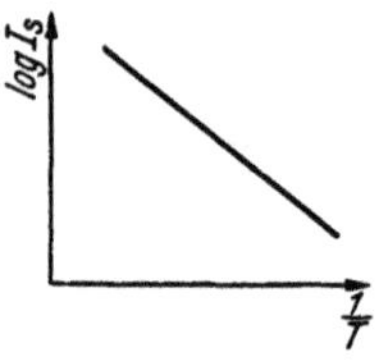

Abb. 12. Die Abhängigkeit des Sättigungsstromes I_S von der absoluten Temperatur T in Ölen.

Der Temperaturgang der Leitfähigkeit ist positiv und stark ausgebildet. Die Leitfähigkeitszunahme mit der Temperatur könnte man auf die Vergrößerung der Ionenbeweglichkeit mit abnehmender Viskosität zurückführen. Von diesem Gesichtswinkel aus war es notwendig, beide Größen, Leitfähigkeit und Viskosität, als Funktion der Temperatur gleichzeitig zu verfolgen. Die Resultate zeigten, daß die Leitfähigkeit sich auch in den Temperaturgebieten vergrößert, in denen die Viskosität fast konstant bleibt. Der stark ausgeprägte positive Temperaturkoeffizient der Leitfähigkeit in Ölen kann daher nicht durch Vergrößerung der Ionenbeweglichkeit infolge der Erniedrigung der Viskosität des Öles erklärt werden.

Auch die Veränderung des Radius der solvatisierten Ionen mit der Temperatur könnte die Leitfähigkeitsänderung beeinflussen. Man kann aber zeigen, daß dieser Umstand für die Deutung des beobachteten Temperaturganges der Leitfähigkeit des Öles nicht mit Erfolg herangezogen werden kann.

Da beobachtet wurde, daß der Temperatureffekt reversibel ist, müssen wir den Einfluß der Polymerisation ausschließen. Die Assoziation scheint ebenfalls eine geringe Rolle bei dem Temperatureffekt der Leitfähigkeit zu spielen.

Die Experimente haben vielmehr gezeigt, daß der Sättigungsstrom, also die in der Zeiteinheit erzeugte Ionenzahl, mit der Temperatur wächst. Die Erklärung des Temperatureffekts ist also nicht in der Veränderung der Ionenbeweglichkeit zu suchen, sondern in der Temperaturabhängigkeit der Ionenbildungsstärke.

Haben wir in der Flüssigkeit eine molekulare Verteilung einer Beimengung, so verhalten sich diese Fremdmoleküle ähnlich wie die Flüssigkeitsmoleküle und gehorchen derselben Gesetzmäßigkeit. Einige von ihnen werden in Ionen dissoziiert, ebenso wie die Flüssigkeitsmoleküle.

Sie liefern also einen bestimmten Beitrag zur Ionenerzeugung. Sind die Beimengungen bei normaler Temperatur nicht vollständig dissoziiert, so wächst die Dissoziation mit der Temperatur. Es ist zu erwarten, daß die Dissoziationsarbeit der fremden Moleküle eine andere ist wie die der Grundsubstanz (Flüssigkeit). In dem Temperaturgesetz ist die Abhängigkeit der gesamten Dissoziationsarbeit der Flüssigkeit mit Beimengungen in dem Temperaturkoeffizienten α zum Ausdruck gekommen. Der Koeffizient α', der nur für die beigemengten Moleküle maßgebend wäre, kann deswegen einen ganz anderen Betrag haben als der Koeffizient α'' der Moleküle der Grundsubstanz.

9. Elektrizitätsleitung bei hohen Feldstärken.

Der Stromleitungsmechanismus in dielektrischen Flüssigkeiten bei Spannungen (Feldstärken), die oberhalb des Sättigungsgebietes liegen, kann nicht als vollkommen geklärt betrachtet werden. Er verlangt noch ein eingehendes Studium.

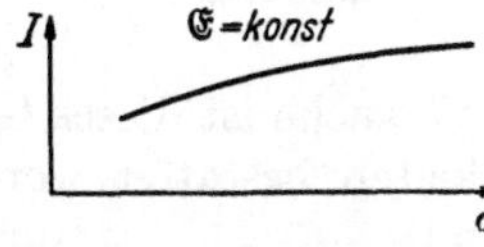

Abb. 13. Die Abhängigkeit des Stromes von der Elektrodenentfernung bei hoher Feldstärke.

„Die Verhältnisse sehen so aus, daß man den ganzen Strom I in zwei Teile zerlegen kann. Die **erste Komponente** des Stromes erscheint mit der Veränderung der Elektrodenentfernung konstant, ausgenommen ganz kleine Elektrodenabstände. Sie kündigt an, daß entweder die Elektroden unmittelbar die Elektrizitätsträger liefern, oder daß in unmittelbarer Nähe der Elektroden eine besondere Schicht gebildet wird, deren Wirkung hinsichtlich der Ionenerzeugung mit Veränderung der Elektrodenentfernung etwa konstant bleibt. In beiden Fällen könnte das Elektrodenmaterial eine Rolle spielen. Die **zweite Komponente** des Stromes ist dem Elektrodenzwischenraum zuzuschreiben und ändert sich dementsprechend etwa proportional mit dem von Stromlinien erfaßten Volumen“ (*4*) (Abb. 13). So lauteten die ersten Ergebnisse der Untersuchungen bei Feldstärken, bei denen der Strom mit der Feldstärke exponentiell wächst, als man das Gebiet der hohen Spannungen in dielektrischen Füssigkeiten zur Erforschung in Angriff nahm.

Die Resultate der weiteren Forschung zeigten immer wieder zwei Tendenzen: 1. fast ausschließliches Vorhandensein des Flächeneffekts und 2. die Erhöhung des Volumeneffekts. Die Ursache, warum in manchen Fällen der eine, und in manchen Fällen der andere Effekt auftritt, ist nicht restlos geklärt. Hier scheint die Oberflächenbeschaffenheit der Elektroden, die Reinheit der untersuchten Flüssigkeit und die Elektrodenentfernung eine Rolle zu spielen.

Die bisherigen Forschungen haben dem Volumeneffekt eine besondere Aufmerksamkeit geschenkt, während die Aufklärung des Flächeneffekts der Elektrizitätsleitung bei hohen Feldstärken vorläufig etwas zurückgestellt wurde, mit der Absicht, sie später für sich zu behandeln. Neben den neueren Mitteilungen über den Flächeneffekt sollen im folgenden auch die bereits bekannten Resultate referierend behandelt werden.

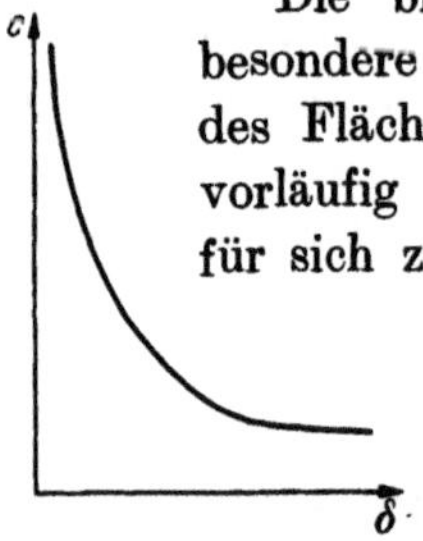

Abb. 14. Steilheit c der Stromspannungscharakteristik in Abhängigkeit von der Elektrodenentfernung.

Nach Durchlaufen des Sättigungsgebiets fängt der Strom I an, mit der Spannung exponentiell zu steigen. Diese Abhängigkeit kann durch die Gleichung

$$I = I_s \cdot e^{c\,(U - U_0)}$$

analytisch wiedergegeben werden. Durch wiederholte Versuche ist dieses Gesetz in Isolierölen und anderen dielektrischen Flüssigkeiten bestätigt worden. Hier ist I_s der Sättigungsstrom, U_0 die Spannung, die die Grenze zwischen dem Sättigungsgebiet und dem Gebiet der Wirkung der hohen Spannungen darstellt (s. Abb. 9, Stromspannungscharakteristik), U die variable Spannung, c eine Konstante, die die Geschwindigkeit des Stromanstieges mit der Spannung (Steilheit der Charakteristik) angibt. Diese Exponentialkonstante hat sich als unabhängig von vielen Parametern ergeben, wie z. B. von der Temperatur, vom Druck, in gewissen Grenzen sogar von der Reinheit der Flüssigkeit, von der Elektrodenflächengröße. Die Konstante c zeigt aber eindeutig eine Abhängigkeit von der Elektrodenentfernung δ, und zwar wie sie in Abb. 14 gezeigt wird.

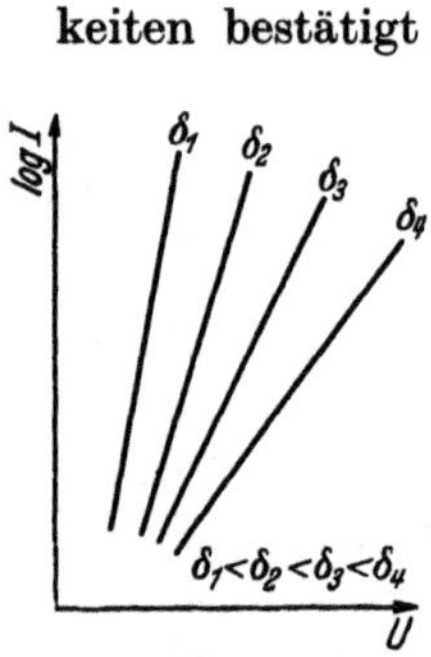

Abb. 15. Die Abhängigkeit des Logarithmus I von der Spannung U bei verschiedenen Elektrodenentfernungen.

Nimmt man nun die Stromspannungscharakteristik bei verschiedenen Elektrodenentfernungen auf und trägt lg I als Funktion von U auf, so erhält man etwa das Verhalten, das in der vorstehenden Abb. 15 dargestellt ist. Hier sieht man deutlich, wie die Neigung (Steilheit der Charakteristik), d. h. die Exponentialkonstante c, mit größer werdender Elektrodenentfernung kleiner wird.

Es ist von Interesse, aus den obigen Resultaten die Stromfeldstärkecharakteristiken, und aus diesen den Verlauf des Stromes mit der Elektrodenentfernung bei $\mathfrak{E} = \text{const}$ abzuleiten. Wir lassen die Annahme zu, daß die Feldverteilung zwischen den Elektroden bei hohen Feldstärken in erster Annäherung homogen ist. Dann ist es erlaubt, die Feldstärke als

$$\mathfrak{E} = \frac{U}{\delta}$$

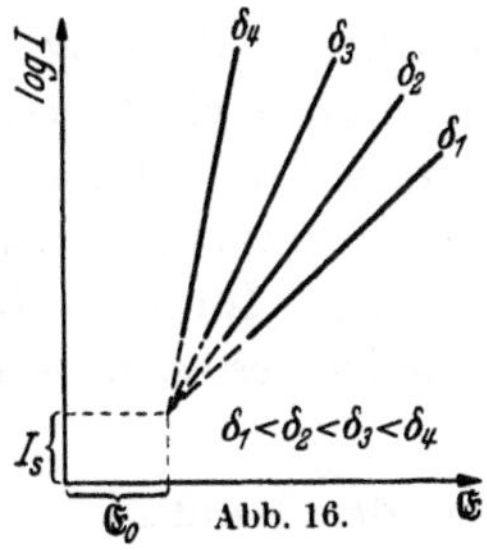

Abb. 16.

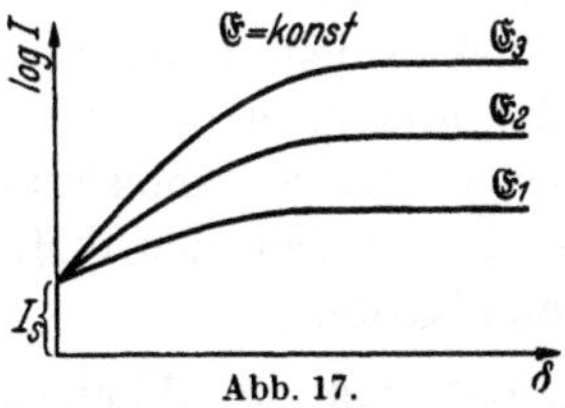

Abb. 17.

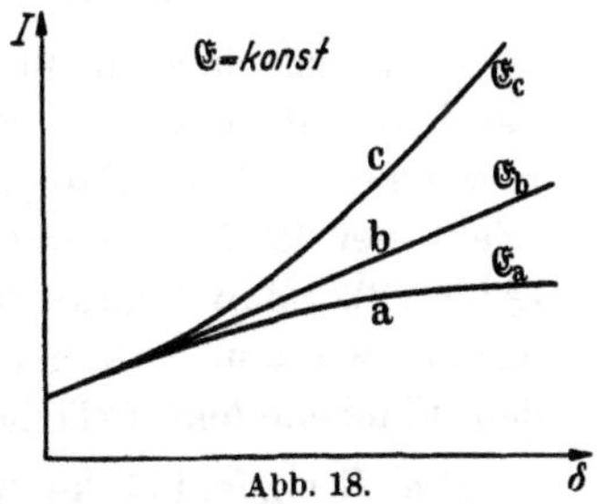

Abb. 18.

Abb. 16–18. Fall A, Volumeneffekt.

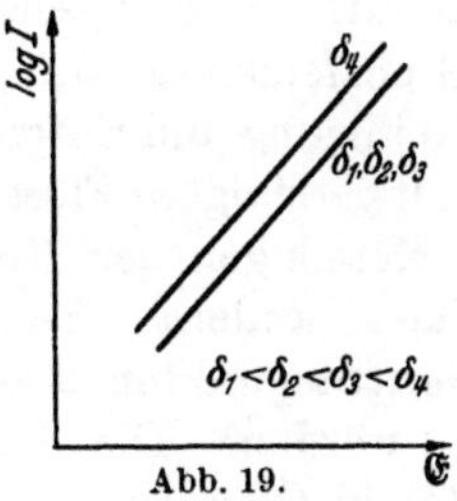

Abb. 19.

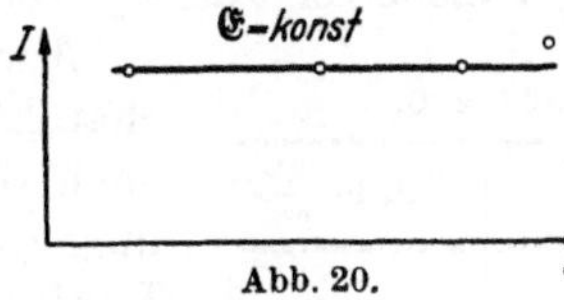

Abb. 20.

Abb. 19 und 20. Fall B, Flächeneffekt.

zu bilden. Aus der Stromspannungsgleichung erhalten wir die Stromfeldstärkebeziehung

$$I = I_s \cdot e^{c \cdot \delta (\mathfrak{E} - \mathfrak{E}_0)},$$

wo $\mathfrak{E}_0 = \frac{U_0}{\delta}$ ist. Von hier aus müssen wir die Resultate nach zwei Gesichtspunkten teilen, und zwar so, wie die folgenden Abb. 16—20 zeigen. Die Abb. 16—18 sind zusammengehörig und bilden den Fall A (Flächeneffekt + Volumeneffekt). Die Abb. 19 und 20 sind ebenfalls zusammengehörig; sie bilden den Fall B und zeigen den Flächeneffekt.

Im Falle A sehen wir, daß in Abb. 16, 17, 18 der Strom mit der Elektrodenentfernung bei $\mathfrak{E} = \text{const}$ zunimmt, hingegen bleibt der Strom in Abb. 19, 20 (Fall B) bei verschiedenen Elektrodenentfernungen und $\mathfrak{E} = \text{const}$ unveränderlich. (Die Kurven sind schematisch dargestellt.)

Die Kurve für δ_4 (Abb. 19) kann unter Umständen auch niedriger liegen, und irgendeine andere Kurve, z. B. die für δ_2 oder δ_3, herausspringen. Auffallend ist bei Abb. 19, daß $c \cdot \delta = m$ unabhängig von der Elektrodenentfernung ist. Da wir bereits gesehen haben, daß c unabhängig von der Temperatur, vom Druck, von der Elektrodenflächengröße usw. ist, so ist auch $m = c \cdot \delta$ im Falle B von diesen Parametern unabhängig.

Es ist bis jetzt nicht untersucht worden, unter welchen Bedingungen der Kurventyp A und wann der Kurventyp B auftritt. Eines sieht man hier klar, daß im Falle A neben dem Flächeneffekt auch der Volumeneffekt bei der Erzeugung der Ionen bei hohen Feldstärken vorhanden ist (Abb. 18). Man könnte hier an die Stoßionisierung denken. Im Falle B dürfen wir den Volumeneffekt ausschließen. Hier handelt es sich um den Flächeneffekt (Flächenionisation).

Die Grenzfeldstärke $\mathfrak{E}_0$ hat sich als abhängig von der Reinheit der Flüssigkeit erwiesen; sie ist z. B. bei unreinen Ölen überhaupt nicht ausgeprägt. Durch Reinigung erreicht man die Sättigungserscheinung des Stromes, also auch meßbare Werte der Grenzfeldstärke $\mathfrak{E}_0$. Bei mäßig gereinigten Ölen ist $\mathfrak{E}_0 \approx 10$ kV/cm. Mit der Reinigung und Entgasung steigt $\mathfrak{E}_0$. Die folgende Tabelle zeigt die $\mathfrak{E}_0$-Werte in gut gereinigten Flüssigkeitsproben:

Tabelle 6.

Flüssigkeit	$\mathfrak{E}_0$ in $\frac{\text{kV}}{\text{cm}}$
Öl	80— 90
Toluol	110—120
Chlorbenzol . .	85—100

Auch die Messungen der Stromspannungscharakteristiken anderer Forscher können nach den Gesichtspunkten dieses Abschnitts umgerechnet werden. Die Messungen von Toriyama (*5*) in Ölen und von Möller (*6*) in Nitrobenzol sprechen ebenfalls für den Volumeneffekt. Auch da steigt der Strom mit der Elektrodenentfernung bei $\mathfrak{E}$ = const.

W. O. Schumann (*7*) erklärte diese Erscheinung durch Stoßionisierung, wobei dem Elektronenanlagerungsprozeß eine sehr wesentliche Rolle zugeschrieben wurde. Auf Grund der experimentell bestimmten Größen wurden auf rechnerischem Wege der Elektronenanlagerungskoeffizient ε, und die Ionisierungszahl α und ihre Abhängigkeit von der Feldstärke gewonnen. Es ergab sich

$$\alpha = a\,(\mathfrak{E} - \mathfrak{E}_{0\alpha})^2$$
$$\varepsilon = b\,(\mathfrak{E} - \mathfrak{E}_{0\varepsilon})^2,$$

wo sich für a, b, $\mathfrak{E}_{0\alpha}$ und $\mathfrak{E}_{0\varepsilon}$ die in der folgenden Tabelle 7 angegebenen Werte errechneten.

Es sind in Mineralölen und anderen dielektrischen Flüssigkeiten Messungen durchgeführt worden, die eindeutig eine Unabhängigkeit der Strom-Feldstärkencharakteristiken von der Elektrodenentfernung zeigten. Bei diesen Resultaten ist also der Strom unabhängig von der Elektrodenentfernung, wenn die Feldstärke $\mathfrak{E} = \frac{U}{\delta}$ konstant gehalten wird.

Tabelle 7.

Flüssigkeit	a pro kV/cm	b pro kV/cm	$\mathfrak{E}_{0\alpha}$ in kV/cm	$\mathfrak{E}_{0\varepsilon}$ in kV/cm
Öle	0,014	0,013	90	81
Toluol . .	0,023	0,018	112	95

Es war von Interesse, die Strom-Spannungscharakteristiken bei verschiedener Größe der Elektrodenflächen, in verschiedenen Gefäßen, aber in derselben Flüssigkeitsprobe als Funktion der Elektrodenentfernungen aufzunehmen. Es wurden vier verschieden große Elektrodenflächen verwendet, mit dem Durchmesser $d = 20$, 30, 40 und 50 mm (*8*), und zwar wurden die Messungen in Mineralölen bei verschiedenen Elektrodenabständen durchgeführt. Die Abb. 21 zeigt, daß die Strom-Spannungscharakteristiken bei verschiedenen Abständen solche Strom-Feldstärkencharakteristiken ergeben, die bei derselben Flächengröße zusammenfallen.

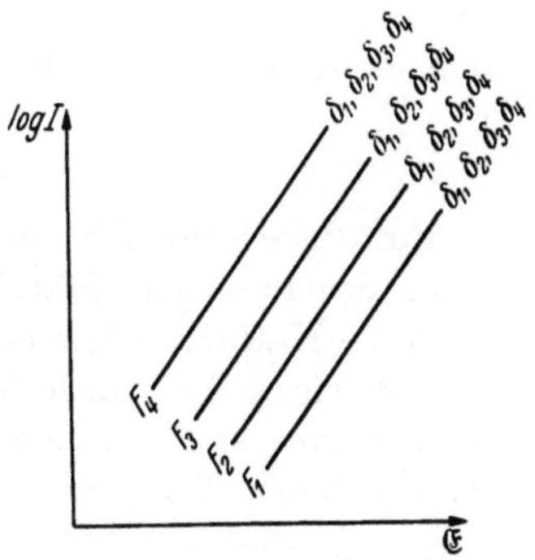

Abb. 21. Die Abhängigkeit des log des Stromes I von der Feldstärke $\mathfrak{E}$ bei verschiedenen Elektrodenflächengrößen F_1, F_2, F_3, F_4. Bei jeder Flächengröße F wurde die Elektrodenentfernung δ verändert und $I = f_1(U)$ aufgenommen. Die $I = f_1(U)$-Kurven bei δ_1, δ_2, δ_3 und δ_4 ergeben eine und dieselbe $I = f_2(\mathfrak{E})$-Kurve (Flächeneffekt!).

Bei $\mathfrak{E}$ = const wächst der Strom I im gleichen Verhältnis wie die Elektrodenfläche F.

$$\frac{I_a}{I_b} = \frac{F_a}{F_b}.$$

Es ist unmöglich, zwei Elektrodenflächen ganz gleich zu behandeln, aber diese, wenn auch unwesentliche, Verschiedenheit der Elektrodenbehandlung hat scheinbar auf den Effekt keinen nennenswerten Einfluß.

10. Temperatureinfluß auf die Elektrizitätsleitung bei hohen Feldstärken.

Es wurde bereits erwähnt, daß die Stromspannungsbeziehung bei hohen Feldstärken in logarithmischer Darstellung eine Gerade ergibt. lg I wächst mit U proportional. Wird nun die Temperatur des Öles vergrößert, so wird dadurch diese Gerade parallel nach oben verschoben. Bei konstanter

Spannung wächst also der Strom I mit der Temperatur T. Der Temperaturgang der Stromstärke in den isolierenden Ölen wird durch folgende Gleichungen

$$I = I_T \cdot e^{\alpha T} \qquad \text{oder} \qquad I = I_{T'} \cdot e^{-\frac{\alpha_1}{T}}$$

gegeben. Beide Gleichungen beschreiben die Temperaturabhängigkeit der Elektrizitätsleitung bei hohen Feldstärken recht gut.

11. Druckabhängigkeit bei hohen Feldern.

Eine Druckabhängigkeit der Stromstärke bei hohen Feldstärken in Ölen unterhalb des Normaldrucks ist nicht festgestellt worden. Die $I = f(U)$-Kurve ändert sich nicht, wenn der Druck variiert wird. Bei hohen Drucken (bis 200 at) nimmt der Strom ab, wenn der Druck vergrößert wird. Aber die Exponentialkonstante c der Stromspannungscharakteristik bleibt in dem gemessenen Druckbereich unverändert.

12. Polaritätseffekt.

Ein Polaritätseffekt der Stromleitung bei ungleich großen Elektroden (z. B. Spitze gegen Platte) ist beobachtet worden. Eine Spitze ergibt, wenn sie Kathode ist, einen größeren Strom, wie wenn sie als Anode verwendet wird. Es wurde beobachtet, daß der Effekt sich umkehren kann. Dann ergibt eine spitze Kathode kleinere Ströme. Der Effekt wurde bei verschiedenen Temperaturen und Drucken beobachtet.

13. Glimmerscheinung.

Spitzen zeigen bei bestimmten Spannungen eine Glimmerscheinung. Die Beschaffenheit der Entladung hängt davon ab, ob die Spitze als Kathode oder als Anode geschaltet ist. Auch eine kleine Kugel gegenüber einer Platte bei kleinen Elektrodenentfernungen zeigt die Glimmerscheinung.

In vielen Fällen wurde auch die Umkehrung des Polaritätseffekts beobachtet.

Der elektrische Durchschlag in Isolierölen[1].

Von **Alexander Nikuradse**, Berlin.

Mit 18 Abbildungen.

Der Aufsatz wird in zwei Teile geteilt. Im ersten Abschnitt werden die wichtigsten experimentellen Tatsachen mitgeteilt, die bis jetzt bekanntgeworden sind. Über den Einfluß der Reinheit der Flüssigkeit und der Elektroden, der Spannungsart und ihrer Anlegung, der Temperatur, des Druckes und der Elektrodenkonfiguration auf die Durchschlagspannung wird zusammenhängend berichtet. Die Abhängigkeit der Durchschlagspannung von dem Elektrodenmaterial und von der Polarität ergänzen das experimentelle Bild des heutigen Standes der Forschung auf dem Gebiet des Durchschlags in Ölen. Der zweite Abschnitt enthält die Besprechung der theoretischen Ansätze, die den Durchschlag in Ölen physikalisch deuten sollen.

A. Experimentelle Ergebnisse.

1. Einleitung.

Mineralöle zeigen oberhalb der kritischen Spannung U_0 (s. Abb. 9 des vorhergehenden Aufsatzes, S. 9) einen exponentiellen Anstieg des Stromes mit der Spannung, bis schließlich die Entladung eintritt. Dieser Befund erweckt den Eindruck, als ob die Funkenentladung (Durchschlag) von den Ionisierungsvorgängen, die das exponentielle Wachsen des Stromes bedingen, eingeleitet würde. Wenn diese Vermutung richtig wäre, so müßten wir einen solchen Durchschlag einen Ionisierungsdurchschlag nennen. Im Gegensatz zu dieser Art des Durchschlags haben wir noch einen anderen Durchschlag, der nicht auf Ionisierungsvorgänge zurückzuführen ist

---

[1] Mitteilung aus dem Laboratorium für Elektronen- und Ionenlehre der Technischen Hochschule Berlin.

In dieser Abhandlung ist etwa dieselbe Stoffeinteilung beibehalten worden, wie sie in dem Buch „Das flüssige Dielektrikum" (Verlag von Julius Springer, Berlin 1934) für das Kapitel „Durchschlag" gewählt wurde. Die Fragen sind hier kürzer behandelt worden. Strenge Literaturhinweise wurden vermieden, um den Stoff übersichtlicher zu gestalten. Insbesondere gilt das für den Abschnitt „Theorie des Durchschlags". Denjenigen Lesern, die sich über die Fragen ausführlicher unterrichten wollen, sei das genannte Buch empfohlen.

sondern der, wie es scheint, in der Hauptsache den fremden Beimengungen der Elektroden und der Flüssigkeit seine Existenz zu verdanken hat.

Bei Messungen werden die Durchschlagspannung U_d und die Elektrodenentfernung δ gemessen. Die Durchschlagfeldstärke $\mathfrak{E}_d$ wird dann durch die Gleichung

$$\mathfrak{E}_d = \frac{U_d}{\delta} \frac{\text{kV}}{\text{cm}}$$

bestimmt. Hierbei wird stillschweigend angenommen, daß die Feldverteilung zwischen den Elektroden homogen ist. Bei ungleichmäßiger Feldverteilung ist die Ausrechnung der Feldstärke $\mathfrak{E}_d$ nach der obigen Formel nicht zulässig.

Sind Flüssigkeit und Elektroden nicht gut gereinigt, so beobachtet man oft vor dem Durchschlag lichtschwache Entladungen, die trotz weitergehender Spannungssteigerung sofort wieder verlöschen. Wir nennen solche Entladungen Vorentladungen. Sie dürfen nicht mit den eigentlichen Durchschlägen verwechselt werden.

Die Durchschlagspannungen weichen gewöhnlich von einem Mittelwert ab. Diese Abweichungen, die oft sehr starke Ausmaße erreichen können, bezeichnen wir als Streuung. Diese Erscheinung erschwert die Auswertung und Deutung der Versuchsergebnisse. Bei Angabe der mittleren Durchschlagspannung ist stets auch die Streuung und die Zahl der Durchschläge, aus der der Mittelwert gebildet worden ist, anzugeben.

Da die Durchschlagfeldstärke sich als abhängig von Elektrodenform, Elektrodenentfernung, Dauer der Spannungsbeanspruchung, Geschwindigkeit der Spannungssteigerung und der Art der Spannung ergeben hat, sind bei der Durchschlagfeldstärke ebenfalls Angaben der obigen Parameter erforderlich.

2. Einfluß der Reinheit der Flüssigkeit und der Elektroden auf die Durchschlagspannung.

Die fremden Beimengungen des Öles haben einen Einfluß auf die Durchschlagspannung, und zwar sowohl die flüssigen als auch die festen. Die voneinander so stark abweichenden Durchschlagwerte in Ölen, die von verschiedenen Forschern gemessen wurden, sind wahrscheinlich dadurch hervorgerufen, daß die fremden Beimengungen in verschiedenem Maße aus dem Öl entfernt worden waren. Hierzu kommt noch die Verschiedenheit in der Beschaffenheit der Elektrodenoberflächen, mit denen die Versuche durchgeführt worden sind. Der Reinheitsgrad der Flüssigkeit und der

Elektroden ist keine eindeutig definierbare Größe. Deswegen ist die Angabe „reine Flüssigkeit“ kein festliegender Begriff.

Mit fortschreitender Reinigung und Entgasung der Flüssigkeit und der Elektroden gehen allmählich die Vorentladungen und die Streuung der Durchschlagwerte sehr zurück. Bei äußerst reinen Flüssigkeiten und Elektroden ist zu erwarten, daß die Gesetzmäßigkeiten einfacher und klarer werden. Haben wir diese Gesetzmäßigkeit klar erkannt, so liegt es dann in unserer Hand, den Einfluß der verschiedenen Beimengungen für sich zu studieren und neue Bedingungen zur Verbesserung der elektrischen Eigenschaften der Öle anzugeben.

Sehr bedeutend ist der Einfluß der Feuchtigkeit auf die Durchschlagspannung. „Trockene Öle“ erleiden durch Wasserzufuhr eine Abnahme der Durchschlagspannung. Die Abhängigkeit der Durchschlagspannung von dem Wassergehalt wird in Abb. 1 gezeigt. U_d nimmt zuerst schnell und dann langsam ab, bis es einen Grenzwert erreicht hat. Dann wirkt der weitere Wasserzusatz überhaupt nicht mehr.

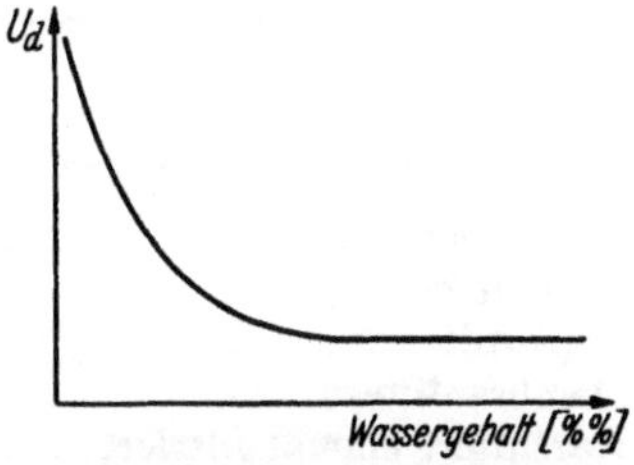

Abb. 1. Die Abhängigkeit der Durchschlagspannung U_d von dem Wassergehalt des Öles.

Es stellte sich heraus, daß die festen Beimengungen (Fasern, Staub, usw.) nur dann die Durchschlagspannung des Öles herabsetzen, wenn sie Wasser enthalten. Auch der Gasgehalt des Öles und der Elektroden setzt den Durchschlagwert herab.

Die Reinigung des Öles besteht im wesentlichen darin, daß Wassergehalt und Schmutz nach Möglichkeit entfernt werden. Erreicht wird dies durch Filtration und Kochen. Bei der Filtration wird das Öl meist auf etwa 60° C erwärmt, um den Prozeß zu beschleunigen. Man nimmt auch oft die Trocknung (Kochen) im Vakuum vor, weil dann die Temperaturen niedriger gehalten werden können. Öfter, besonders in Amerika, bedient man sich des Zentrifugierens. Hierbei wird die Verschiedenheit der spezifischen Gewichte zur Trennung von Wasser und Schmutz vom Öl ausgenutzt. Die Abscheidung der Stoffe mit einem spezifischen Gewicht gleich dem des Öles ist dabei nicht möglich. Deshalb kommt diese Reinigungsmethode nur für die Praxis in Betracht, wenn stark verschmutztes Öl schnell gereinigt werden soll.

Die folgende Tabelle zeigt den Einfluß der Ölreinigung auf die Durchschlagspannung.

Besonderen Einfluß auf die Durchschlagspannung üben die im Öl vorhandenen Fasern aus. Die Fasern bilden eine Brücke zwischen den Elektroden und erleichtern den Durchschlag. Es ergab sich für faserfreies Öl die vielfache Festigkeit einer gleichfeuchten gewöhnlichen Probe. Mit Hilfe von Mikroskopbeobachtungen kann gezeigt werden, wie die Brücken entstehen. Ist ein elektrisches Feld zwischen den Elektroden vorhanden, so werden alle in der Nähe befindlichen Suspensionen in das Feld hineingezogen. (Teilchen mit höherer Dielektrizitätskonstante.) Sie fliegen von einer Elektrode zur anderen, bleiben auch aneinander hängen, bis der Abstand teilweise oder ganz überbrückt ist. In verschmutzten Flüssigkeiten vollzieht sich die Brückenbildung im Bruchteil einer Sekunde. Bei Gleichspannung ist diese Brückenbildung stärker als bei Wechselspannung.

Tabelle 1.

Reinigungsmethode	Durchschlagspannung U_d in kV/cm
Ausgangsprobe	50
Zentrifugiert	130
Papierfilter	160
Membranfilter	180
Hartfilter, einmal filtriert	230
Hartfilter, zweimal filtriert	330

Durchschläge bei vermindertem Druck in der Nähe des Siedepunktes verbessern die Flüssigkeit: die Durchschlagspannung steigt. Die Pumpe, die das Vakuum erzeugt, muß dabei dauernd in Betrieb sein. Danach besteht offenbar die Wirkung dieser Behandlung in der Entgasung und Beseitigung leichtflüchtiger Bestandteile und in der Entfeuchtung der Flüssigkeit. Bei dieser Reinigungsmethode werden auch die Elektroden gereinigt.

A. Ketnath (*9*) beschreibt für den Großbetrieb geeignete Entgasungsmethoden von Transformatorenölen.

Ähnlich kann man zeigen, daß die Reinigung der Elektroden die Durchschlagspannung vergrößert. Die wirksamste Methode für die Reinigung der Elektroden ist die Ausheizung im Vakuum. Sehr wirksam sind auch schwache Entladungen unter erniedrigtem Druck. Dabei erzielt man gleichzeitig die Reinigung des Öles.

Behandelt man die Elektroden auf verschiedene Weise, so stellt man fest, daß mit fortschreitender Reinigung und Trocknung die Durchschlagspannung steigt. Auch die Vorentladungen sind davon abhängig; bei sehr gut gereinigten und getrockneten Elektroden bleiben die Vorentladungen aus. Die Streuung der Durchschlagwerte ist von der Beschaffenheit der

Elektrodenoberfläche stark abhängig. Je reiner die Elektroden sind, desto geringer fällt die Streuung aus.

Es ist seit langer Zeit bekannt, daß der Wassergehalt im Transformatoröl die Durchschlagspannung beträchtlich herabsetzt. Wassertröpfchen besitzen eine viel höhere Dielektrizitätskonstante als die dielektrische Flüssigkeit. Wird an die Probe Spannung angelegt, so schießen fremde Substanzen, die eine größere Dielektrizitätskonstante als das Öl haben, also auch die Wassertröpfchen, in das starke Feld zwischen den Elektroden und leiten die Entladung ein. Gewöhnlich handelt es sich nicht um gelöstes Wasser, sondern, wie mikroskopische Beobachtungen gezeigt haben, um richtige Emulsionen. Die Feuchtigkeitsaufnahme seitens der dielektrischen Flüssigkeit erfolgt gewöhnlich aus der Luft. Deshalb ist es einleuchtend, daß die Luftfeuchtigkeit des Raumes, in dem die isolierende Flüssigkeit offen aufbewahrt wird, die Durchschlagfeldstärke beeinflußt. Die Kurven 1 und 2 in Abb. 2 zeigen den Einfluß der Luftfeuchtigkeit auf die Durchschlagspannung. Ist das Öl gut entfeuchtet, so nimmt bei hoher relativer Luftfeuchtigkeit die Durchschlagfeldstärke ab mit der Zeitdauer der Einwirkung (Kurve 1). Ist aber das Öl feucht und die Luft trocken, so nimmt die Durchschlagfeldstärke zu mit der Einwirkungsdauer (Kurve 2). Es ist noch ungeklärt, wie der Vorgang der Wasseraufnahme oder -abgabe vor sich geht.

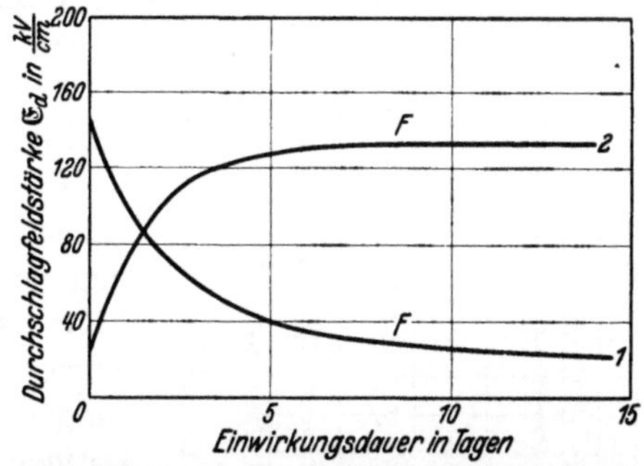

Abb. 2. Kurve 1: Abnahme von $\mathfrak{E}_d$ eines entfeuchteten Öles in feuchter Luft (80% relative Feuchtigkeit), abhängig von der Zeitdauer der Einwirkung. Kurve 2: Zunahme von $\mathfrak{E}_d$ eines feuchten Öles in trockener Luft (18% relative Feuchtigkeit), abhängig von der Zeitdauer der Einwirkung. Zimmertemperatur.

Es hat sich herausgestellt, daß es sehr darauf ankommt, auf welche Weise die Feuchtigkeit ins Öl eingeführt wird. Die Absorption von Wasserdampf (Luftfeuchtigkeit) durch das Öl geht schneller vor sich als der Feuchtigkeitsübergang aus dem in flüssiger Form direkt mit dem Öl in Berührung stehenden Wasser.

3. Streuung der Durchschlagspannung.

Als Ursachen der Streuung können angegeben werden:

1. Nichteinhaltung derselben Dauer der Spannungsbeanspruchung.

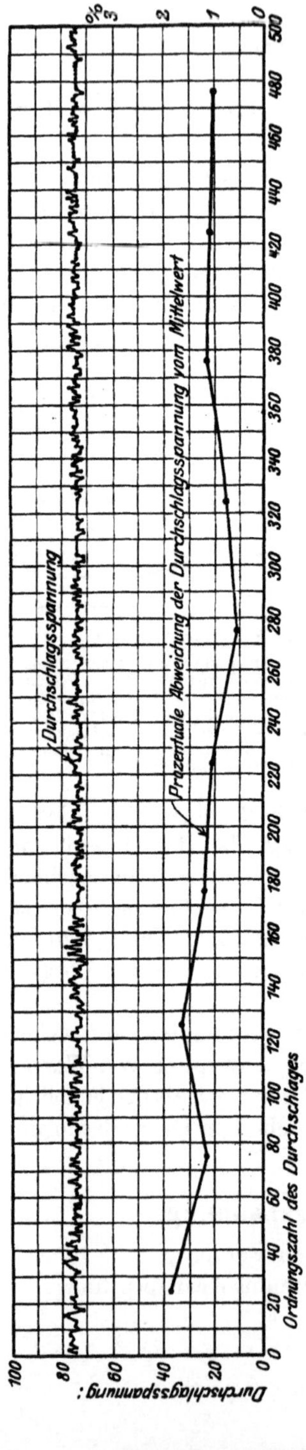

Abb. 3. 500 Durchschläge in Öl zwischen zwei 1-cm-∅-Kugeln in 2 mm Abstand.

2. Unterschiede in der Geschwindigkeit der Spannungssteigerung (in der Wirkung mit Punkt 1 identisch).

3. Veränderung des Flüssigkeits- und Elektrodenzustandes nach dem Durchschlag.

4. Natur und Zustand der Gasreste und der Verunreinigungen, die ihren Sitz in der Flüssigkeit und an den Elektrodenoberflächen haben.

5. Die Natur der Flüssigkeit und der Elektroden.

Daraus sieht man, welche Bedingungen eingehalten werden müssen, damit die Streuung möglichst herabgesetzt wird. Leider liegen keine systematischen, unter exakten Versuchsbedingungen durchgeführten Messungen vor, um die Streuung ganz zu beseitigen. Über die Ursache der Streuung werden bis jetzt zwei Auffassungen vertreten. Einige Forscher sind der Meinung, daß die Streuung von den Verunreinigungen herrührt; andere behaupten, daß sie in der Natur der Flüssigkeit liegt, und daß sie deshalb nicht zu beseitigen sei. Diese letzte Ansicht haben zum erstenmal Hayden und Eddy (*13*) vertreten. Für die Untersuchungen verwendeten sie durch Erwärmung entfeuchtetes und durch mehrere Lagen heißer und trockener Papierfilter filtriertes Öl. In dieser Ölprobe führten sie eine fortlaufende Reihe von je 50 Durchschlägen aus. Den Einfluß der nach jedem Durchschlag entstandenen Rußteilchen (Verbrennungsprodukt des Öles) hofften sie durch Wahl einer großen Ölprobenmenge (mehrere Liter) sehr herabgesetzt zu haben. Die Elektroden wurden nach jedem Durchschlag unter Öl mit einem Wischer abgewischt, um die auf der Oberfläche haftenden

Rußpartikelchen zu entfernen. Die Versuchsergebnisse sind in Abb. 3 dargestellt. Die einzelnen Durchschlagwerte schwanken um den mittleren Durchschlagwert; die prozentuale Abweichung der Durchschlagspannungen vom Mittelwert (Streuung) als Funktion der Durchschläge zeigt keine rechte Gesetzmäßigkeit.

Hayden und Eddy (*13*) führten die Schwankungen der Durchschlagspannung auf die Natur des Öles (seine chemischen oder physikalischen Eigenschaften) zurück. Der obige physikalische Befund ist aber für diese Behauptung nicht ausreichend. Die Untersuchungen anderer Forscher sprechen dafür, daß die Reinheit der Flüssigkeit und der Elektroden einen Einfluß auf die Streuung der Durchschlagwerte ausübt. Nach Schröter, Spath, Engelhardt u. a. wird die Streuung mit der Reinigung der Flüssigkeit und der Elektroden geringer. Wenn auch die Daten, die die obigen Forscher erhalten haben, stark voneinander abweichen, und teilweise sich sogar widersprechen, so kann man die Frage doch dahin beantworten, daß Trocknung und Reinigung der Elektroden die Streuung der Durchschlagspannungen herabsetzen. In Tabelle 2 sind einige Daten verschiedener Forscher über den Einfluß von Trocknung und Reinigung angegeben.

Tabelle 2.

Forscher	Untersuchte Flüssigkeit	Zahl der Durchschläge	Durchschlag-feldstärke kV/cm	Streuung %
Schröter . .	Öl	nicht angegeben	330	± 7
Spath	Öl (Elektrodenabstand 1,5—2 mm)	6	222	
	Öl, mit Zentrifuge behandelt	6		5—10
	Öl, handelsüblich	6		30—50
Engelhardt .	Öl	3—8	313 (391)	3,3—13
Hayden, Eddy	Öl	50	330	± 24
	Benzol, chemisch rein	50		± 12
	Benzol, handelsüblich	50		± 14
	Luft	50		± 4

Daß der Mittelwert der Durchschlagspannung bei den ersten Durchschlägen (W. Zimmermann, H. Edler und C. A. Knorr u. a.) ansteigt ist dadurch bedingt, daß die verwendete Flüssigkeit nicht gereinigt und nicht getrocknet war. Die ersten Durchschläge wirken reinigend und trocknend, ähnlich wie Kieser (*14*) bei schwachen Entladungen an

Flüssigkeiten unter erniedrigtem Druck fand. Hayden und Eddy (*13*) benutzten getrocknete und gereinigte Flüssigkeit, deshalb fehlt bei ihnen der ansteigende Ast der Kurve, die die Abhängigkeit der mittleren Durchschlagfeldstärke von der Zahl der Durchschläge zeigt.

Die Streuung ist bei Spitzenelektroden geringer als bei Platten- bzw. Kugelelektroden.

4. Stoßspannung, Verzögerungserscheinung, Einfluß der Frequenz.

Im praktischen Betrieb treten häufig bei Schaltvorgängen und durch atmosphärische Einflüsse bei Gewittern Wanderwellen in das Leitungsnetz ein. Die Spannungshöhe dieser Wellen übersteigt oft um ein Vielfaches die normalen Betriebsspannungen. Deshalb ist es auch vom praktischen Standpunkt interessant zu wissen, wie sich die flüssigen Isolierstoffe in bezug auf ihre dielektrische Festigkeit bei ganz kurzzeitigen Beanspruchungen verhalten. Naeher (*15*) führte eingehende Untersuchungen über den Zusammenhang zwischen Durchschlagfestigkeit und Dauer der Spannungsbeanspruchung aus. Die Messungen ergaben ein allmähliches, immer stärkeres Ansteigen der Durchschlagfeldstärke in den untersuchten Flüssigkeiten (Transformatorenöl, Petroleum, Xylol und Rizinusöl) bei einer Beanspruchung von langer (100 s) bis zu ganz kurzer ($3 \cdot 10^{-9}$ s) Dauer. Die Größe der Zunahme hängt von der Reinheit der Flüssigkeit ab. Diesen Zustand erklärt er damit, daß bei Dauerbeanspruchung der Hauptgrund für die Höhe der Durchschlagspannung die Brückenbildung durch Fasern zwischen den Elektroden ist, und daß bei kürzeren Zeiten die Brückenbildung nur zum Teil erfolgen kann. Bei ganz kurzer Dauer ist sie überhaupt nicht möglich. Bei Überschlägen über Porzellan unter Öl und bei Durchschlägen von papierisolierten Drähten unter Öl tritt ebenfalls eine Erhöhung der Festigkeit mit abnehmender Dauer der Beanspruchung ein. Dieser Anstieg beträgt aber nur etwa das 2- bis 3fache der Durchschlagspannung. Bei Ölen allein steigt die Durchschlagspannung um das 7- bis 7,5fache.

Unterhalb der Einwirkungsdauer $\tau = 10^{-2}$ bis 10^{-3} s bis hinunter zu $\tau = 10^{-8}$ s verläuft der Logarithmus der Durchschlagfeldstärke mit dem Logarithmus der Einwirkungsdauer der Spannung geradlinig. Es gilt

$$\mathfrak{E}_d = \mathfrak{E}_{0d} \cdot \tau^{-\alpha},$$

wo $\mathfrak{E}_{0d}$ eine Konstante ist und der Koeffizient α die Zunahme der Durchschlagfeldstärke mit abnehmender Einwirkungsdauer angibt. Man erhält α, wenn man die Werte $\mathfrak{E}_{d_1}$ und $\mathfrak{E}_{d_2}$, die den Einwirkungsdauern τ_1 und τ_2 zugehören, kennt. Es ist

$$\alpha = \frac{\lg \frac{\mathfrak{E}_{d_1}}{\mathfrak{E}_{d_2}}}{\lg \frac{\tau_2}{\tau_1}}.$$

Die Kurven für Öl mit verschiedenen Reinheitsgraden zeigen, daß der Koeffizient α von der Reinheit der Flüssigkeit abhängt. Je reiner die Flüssigkeit ist, desto geringer wird α. Bei reinsten Flüssigkeiten ist anzunehmen, daß α beliebig klein wird, und die Abhängigkeit der Durchschlagfeldstärke von der Einwirkungsdauer verschwindet oder sehr gering wird.

Die Experimente haben ergeben, daß drei Kurven bei $\tau = 1{,}25 \cdot 10^{-10}$ s zusammenlaufen und einen Durchschlagwert von etwa $\mathfrak{E}_d = 1{,}3 \cdot 10^6$ V/cm ergeben. Diesen Wert müßte man auch bei Dauerbeanspruchung bekommen, wenn die Flüssigkeit, die Elektroden und das Versuchsgefäß äußerst gut gereinigt, entfeuchtet und entgast sind. Die Messungen der Durchschlagfeldstärke bei Plattenelektroden in reinstem und entgastem Toluol ergeben im Mittelwert etwa $\mathfrak{E}_d = 1{,}3 \cdot 10^6$ V/cm bei Dauergleichspannungsbeanspruchung.

Als Ursache der Verzögerungserscheinungen sind wahrscheinlich in erster Linie fremde Beimengungen und Gasreste zu betrachten, denn es ist eine bestimmte Zeit notwendig, bis so viele Suspensionen (mit größerer Dielektrizitätskonstante) in das Feld hineingezogen werden, daß sie die Entladung einleiten können. Auch die Gasreste, die in der Elektrodenoberfläche sitzen, und die unter Umständen bei gewissen Spannungen befreit werden können, brauchen vielleicht für die Entbindung bei niedriger Spannung mehr Zeit als bei hohen. Auch Wärmewirkungen können mitspielen.

Genau dieselben Gründe kann man bei der Erklärung des Einflusses der Geschwindigkeit der Spannungssteigerung auf die Durchschlagspannung angeben. In Abb. 4 sehen wir die Abhängigkeit von $\mathfrak{E}_d$ von der Geschwindigkeit der Spannungssteigerung. Bei langsamer Geschwindigkeit, z. B. bei etwa 2 bis 5 kV/min, erhält man geringere Durchschlagwerte als bei großen Geschwindigkeiten. Bei 60 kV/min ist fast keine Abhängigkeit mehr vorhanden. Diese Abhängigkeit ist ihrerseits wahrscheinlich eine Funktion der Reinheit der Flüssigkeit und der Elektroden. Systematische Untersuchungen in dieser Richtung fehlen.

Man hat beobachtet, daß die Durchschlagspannung U_d bei Gleichstrombeanspruchung niedriger ist, als bei technischer Wechselspannung.

Mit steigender Frequenz nimmt U_d zu (*18*, *20*, *27*). Die Resultate über den Einfluß der Kurvenform der angelegten Wechselspannung auf den Durchschlagwert laufen auseinander. Einige Forscher (*24*, *27*) fanden, daß U_d nicht nur vom Scheitelwert, sondern auch von der Kurvenform abhängt. U_d in Höchstwerten gemessen ist um so größer, je höher der Scheitelfaktor,

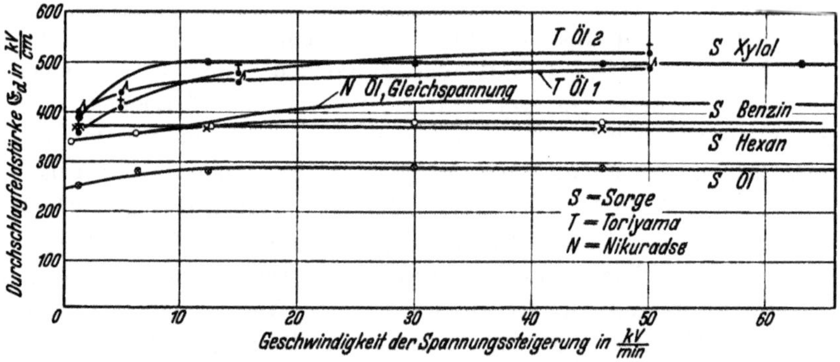

Abb. 4. Abhängigkeit der Durchschlagfeldstärke von der Geschwindigkeit der Spannungssteigerung.

je spitzer also die Kurvenform ist. U_d gemessen in Effektivwerten fällt mit zunehmendem Scheitelfaktor. Andere Autoren (*29*) fanden, daß der Wert der Durchschlagspannung durch den Scheitelwert der angelegten Wechselspannung bestimmt ist.

Die Verunreinigungen des Öles spielen bei niedrigen Frequenzen eine größere Rolle als bei hohen.

Die Zunahme der U_d mit steigender Frequenz ist bei kleinen Elektrodenentfernungen stärker ausgeprägt als bei großen Abständen.

5. Die Druckabhängigkeit der Durchschlagspannung.

Abb. 5. Die Abhängigkeit der Durchschlagspannung U_d von dem Druck p.

Wird der Druck p, der auf der Öloberfläche wirksam ist, vergrößert, so wächst auch die Durchschlagspannung U_d, und zwar etwa so, wie es in Abb. 5 gezeigt wird. In einigen Fällen sind Kurven erhalten worden, die nach unten gebogen waren, also umgekehrt, als es in der Abb. 5 gezeichnet ist. Man hat auch eine Proportionalität zwischen U_d und p beobachtet.

Man kann nämlich zeigen, daß alle diese drei Fälle in ein- und derselben Ölprobe mit derselben Elektrodenanordnung auftreten können. Dieses erreicht man durch fortwährende Reinigung und Entgasung der Flüssigkeit und der Elektroden. Z. B. durch einfache schwache Entladungen in Ölen bei erniedrigtem Druck kann die nach unten gebogene $U_d = f(p)$-Kurve in eine Gerade oder ja in eine Kurve übergeführt werden, die in der Abb. 7 dargestellt ist. Hier ist zu erwähnen, daß die Durchschlagwerte während dieses Prozesses ständig steigen, d. h. die Kurve rückt nach oben. Setzt man die Entgasung fort, indem man weitere schwache Funkenentladungen bei erniedrigtem Druck erzeugt und die angeschlossene Pumpe weiterlaufen läßt (also die befreiten Gasreste wegpumpt), so rückt die Kurve noch weiter nach oben, sie verflacht immer mehr und mehr, bis die Durchschlagspannung keine Abhängigkeit mehr vom Druck zeigt. Wir sehen also, daß die gereinigten und entgasten Ölproben und Elektroden keine Abhängigkeit der Durchschlagspannung vom Druck zeigen. Die Druckabhängigkeit wird also durch gelöste Gasreste und fremde Beimengungen verursacht. Wendet man kurzzeitige Spannungsbeanspruchungen an (z. B. sei die Spannungseinwirkungsdauer $\tau \approx 10^{-7}$ bis 10^{-6} s), so zeigen auch die unreinen Proben die Unabhängigkeit der Durchschlagspannung vom Druck. Scheinbar sind die Vorgänge, die mit den Gasresten und fremden Beimengungen verknüpft sind und die die frühzeitigen Entladungen herbeiführen, so träge, daß sie während dieser kurzen

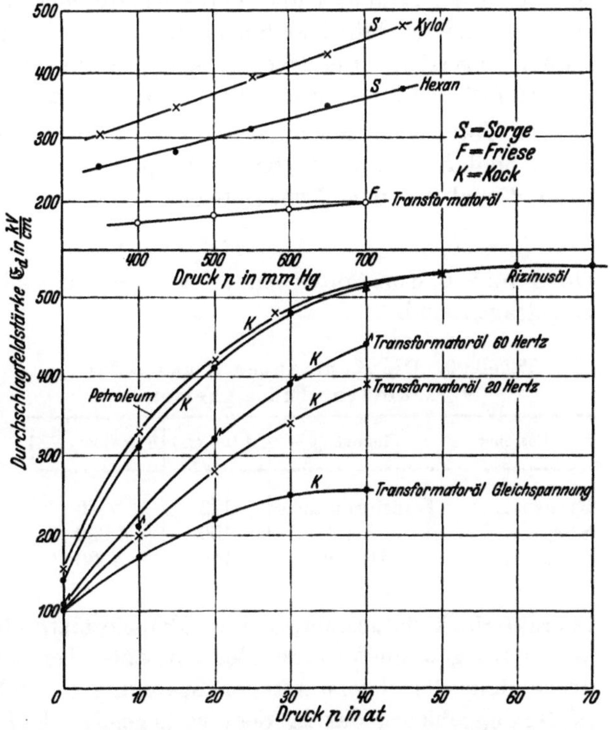

Abb. 6. Abhängigkeit der Durchschlagfeldstärke $\mathfrak{E}_d$ von dem Druck p in verschiedenen dielektrischen Flüssigkeiten.

Zeit nicht zur Auswirkung kommen können. Die Durchschlagwerte, die man bei dieser kurzen Spannungseinwirkungsdauer erhält, sind um ein Vielfaches größer als bei Dauerbelastung der Probe durch Gleichspannung.

Die Abhängigkeit der Durchschlagfeldstärke $\mathfrak{E}_d$ von dem Druck p in Petroleum, Rizinusöl und Transformatorenöl, und zwar von 0 bis 70 at (die verwendeten Flüssigkeiten waren ungereinigt) ist in Abb. 6 (K-Kurven) zusammengestellt. Die Durchschlagfeldstärke nimmt mit dem Druck zu. In Rizinusöl wird die Durchschlagfeldstärke zwischen 60 und 70 at konstant.

Die Untersuchungen unterhalb des Atmosphärendrucks (oben in Abb. 6 mit S und F bezeichnete Kurven) ergaben, daß die Durchschlagfestigkeit proportional mit dem Druck steigt

$$U_d = A + B p,$$

wo A und B Konstanten sind, die in der folgenden Tabelle zahlenmäßig eingetragen sind.

Tabelle 3. **Die Konstanten A und B für verschiedene Flüssigkeiten.**

Forscher	Flüssigkeit	A (kV/cm)	$B\left(\text{kV/cm}\cdot\frac{1}{\text{at}}\right)$
Friese . . .	Transformatoröl	122	80
Sorge . . .	Xylol	159	230
Sorge . . .	Hexan	144	320

Untersucht man den Verlauf der Stromspannungscharakteristik bei verschiedenen unterhalb des Atmosphärendrucks liegenden Drukken, so ergibt sie sich als unabhängig vom Druck. In Abb. 7 ist eine solche Charakteristik dargestellt, die in Transformatoröl bei Plattenelektrodenanordnung gewonnen wurde. Bei konstanter Temperatur und Atmosphärendruck steigt der Strom mit der Spannung U nach dem Durchlaufen des Sättigungsgebietes, das in dem vorliegenden Fall bis etwa $U_0 = 7{,}5$ kV reicht, sehr stark an und wächst, bis der Durchschlag erfolgt. Das erweckt den Eindruck, als ob die Entladung eine zwingende Naturnotwendigkeit wäre, die bei der Ausbildung der Stromspannungsverhältnisse herauswächst. Wird der Druck erniedrigt, z. B. $p = 560$ mm Hg, so durchläuft man genau dieselbe Stromspannungscharakteristik, bis die Entladung ganz unerwartet ohne jede Voranzeige bei niedrigerer Spannung als der bei Atmosphärendruck einsetzt. Bei noch niedrigeren Drucken tritt der Durchschlag bei noch kleineren Spannungen auf. Die Durchschlagspannungen bei den betreffenden Drucken sind in der Charakteristik als Pfeile eingezeichnet. Die Messungen bei $p = 13$ mm Hg zeigen, daß die Entladungen auch im

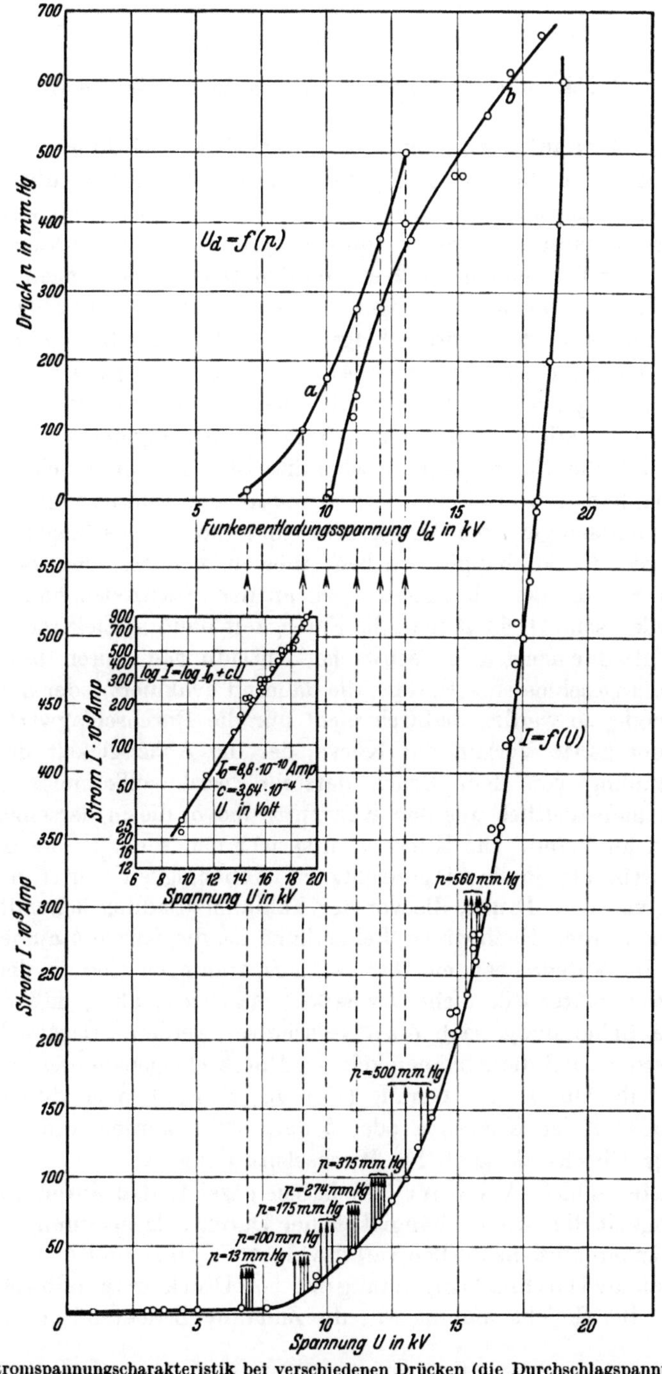

Abb. 7. Stromspannungscharakteristik bei verschiedenen Drücken (die Durchschlagspannungen bei den betreffenden Drücken sind in der Charakteristik als Pfeile eingezeichnet). *a* und *b* Abhängigkeit der Durchschlagspannung vom Druck (*a* vor der Reinigung durch Vakuumentladung, *b* nach erfolgter Reinigung).

Sättigungsgebiet auftreten können, d. h. um diese Entladungen einzuleiten, ist es nicht notwendig, das Sättigungsgebiet des Stromes zu überschreiten. Nach diesem experimentellen Befund wäre zu folgern: Der Durchschlag beim Normaldruck kann als „reiner Ionisierungsdurchschlag“ erklärt werden; denn man kann annehmen, daß er von den gleichen Vorgängen eingeleitet wird, die die exponentielle Steigerung des Stromes verursachen.

Das Auftreten des Durchschlags im Sättigungsgebiet zwingt dann aber zur Annahme einer weiteren Art des Durchschlags, der nicht durch Ionisierungsvorgänge eingeleitet wird. Diese letzte Art des Durchschlags wird von Nebeneffekten (Gasresten, fremden Beimengungen usw.) hervorgerufen. Da die Stromspannungscharakteristik im untersuchten Druckgebiet unabhängig vom Druck ist, so müßte der Ionisierungsdurchschlag ebenfalls unabhängig vom Druck sein, und die Durchschlagspannungen, die sich als druckabhängig ergeben, müssen von fremden Substanzen, die ihren Sitz in der Flüssigkeit oder an den Elektroden haben, eingeleitet worden sein. Reinigt man die Flüssigkeit und die Elektroden mit der Vakuumentladungsmethode (schwache Entladungen unter erniedrigtem Druck bei angeschlossener Pumpe, die dauernd evakuiert) oder durch sonst eine Methode, so werden dadurch nicht nur die Durchschlagwerte erhöht, sondern der ganze Verlauf der Kurve, der die Abhängigkeit der Durchschlagspannung von dem Druck darstellt, wird vollkommen geändert. Das sieht man deutlich aus den Kurven *a* und *b*, die in derselben Abb. 7 oben gezeichnet sind. Die Kurve *a* entspricht der in der Stromspannungscharakteristik als Pfeile eingezeichneten Abhängigkeit der Durchschlagspannung von dem Druck, die vor der Vakuumentladungsbehandlung aufgenommen wurde. Nach dieser Behandlung ist die Kurve *b* aufgenommen worden. Die entsprechenden Durchschlagspannungen sind in der Stromspannungscharakteristik nicht vermerkt. Man sieht aber, daß die Pfeile durch die Behandlung nach oben verschoben werden. Daraus kann gefolgert werden, daß die Abhängigkeit der Durchschlagspannung vom Druck generell weder durch eine Gerade (Friese, Sorge), noch durch Kurven vom Charakter der Kurven *a* oder *b* dargestellt werden kann. Das gilt sowohl für Gleich- als auch für Wechselspannung.

H. Edler und C. A. Knorr (*16*) haben gezeigt, daß durch Entgasung der Flüssigkeit die Druckabhängigkeit der Durchschlagspannung unterhalb des Atmosphärendrucks in Ölen verschwindet. L. Inge und A. Walter (*17*) fanden, daß die Durchschlagspannung mit dem Druck (unterhalb 760 mm Hg) zunimmt. Bei Gleichspannung war die Zunahme bedeutend größer als bei

Wechselspannung. Beansprucht man aber die Ölprobe mit Stoßspannung, so liegen die Durchschlagwerte erstens bedeutend höher, und zweitens ist keine Abhängigkeit der Durchschlagspannung mit dem Druck festzustellen, bis der Druck etwa den Wert von 150 mm Hg erreicht hat. Bei noch tieferen Drucken steigt die Durchschlagspannung in Ölen steil an, um bei noch kleineren Drucken ebenso steil abzufallen. Bei höheren Temperaturen, z. B. bei 114° C, verschwindet dieses Maximum vollkommen, und die Durchschlagspannung ist dann einfach unabhängig vom Druck unterhalb 760 mm Hg. Es ist bemerkenswert, daß das oben erwähnte Maximum in Ölen unterhalb 150 mm Hg in chemisch definierten organischen Flüssigkeiten (Xylol, Hexan) auch bei Zimmertemperatur nicht auftritt. In Abb. 8 sind die Durchschlagspannungen als Funktion des Druckes bei Stoßbeanspruchung (die Kurve ist den von L. Inge und A. Walter gewonnenen Resultaten entnommen) dargestellt, und zwar bei Temperaturen 20°, 35°, 45° und 110° C. Bei allen Temperaturen ist die Durchschlagspannung in Xylol unabhängig vom Druck. Es scheint, daß dieses Maximum eine spezifische Eigenschaft des Transformatoröls ist. Dieselbe Druckunabhängigkeit der Durchschlagspannung haben sie auch bei Gleichspannung (Dauerbeanspruchung in entgasten Flüssigkeiten) bekommen.

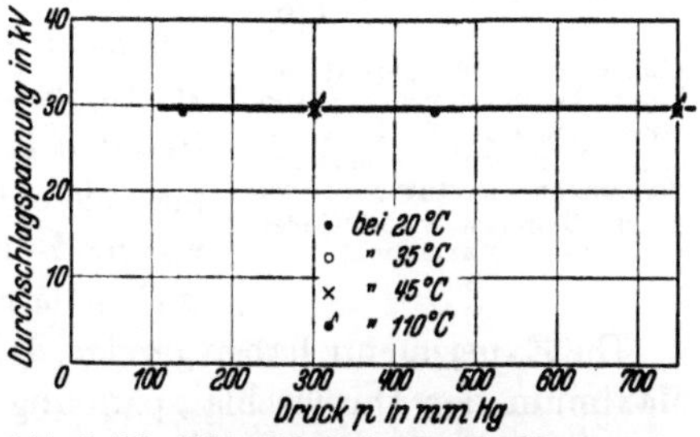

Abb. 8. Die Abhängigkeit der Durchschlagspannung vom Druck bei Stoßspannung, und zwar bei 4 verschiedenen Temperaturen.

Aus dem oben geschilderten Tatbestand sieht man, daß die fremden Beimengungen (sekundäre Effekte), die durch Reinigung und Entgasung entfernt werden, auch durch kurzzeitige Beanspruchung der Spannung (Stoßspannung) unschädlich gemacht werden können. Sie sind zu träge, um bei einer Beanspruchungsdauer von etwa 10^{-8} s den Durchschlag einzuleiten.

6. Die Temperaturabhängigkeit der Durchschlagspannung.

Die von verschiedenen Forschern gewonnene Abhängigkeit der Durchschlagfeldstärke von der Temperatur ist durch die Kurve *a* in der Abb. 9 wiedergegeben. Sie zeigt bei bestimmten Temperaturen ein Maximum. Reinigt und entgast man aber die Flüssigkeit und die Elektroden, so steigen die U_d-Werte. Gleichzeitig wird die Kurve nach oben verschoben, und sie verflacht sich, bis das Maximum verschwindet. In diesem Fall zeigt die Kurve keine Abhängigkeit der Durchschlagspannung von der Temperatur, bis zu Temperaturen, die nahe der Siedetemperatur der Flüssigkeit liegen. Bei weiterer Annäherung an den Siedepunkt der Flüssigkeit fängt die Kurve an stark abzufallen.

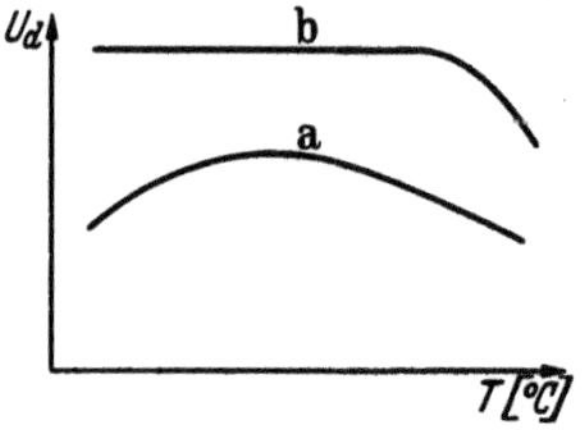

Abb. 9. Die Abhängigkeit der Durchschlagspannung U_d von der Temperatur T. Kurve *a*: nicht sehr reine Ölproben zeigen ein Maximum. Kurve *b*: bei reinen Ölproben verschwindet dieses Maximum.

Den in Kurve *b* der Abb. 9 dargestellten Verlauf der Durchschlagfeldstärke findet man auch in unreinen Ölen, wenn man sehr kurze Spannungseinwirkungsdauer (ebenfalls etwa 10^{-6} bis 10^{-8} s) wählt. Der Einfluß der Gasreste und der fremden Beimengungen wird also beseitigt, wenn man sie entfernt, oder wenn man die Spannung während einer so kurzen Zeit auf die Probe einwirken läßt.

Die Experimente haben gezeigt, daß die Öle, die bei Atmosphärendruck ein Maximum der Durchschlagspannung bei bestimmten Temperaturen haben, bei niedrigen Drucken ($p \approx 10$ mm Hg) kein Maximum aufweisen. Bei Stoßspannungsbeanspruchung zeigten sie auch keine Temperaturabhängigkeit der Durchschlagspannung. Bei hohen Temperaturen (oberhalb von 90 bis 100° C) beginnt die Durchschlagfeldstärke abzufallen, und zwar bei Wechselspannung bedeutend schärfer als bei Gleichspannung. Bei Annäherung an den Siedepunkt der Flüssigkeit nehmen bei gegebenem Druck die Durchschlagspannungen zuerst langsam und dann schnell ab. In den siedenden Flüssigkeiten betragen die Durchschlagspannungen nur einen Bruchteil des Wertes, den sie bei Normaltemperatur aufweisen. Bei

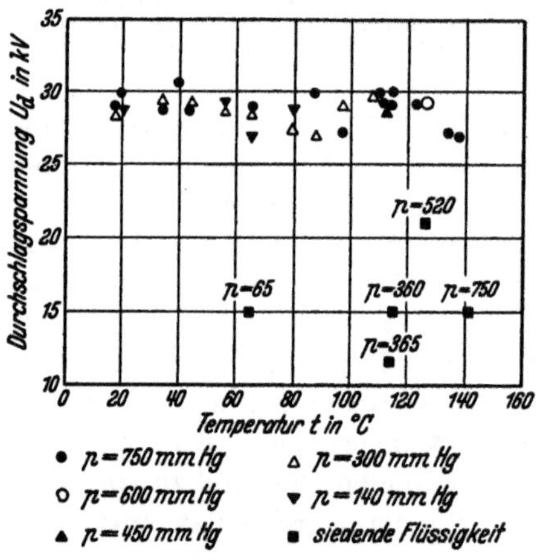

Abb. 10. Die Abhängigkeit der Durchschlagspannung von der Temperatur in Xylol bei Stoßspannungsbeanspruchung, und zwar bei verschiedenen Drücken.

Stoßspannung hängt die Durchschlagspannung weder von der Temperatur noch von dem Druck ab. In Abb. 10 sind die von Inge und Walter gewonnenen Meßergebnisse wiedergegeben, die die Abhängigkeit der Durchschlagspannung von der Temperatur in Xylol bei Stoßspannungsbeanspruchung darstellen, und zwar bei verschiedenen Drucken. Die mit einem Viereck bezeichneten Punkte sind Durchschlagwerte der siedenden Flüssigkeit bei verschiedenen Drucken.

In Abb. 11 sind die Kurven gezeichnet, die die Abhängigkeit der Durchschlagspannung von der Temperatur in Ölen darstellen, und die von verschiedenen Forschern gewonnen wurden. Außer der Kurve N besitzt jede

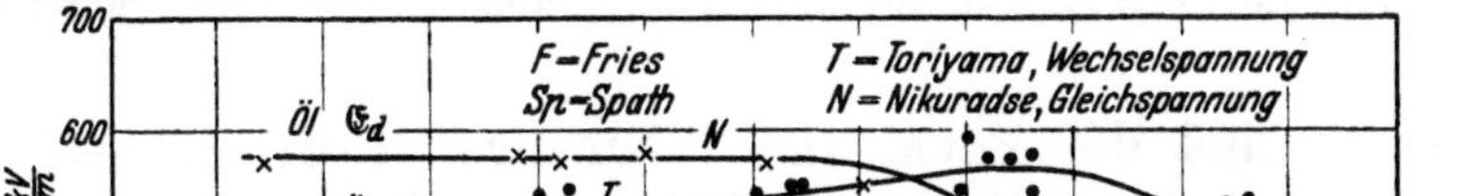

Abb. 11. Die Abhängigkeit der Durchschlagfeldstärke und der Viskosität von der Temperatur.

Kurve ein Maximum. Auch die Kurve N zeigte vorher ein Maximum. Durch sorgfältige Reinigung und Trocknung verschwand das Maximum allmählich. Das Auftreten des Maximums ist danach auf die Nebeneinflüsse (Feuchtigkeit, Verunreinigung) zurückzuführen. Auch Hirobe und Peek haben in sehr reinen Ölen kein Maximum erhalten.

Toriyama hat Messungen zwischen $+105°$ und $-60°$ ausgeführt. Er fand ein ausgesprochenes Maximum bei positiven und ein Minimum bei negativen Temperaturen.

Einige Forscher sind geneigt, die Temperaturabhängigkeit der Durchschlagspannung auf die Änderung der Viskosität des Öles zurückzuführen. In derselben Abb. 11 ist auch die Abhängigkeit der Viskosität η von der Temperatur t dargestellt. Sie ist in demselben Öl gewonnen worden, zu dem die Durchschlagkurve N gehört. Gerade in dem Temperaturgebiet, in dem sich die Viskosität sehr stark ändert, bleibt die Durchschlagfeldstärke mit der Temperatur konstant. Erst bei den Temperaturen, bei denen die Viskosität fast unveränderlich mit *t* ist, fällt die Durchschlagfeldstärke mit steigender Temperatur. Auf Grund dieser Tatsachen darf man wohl behaupten, daß die Viskosität bei dem Durchschlagmechanismus keine primäre Rolle spielt und in der Theorie des Durchschlages erst in zweiter Linie berücksichtigt zu werden braucht.

Es sei hier noch erwähnt, daß der Polaritätseffekt sich als fast unabhängig von der Temperatur ergeben hat (s. hierzu noch Polaritätseffekt).

7. Der Einfluß der Form und Flächengröße der Elektroden auf die Durchschlagspannung.

Sorge (*18*) stellte fest, daß mit größer werdendem Krümmungsradius der Elektroden die Durchschlagfeldstärke von Hexan, Xylol und Öl kleiner wird. Wöhr (*19*) fand, daß kantige Elektroden unter Öl größere Durchschlagfeldstärken ergeben als ebene. Er stellte ebenfalls fest, daß auch die Streuung von der Elektrodenform abhängt; bei Spitzen und Kanten ist sie geringer als bei Platten oder Kugeln. An Hand des Schwaigerschen Ähnlichkeitsgesetzes verfolgte er den Ausnutzungsfaktor der kantigen Elektroden unter Öl und wertete die Durchschlagfeldstärken aus.

Die Form der Elektroden spielt bei Gleich- und Wechselspannung für die Durchschlagspannung eine Rolle. Bei Plattenelektroden fällt der Durchschlagwert kleiner aus als bei Kugelkalotten bzw. bei Kugeln. Inge und Walter haben gezeigt, daß bei Stoßspannungsbeanspruchung die ebenen Elektroden genau dieselben Werte der Durchschlagspannungen ergeben, wie die Kugelelektroden. Bei Gleich- oder Wechselspannung hängt der Durchschlagwert von der Elektrodenflächengröße ab. Bei Stoßspannungsbeanspruchung verschwindet diese Abhängigkeit.

Die Abhängigkeit der Durchschlagfeldstärke von dem Krümmungsradius oder Kugelradius haben Sorge (Hexan, Benzin), Electrical Research Association (Öl) und Peek (Öl) untersucht. Die Durchschlagfeldstärke ist von dem Krümmungsradius der Elektroden abhängig; sie nimmt ab, wenn der Krümmungsradius vergrößert wird. Bei großen Radien macht die Änderung des Krümmungsradius nicht viel aus.

Peek hat auch die Durchschlagspannung bei konzentrischen Zylinderelektroden untersucht. Wird der Radius des inneren Zylinders verkleinert, so wächst die Durchschlagfeldstärke.

8. Einfluß des Elektrodenmaterials.

Der Einfluß des Elektrodenmaterials auf die Durchschlagspannung wird durch die Tabelle 4 gezeigt. Die Durchschlagspannung ist bei Eisenelektroden am kleinsten und bei Silberelektroden am größten von allen

Tabelle 4. Die Durchschlagfeldstärke in kV/cm in Abhängigkeit von der Natur des Elektrodenmaterials.

Flüssigkeit	Eisen	Messing	Blei	Kupfer	Aluminium	Gold	Zink	Silber
Benzin	400	420	435	455	450	—	490	—
Hexan	355	370	380	435	440	430	475	480
Xylol	430	410	465	470	480	485	515	535

untersuchten Metallen. Der Unterschied zwischen den Durchschlagspannungen bei Eisen- und Silberelektroden beträgt etwa 25%.

Mit gewissen Ausnahmen wächst die Wärmeleitfähigkeit der untersuchten Metalle in derselben Reihenfolge. Das führt auf den Gedanken, die Wärmeeinwirkung für die Erklärung des Durchschlages in irgendeiner Form heranzuziehen (s. Theorie des Durchschlages: Edler, Inge, Walter).

9. Polaritätseffekt.

Studiert man den Zusammenhang zwischen Strom und Spannung einschließlich der Funkenentladung bei der Elektrodenanordnung: abgerundete Spitze gegen Platte (*21*), so stellt man bei positiver Spitze sowohl andere Stromstärken kurz vor dem Durchschlag als auch andere Durchschlagspannungen fest, wie bei negativer Spitze. Dieser Polaritätseffekt ist bei verschiedenen Materialien der Spitzenelektrode verschieden stark ausgeprägt.

Infolge der Durchschläge kann sich der Polaritätseffekt umkehren. War der Strom vorher bei positiver Spitze größer, so ist er nachher bei positiver Spitze kleiner als bei negativer. Mit dieser Umkehrung ist auch die Umkehrung des Polaritätseffektes der Durchschlagspannungen verknüpft. Auch in Gasen hat man festgestellt, daß sich infolge des Feuchtigkeitseinflusses der Polaritätseffekt der Durchschlagspannung umkehrt.

Untersuchungen des Polaritätseffektes der Durchschlagspannung haben gezeigt, daß eine Temperaturabhängigkeit nicht vorhanden ist.

Bei Spitzenelektroden wurde ein Glimmen unter der Flüssigkeit beobachtet (*21*, *22*), dessen Auftreten in der Stromspannungscharakteristik nicht durch einen so scharfen Knick gekennzeichnet ist, wie bei Gasen. Die Glimmspannung beträgt bei $\delta = 1{,}0$ mm etwa 4,5 kV. Man beobachtet unter Wasser (*23*) an der Spitzenelektrode ein Büschel mit rötlichen Stielen, das bei positiver Spitze eine größere Ausdehnung hatte als bei negativer.

10. Einfluß der Elektrodenentfernung auf die Durchschlagspannung.

Bei sehr kleinen Elektrodenentfernungen beobachtet man in reinen Mineralölen eine sehr hohe Durchschlagfeldstärke, und zwar bei $\delta = 0{,}001$ mm etwa $10^6 \frac{\text{V}}{\text{cm}}$. Diese hohen Durchschlagfeldstärken bei kleinen Schichtdicken sind auch in anderen reinen isolierenden Flüssigkeiten beobachtet worden, z. B. ergab sich in Toluol $\mathfrak{E}_d = 1$ bis $1{,}3 \cdot 10^6 \frac{\text{V}}{\text{cm}}$.

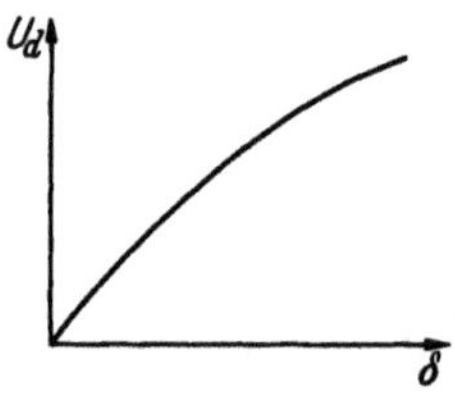

Abb. 12. Die Abhängigkeit der Durchschlagspannung U_d von der Elektrodenentfernung δ.

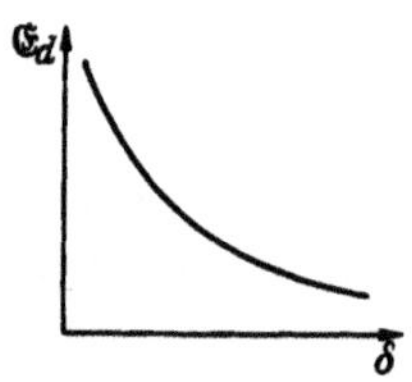

Abb. 13. Die Abhängigkeit der Durchschlagfeldstärke $\mathfrak{E}_d = \frac{U_d}{\delta}$ von der Elektrodenentfernung.

Bei Schichtdicken zwischen 0,1 bis 1,0 mm beobachtet man eine geringere Durchschlagfeldstärke, die in diesen Schichtdickengrenzen konstant bleibt. Bei größeren Elektrodenentfernungen, bei $\delta > 1$ cm, nimmt $\mathfrak{E}_d$, ab wenn δ vergrößert wird.

Es liegen leider keine zusammenhängenden Messungen vor, die $\mathfrak{E}_d$ als Funktion von δ bei sehr geringen Schichtdicken bis zu großen ($\delta = 10^{-4}$ bis 10^1 cm) verfolgen. Aber aus dem obigen Befund sehen wir bereits die Tendenz, daß die Durchschlagfeldstärke $\mathfrak{E}_d$ mit zunehmender Schichtdicke δ abnimmt. Danach erhalten wir die Abhängigkeit der Durchschlagspannung U_d von der Schichtdicke δ, die in der Abb. 12 dargestellt ist. Daraus wird die in der Abb. 13 dargestellte Abhängigkeit der Durchschlagfeldstärke $\mathfrak{E}_d$ von der Elektrodenentfernung δ abgeleitet.

Die von diesem Sachverhalt abweichenden Resultate, die von einigen Autoren erhalten wurden, sind wahrscheinlich auf Nichteinhaltung der genaueren Versuchsbedingungen und auf Meßungenauigkeiten zurückzuführen.

Almy gibt an, daß die Beziehung zwischen der Durchschlagfeldstärke und der Elektrodenentfernung durch folgende Gleichung

$$\mathfrak{E}_d = A + \frac{B}{\delta}$$

gegeben ist. δ = Elektrodenentfernung; U_d = Durchschlagspannung; $\mathfrak{E}_d = \frac{U_d}{\delta}$ = Durchschlagfeldstärke. In reinem Xylol, Hexan, Benzin und Öl fand man, daß die Durchschlagfestigkeit mit der Schlagweite abnimmt, ein

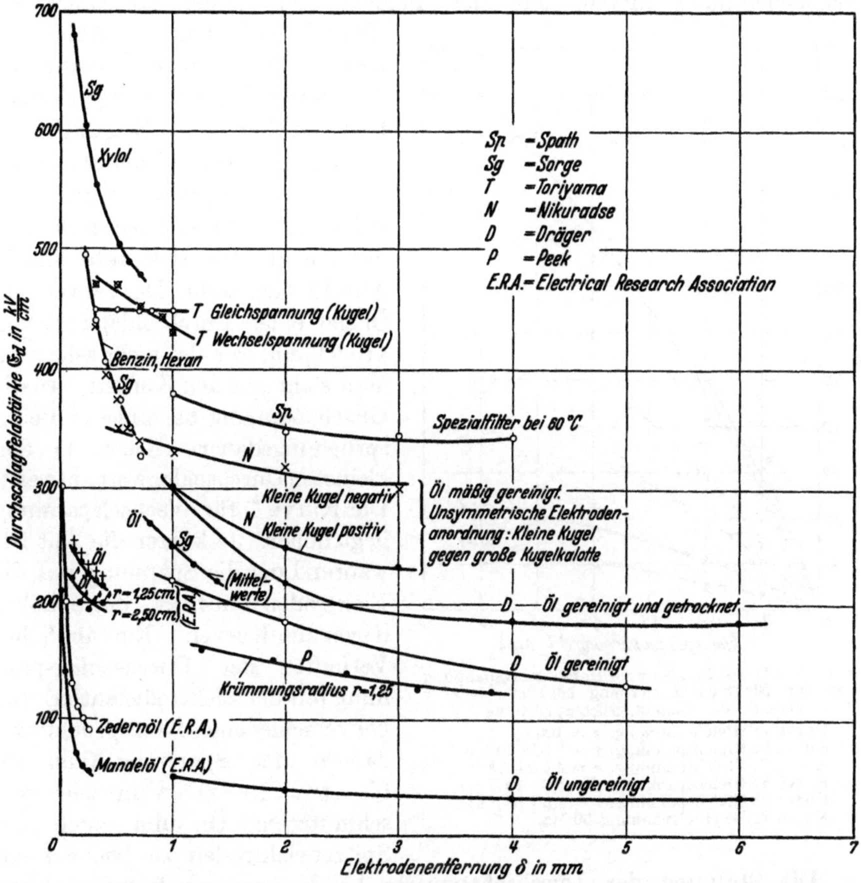

Abb. 14. Die Zusammenstellung der Kurven, die die Beziehungen zwischen der Durchschlagfeldstärke und der Elektrodenentfernungen darstellen und die in verschiedenen Flüssigkeiten von verschiedenen Forschern gefunden worden sind. Sie zeigen eine Abnahme der Durchschlagfeldstärke, wenn die Elektrodenentfernung vergrößert wird.

Verhalten, das dem in Gasen sehr ähnlich ist. Man fand ferner, daß die Streuung der Durchschlagwerte mit der Schichtdicke abnimmt. Die von verschiedenen Forschern gefundene Abnahme der Durchschlagfeldstärke mit der Elektrodenentfernung zeigt Abb. 14.

Marx (*23*) untersuchte die Abhängigkeit der Durchschlagspannung von der Elektrodenentfernung bei verschiedenen Spannungsstößen (Spannungseinwirkungsdauer) und unsymmetrischer Elektrodenanordnung. Die Durchschlagspannung nimmt mit der Schichtdicke immer langsamer zu. Naeher (*15*) hat die Abhängigkeit der Durchschlagspannung von der Elektrodenentfernung in Transformatoröl zwischen Kugelkalotten (VDE) bei verschiedener Dauer der Spannungsbeanspruchung (Gleichspannung mit Rechteckform) untersucht. Die Resultate sind in Abb. 15 dargestellt. Das verwendete Öl hat einen Durchschlagwert von 110 kV/cm, war also nicht sehr rein. Man sieht aus den Kurven, daß die Gleichspannung bei längerer Beanspruchungsdauer (Kurve 1) den kleinsten Durchschlagwert aufweist. Die Kurve 7 für Wechselspannung liegt höher. Je kürzer die Zeit ist, während der die Spannung auf die Elektroden einwirkt, desto höher liegen die Kurven. Ein ähnliches Verhalten der Durchschlagspannung mit der Elektrodenentfernung bei verschiedenen Beanspruchungsdauern der Spannung (von 10^2 bis etwa 10^{-9} s) ist in sehr verschmutztem Öl und auch bei Spitzenelektroden zu beobachten.

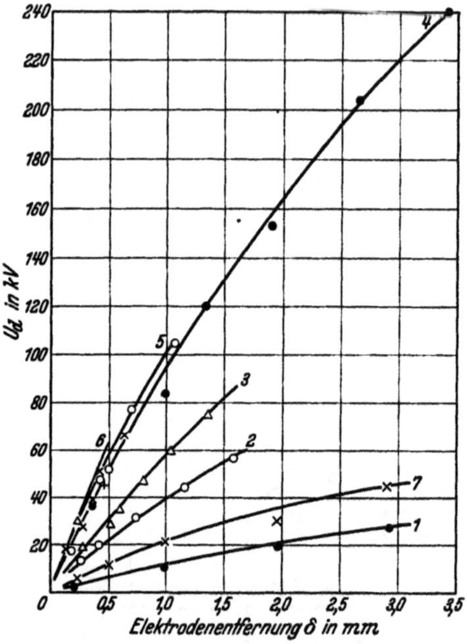

Abb. 15. Die Abhängigkeit der Durchschlagspannung von der Elektrodenentfernung bei verschiedener Dauer τ der Spannungsbeanspruchung.
Kurve 1: Gleichspannung. $\tau = 100$ s;
Kurve 2: Gleichspannung. $\tau = 3{,}33 \cdot 10^{-4}$ s;
Kurve 3: Gleichspannung. $\tau = 4{,}6 \cdot 10^{-6}$ s;
Kurve 4: Gleichspannung. $\tau = 1{,}2 \cdot 10^{-7}$ s;
Kurve 5: Gleichspannung. $\tau = 1{,}3 \cdot 10^{-8}$ s;
Kurve 7: Wechselspannung 50 Hz.

Die Streuung der Durchschlagwerte bei kurzzeitiger Beanspruchung mit Gleichspannung ist kleiner als bei Wechselspannung.

Um die Abhängigkeit der Durchschlagfestigkeit von der Elektrodenentfernung zu bekommen, rechnen wir die von Naeher erhaltenen, in Abb. 16 dargestellten Resultate um. Wir stellen in Abb. 16 fest, daß die Durchschlagfestigkeit mit der Elektrodenentfernung abnimmt, und zwar sowohl bei Wechselspannung (Kurve 7) als auch bei Gleichspannung mit verschiedenen Beanspruchungsdauern (Kurve 1: $\tau = 100$ s; Kurve 2: $\tau = 3{,}3 \cdot 10^{-4}$ s; Kurve 3: $\tau = 4{,}6 \cdot 10^{-6}$ s; Kurve 4: $\tau = 1{,}2 \cdot 10^{-7}$ s; Kurve 5: $\tau = 1{,}3 \cdot 10^{-8}$ s). Trägt man lg (U_d) als Funktion von lg τ auf, so erhält man

$$\mathfrak{E}_d = \mathfrak{E}_{0\,d} \cdot \tau^{-\alpha}.$$

Die Beziehung ist für alle drei Elektrodenentfernungen $\delta = 0{,}5$; 1,0 und 1,5 mm annähernd erfüllt (Abb. 17).

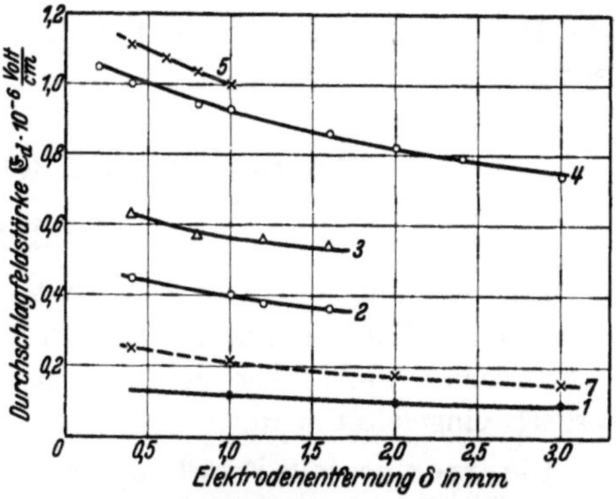

Abb. 16. Die Abhängigkeit der Durchschlagfeldstärke von der Elektrodenentfernung bei verschiedener Beanspruchungsdauer τ.
Kurve 1: Gleichspannung. $\tau = 100$ s;
Kurve 2: Gleichspannung. $\tau = 3{,}3 \cdot 10^{-4}$ s;
Kurve 3: Gleichspannung. $\tau = 4{,}6 \cdot 10^{-6}$ s;
Kurve 4: Gleichspannung. $\tau = 1{,}2 \cdot 10^{-7}$ s;
Kurve 5: Gleichspannung. $\tau = 1{,}3 \cdot 10^{-8}$ s;
Kurve 7: Wechselspannung 50 Hz (gestrichelt).

Inge und Walter fanden, daß die Durchschlagfeldstärke mit der Elektrodenentfernung konstant ist, und zwar nicht nur bei Atmosphärendruck, sondern auch bei niedrigeren Drucken.

Die Zunahme der Durchschlagfeldstärke mit abnehmender Schichtdicke der Flüssigkeit ist wahrscheinlicher als ihre Konstanz.

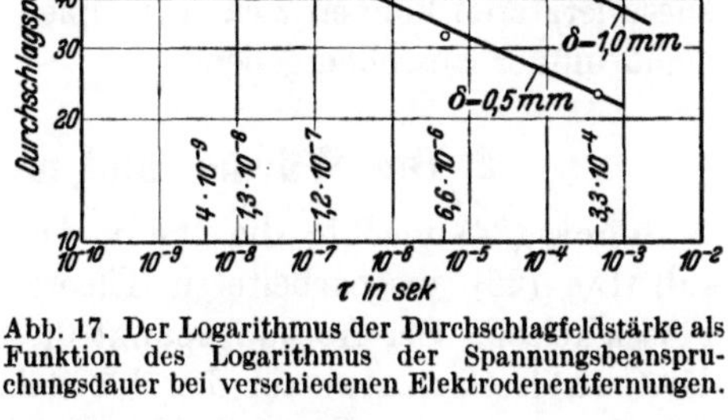

Abb. 17. Der Logarithmus der Durchschlagfeldstärke als Funktion des Logarithmus der Spannungsbeanspruchungsdauer bei verschiedenen Elektrodenentfernungen.

Die Forscher, die die Abhängigkeit der Durchschlagfeldstärke vom Elektrodenabstand untersucht haben, kann man in zwei Gruppen teilen. Die Gruppe 2 (Mehrzahl) findet, daß die Durchschlagfeldstärke mit zunehmender Elektrodenentfernung abnimmt; die Gruppe 1 hingegen beobachtet die Unabhängigkeit der Durchschlagfeldstärke von δ. Man sieht einen offensichtlichen Widerspruch. Die Resultate erwecken aber den Eindruck, als ob die sehr reinen Flüssigkeiten doch eine Abhängigkeit der Durchschlagfeldstärke von der Schichtdicke zeigen. Bei ungenügender Reinigung verdecken die sekundären

Erscheinungen den wahren Effekt. Bei sehr kurzzeitiger Spannungsbeanspruchung spielen die sekundären Einflüsse für den Durchschlag gar keine oder nur eine sehr untergeordnete Rolle. Deshalb ist es von Interesse, die Durchschlagfeldstärke als Funktion der Elektrodenentfernung bei Stoßspannung zu verfolgen.

B. Die Theorien des Durchschlages.

1. Einleitung.

Der Mechanismus der Elektrizitätsleitung bei hohen Feldstärken in homogenen Flüssigkeiten mit sauberen Elektroden spricht dafür, daß der elektrische Durchschlag in derartigen Medien durch einen Ionisierungsprozeß eingeleitet wird.

Die experimentelle Forschung zeigte aber, daß die fremden Beimengungen, wie z. B. Gasreste usw., die ihren Sitz in der Flüssigkeit (Emulsionen, Suspensionen) oder in der Oberflächenschicht der Elektroden (adsorbierte Gase, Verunreinigungen) haben, auf die Durchschlagspannung von Einfluß sind. Im Verfolg der Aufklärung dieser Ursachen des Durchschlages sind einige Durchschlagtheorien entstanden. Sie führen die Funkenentladung auf die Wärmewirkung der Bewegung der Ladungsträger oder auf die mechanische Streckung der Gasblase von einer Elektrode zur anderen zurück und bezeichnen die Funkenentladung als Wärmedurchschlag oder mechanischen Durchschlag. Über diese Theorien soll in dem nächsten Abschnitt kurz berichtet werden.

Es wurde gezeigt (*26*), daß es nicht notwendig ist, die Nebeneinflüsse auf die Wärmewirkungen oder auf die mechanischen Wirkungen zurückzuführen. Diese letzteren können zwar prinzipiell an und für sich bestehen, sind aber nicht immer ausschlaggebend.

2. Die Wärme- und mechanische Theorie.

Kock (*24*) machte die ersten Ansätze zu der später von Güntherschulze (25) ausgearbeiteten Theorie des Durchschlages in isolierenden Flüssigkeiten. Der Ausgangspunkt dieser Theorie war die Schlußfolgerung, die Güntherschulze aus den bis dahin veröffentlichten experimentellen Arbeiten zog: „Die Zunahme der dielektrischen Festigkeit mit dem Druck ist für die Flüssigkeit von der gleichen Größenordnung wie für Gase.“

$$U_d = A + B \cdot p.$$

Er erklärte dieses Resultat durch die Annahme, daß die Entladung in dielektrischen Flüssigkeiten eine „verschleierte Gasentladung" sei. Nach dieser Theorie steigt mit der Feldstärke die Ionenreibung. Dies bewirkt eine steigende Erwärmung der die Ionenbahn umgebenden Flüssigkeitsmoleküle. Bei einer bestimmten Feldstärke wird die Erwärmung so groß, daß die Ionen eine minimale, submikroskopische Dampfbahn bilden. In diesen Dampfkanälen findet die Stoßionisierung statt, die, ähnlich wie in Gasen, die Funkenentladung einleitet.

Mit dieser Theorie erklärt Güntherschulze den phänomenologischen Einfluß der verschiedenen Parameter auf U_d.

Draeger (*27*) hat diese Theorie an Hand der Experimente verfolgt und sie teilweise ergänzt. Nach ihm werden die Dampfbahnen in der Flüssigkeit durch schwerbewegliche Ionen großer Reibung gebildet. Die leichtbeweglichen Ionen mit größerer mittlerer freier Weglänge bewirken die Stoßionisation und leiten die Entladung ein.

Die Theorie von Gemant (*28*) betrachtet als Ursache, die den Durchschlag einleitet, hauptsächlich die an der Metalloberfläche adsorbierte Gasschicht. Bei einer bestimmten Feldstärke ($\mathfrak{E} = 100$ kV/cm) schlägt die Gasschicht durch und wird leitend. An der Stelle der höchsten Feldstärke sammeln sich diese Gasreste und bilden eine mikroskopisch kleine Halbkugel (Durchmesser 10^{-4} bis 10^{-3} cm), die an der Elektrode haftet. Das Feld streckt diese Halbkugel der anderen Elektrode entgegen. So wird ein Kanal gebildet, in dem ein Gasdurchschlag erfolgt. Die danach berechneten Werte von $\mathfrak{E}_d$ bei $p = 0$, 10, 20, 30 und 40 atm. stimmen gut mit den von Kock in unreinen Flüssigkeiten (Petroleum) experimentell gewonnenen überein.

Den Einfluß des in der Flüssigkeit gelösten Wassers erklärt Gemant (*28*) durch folgende Überlegung: Die Wasserkügelchen mit hoher Dielektrizitätskonstante werden in Richtung des Feldes gestreckt (ihre Polarisation nimmt mit der Streckung zu). Bei einer bestimmten Feldstärke bilden die gestreckten Kügelchen eine Brücke, einen leitenden Kanal, und der Durchschlag ist eingeleitet. Je mehr Wassertröpfchen es sind, desto geringer ist die Feldstärke, bei der die Wasserteilchen in eine Brücke zusammenfließen.

H. Edler (*16*) sieht die Ursache des Durchschlages in einem Verdampfungsprozeß an den Elektroden. An den Elektroden befindet sich eine Übergangsschicht, die z. B. aus adsorbiertem Gas bestehen kann. Das Leitvermögen dieser Schicht für Wärme und Elektrizität muß als sehr gering angenommen werden. Geht nun der elektrische Strom durch diese

Schicht, so wird darin Wärme erzeugt, die bei bestimmter Temperatur die Verdampfung oder Gasentbindung verursacht, wodurch der Durchschlag eingeleitet wird.

Leider hat man von der Übergangsschicht, die für die Theorie von großer Bedeutung ist, keine ganz klare Vorstellung. Die Wärmeleitfähigkeit, die Dicke und die elektrische Leitfähigkeit dieser Schicht sind unbekannt. Auch die Temperaturen, die bei gegebenem I und U auftreten, sind leider bis jetzt unbekannt. Man kann aber mittels der bekannten Versuchsergebnisse ermitteln, welche Größenordnung die unbekannten Konstanten annehmen müssen, damit die richtigen Zahlenwerte für U_d herauskommen. Rechnet man jetzt die Abhängigkeit der Durchschlagspannung von dem Druck p aus, indem man verschiedene Sättigungsdrucke der gelösten Luft in Öl annimmt, so erhält man Kurven, deren Verlauf und absolute Höhe mit den experimentell gewonnenen gut übereinstimmen. Je geringer der Sättigungsdruck, d. h. je geringer die gelöste Gasmenge ist, desto geringer wird die Druckabhängigkeit der Durchschlagspannung und desto höher liegen die Einzelwerte von U_d.

Bei Fehlen der gelösten Gase und der leichtflüchtigen Bestandteile wird angenommen, daß die Flüssigkeit selbst beim Stromdurchgang verdampft, wodurch der Durchschlag eingeleitet wird. Die Zeit, die dazu nötig ist, die Verdampfungstemperatur zu erreichen, ist ziemlich groß; sie errechnet sich etwa zu 0,3 s. Bei ganz kurzzeitiger Spannungsbeanspruchung dürften also solche Arten von Durchschlägen nicht auftreten.

Diese Theorie weist noch den Vorteil auf, daß sie zwanglos das Auftreten der Streuungen erklärt. Sie werden dadurch bedingt, daß bei Gasentbindung und Verdampfung infolge der einem gewissen Zufall unterworfenen Größe der „Keimpunkte" eine Art Siedeverzug auftritt.

Gleichzeitig und unabhängig von H. Edler haben Inge und Walther ebenfalls eine Wärmetheorie des Durchschlages entwickelt.

Inge und Walther (*17*) befassen sich mit den Durchschlägen, die durch Wärmeentwicklung eingeleitet werden. Die von Güntherschulze entwickelte Ansicht halten sie für wenig wahrscheinlich. Sie bezweifeln die Ausbildung des Dampfkanales infolge der Ionenreibung. Sollte aber ein solcher Kanal entstehen, so wird der Krümmungsradius der Oberfläche so klein, daß in dem Dampfkanal ein hoher Druck herrscht. In diesem Zustand kann der Kanal kaum als Gasvolumen betrachtet werden.

Nach Inge und Walther spielen die in der Flüssigkeit vorhandenen Gasblasen eine Rolle. Erreicht die Feldstärke in einer Gasblase einen bestimmten Wert, so beginnt darin die Ionisation. Das bedingt die Erwärmung der die Gasblase umgrenzenden Flüssigkeitsteilchen. Bei einer bestimmten Spannung wird die Siedepunkttemperatur der Flüssigkeit erreicht. Bei etwas höherer Spannung wird die Flüssigkeit verdampft und die Gasblase vergrößert. So wächst das Gasvolumen, in dem die Stoßionisation stattfindet. Dadurch wird die vollständige Funkenentladung eingeleitet. Als Durchschlag wird die Spannung bezeichnet, bei der die Blase zu wachsen beginnt. Diese Spannung hängt unter anderem von der entwickelten Wärmemenge und von der Intensität der Wärmeabfuhr ab, weil von diesen zwei Größen wieder die Temperatur der Flüssigkeit an der betreffenden Stelle abhängt.

Als Ausgangspunkt der Wärmeentwicklung wurden die gelösten Gasreste betrachtet. Die obige Theorie hat auch dann Gültigkeit, wenn keine Gasblasen vorhanden sind und die Wärmeentwicklung aus einem anderen Grund stattfindet.

3. Ionisierungstheorie.

Zu den beiden letzten Wärmetheorien muß bemerkt werden, daß die Möglichkeit einer Wärmeentwicklung der an die Gasblase grenzenden Flüssigkeitsschicht und der Übergangsschicht zwischen Elektrode und Flüssigkeit noch nicht geklärt ist. Dazu fehlen bis jetzt sowohl die theoretischen als auch die experimentellen Untersuchungen. Nach der Wärmetheorie müßte gleichzeitig eine Temperatur- und Druckabhängigkeit der Durchschlagspannung vorhanden sein. Es gibt Fälle, in denen sich die Durchschlagspannung abhängig vom Druck und gleichzeitig unabhängig von der Temperatur ergibt, und zwar bei derselben Art der Spannung (Gleichspannung). In diesem Fall ist der Wärmedurchschlag unwahrscheinlich. Die Experimente (*8*) zeigen aber, daß es sich in dem hier in Betracht kommenden Fall auch nicht um den Ionisierungsdurchschlag handeln kann, weil dieser druckabhängig ist. Damit ist die Möglichkeit eines Durchschlages gegeben, der auch keinen Wärmedurchschlag darstellt. Andererseits haben wir gesehen, daß die druckabhängigen Durchschläge sehr von den gelösten Gasen abhängig sind. Der Verlauf $U_d = f(p)$ hängt vom Gasgehalt ab. Bei vollkommener Entgasung verschwindet die Druckabhängigkeit der Durchschlagspannung. Daraus darf wohl geschlossen werden, daß es Durchschläge gibt, die ohne Wärmewirkung durch das Vorhandensein der Gasreste eingeleitet werden (Gas-Flüssigkeitsdurchschlag). Für diese Entladungsform kann die Theorie von Gemant herangezogen werden, braucht sich aber nicht auf den durch diese Theorie geschilderten Fall zu beschränken.

Koppelmann (*29*) gibt eine Theorie für die elektrische Funkenentladung in dielektrischen Flüssigkeiten nahe dem Siedepunkt, die den Übertritt der Elektronen vom Metall in die Flüssigkeit und Abhebung der Flüssigkeit von den Elektroden annimmt.

Wir sehen, daß die obigen Theorien den Hauptgrund des Durchschlages im Vorhandensein einer Gasblase und in der Bildung der Gaskanäle erblicken.

Andere Untersuchungen zeigen, daß auch im Falle der Inhomogenität der Flüssigkeit (Gasblase usw.) und der Elektrodenoberflächenschicht (adsorbierte Gasreste, Inhomogenität der Elektrodenoberfläche = kleinere Spitzen) ein reiner Ionisierungsvorgang in der Flüssigkeit maßgebend für die Einleitung des elektrisches Durchschlages sein kann.

Im Falle des Vorhandenseins einer Gasblase oder einer kleinen Spitze an der Elektrode wird die Entladung auf die Spitzenwirkung zurückgeführt.

Ist eine Gasblase an einer Elektrode (oder auch in der Flüssigkeit) vorhanden, so tritt darin bei einer bestimmten Feldstärke die Stoßionisation auf. Bei Funkenentladung in Gasen bilden die Ladungsträger gewissermaßen einen Strahl, der als „Spitze" (ganz dünne „Nadel") betrachtet werden kann. Man kann also das Auftreten der Stoßionisation in einem an einer Elektrode liegenden Gasraum als Entstehung einer „Spitze" betrachten, die auf die Elektrode aufgesetzt ist. Am Ende dieser Spitze findet eine starke Feldkonzentration statt, und man hat es mit einer Spitzenentladung in Flüssigkeiten zu tun. Die Stirn der „Spitze" mit ihrem starken Feld bewegt sich vorwärts. Äußerlich sieht das so aus, daß bei einer bestimmten Feldstärke, die in der Gasschicht herrscht, die Gasmoleküle ionisiert werden und die Ladungsträger, die auf die Flüssigkeitsoberfläche aufprallen, durch die Flüssigkeitsschicht hindurchschießen. Daß dabei Erwärmung oder Streckung des Gasraumes auftreten können, in der Form, wie dies die Hypothesen anderer Autoren zeigen, ist naheliegend, aber dies spielt wahrscheinlich keine primäre Rolle.

Die vorwiegende Zahl der bis jetzt gebildeten Durchschlagtheorien deutet den Durchschlag als durch Wärmewirkung bzw. durch mechanische Streckung einer Gasblase von der einen bis zur anderen Elektrode eingeleitet. Sie erklären die Entstehung eines Gaskanals zwischen den Elektroden, in dem der Gasdurchschlag stattfindet. Es kann gezeigt werden, daß es nicht notwendig ist, die Nebeneinflüsse in der Wärmewirkung bzw. mechanischen Streckung einer Gasblase zwischen den Elektroden zu erblicken. Um diese letzteren Ursachen auszuschalten, wurde Gleichspannung, die eine Zeit von etwa 10^{-8} bis 10^{-7} s wirksam war, an die Probe angelegt. Solche Spannungen wurden durch eine Stoßanlage erzeugt. Während so kurzer Zeiten bleiben die Wärmeeinflüsse und die mechanische Streckung einer Gasblase (infolge ihrer Trägheit) wirkungslos.

Uns sollen hier die Ursachen interessieren, die den Durchschlag einleiten, wenn ein Gasraum (Gasblase) in der Flüssigkeit wirklich vorhanden ist. Den Prozeß während der Entladung wollen wir außer acht lassen. Daß die Wärmewirkung bei diesem Prozeß eine große Rolle spielt, ist weiter nicht verwunderlich.

Ist ein Gasraum an einer Elektrode oder in der Flüssigkeit vorhanden, so kann bei bestimmter Feldstärke, die in dem Gasraum herrscht, darin eine Entladung durch Stoßionisierung entstehen. Die Entladung im Gasraum wird als ein Strahl von Ladungsträgern vorgestellt. Sie kann gewissermaßen der Entstehung einer feinen metallischen Spitze gleichbedeutend gesetzt werden. Am Ende der Spitze findet eine starke Feldkonzentration statt; ist sie hoch genug, so findet die Ionisation auch in der Flüssigkeit statt und die Spitze schreitet mit hohem Feld voran. So wird die Funkenentladung eingeleitet.

Für die Nachprüfung der obigen Arbeitshypothese wurde über die Flüssigkeitsschicht δ_{Fl} noch eine bestimmte Luftschicht δ_L geschaltet, wie dieses die erste Elektrodenanordnung in der Abb. 18 zeigt. Die Luftschicht sollte als Ersatz des Gasraumes dienen.

Es wurde festgestellt: 1. In gewissen Grenzen ist die Durchschlagspannung U_d bei konstanter Flüssigkeitsschichtdicke unabhängig von der Luftschichtdicke, und zwar sowohl bei abgerundeten Plattenelektroden als auch bei Spitze (in der Luft) gegen abgerundete Platten (in Flüssigkeit). 2. Verändert man die Stellung der Elektrode, die sich in der Luft befindet, so weit, daß sie satt an der Flüssigkeit aufliegt ($\delta_L = 0$), so springt der Durchschlagwert bei der ersten Elektrodenanordnung (beide Platten) auf höhere Werte, während bei der zweiten Elektrodenanordnung (Spitze in Luft gegen Platte in Flüssigkeit) sich die Durchschlagspannung nicht ändert.

Durch die Kurve *A* der Figur ist die Abhängigkeit der Durchschlagspannung von der Flüssigkeitsschichtdicke dargestellt, wenn eine von den Elektroden sich in Luft befindet. Die Meßpunkte der beiden Elektrodenanordnungen ergeben die gleiche Kurve *A*. Es ist also kein Unterschied, ob die in der Luft befindliche Elektrode eine abgerundete Platte oder eine feine Spitze ist. Der „Trägerstrahl“, der sich bei der Entladung bei der ersten Anordnung (Platte) ausbildet, kann durch eine feine metallische Spitze ersetzt werden.

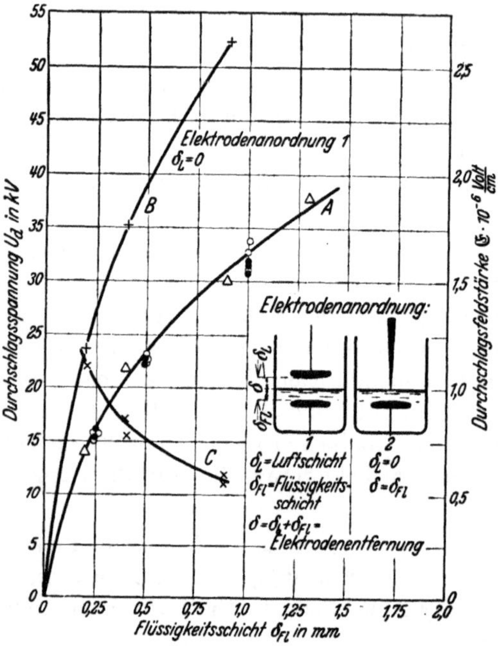

Abb. 18. Kurve A: △ Mittelwert der Durchschlagspannung U_d in Abhängigkeit von der Flüssigkeitsschichtdicke δ_{Fl} bei der ersten Elektrodenanordnung.

○ Spitze positiv; Durchschlagspannung in Abhängigkeit von der Flüssigkeitsschichtdicke bei der zweiten Elektrodenanordnung.

● Spitze negativ; Durchschlagspannung in Abhängigkeit von der Flüssigkeitsschichtdicke bei der zweiten Elektrodenanordnung.

Kurve B: + Die Abhängigkeit der Durchschlagspannung U_d von der Flüssigkeitsschichtdicke bei der ersten Elektrodenanordnung, wenn sich zwischen den Plattenelektroden nur Flüssigkeit befindet.

Kurve C: × Die Abhängigkeit der Durchschlagfeldstärke $\mathfrak{E}_d$ von der Flüssigkeitsschichtdicke bei der ersten Elektrodenanordnung, wenn sich zwischen den Plattenelektroden nur Flüssigkeit befindet; sie ist von der Kurve B abgeleitet.

Durch die Kurve B wird die Abhängigkeit der Durchschlagspannung von der Flüssigkeitsschichtdicke wiedergegeben, wenn die Luftschicht völlig ausgeschaltet wird, und zwar bei der ersten Elektrodenanordnung. Sie zeigt, wie der Durchschlagwert auf höhere Werte springt, wenn $\delta_L = 0$ gemacht wird.

Ist $\delta_L = 0$ und erzeugt man aber an der Elektrode feine Luftblasen, so springe die Durchschlagspannung herunter, und man erhält wieder die Kurve A. Dieser letzte Befund spricht dafür, daß die Spitzenausbildung bei Entladung auch in kleinen Luftblasen stattfinden kann.

Die obigen Resultate sprechen auch dafür, daß die Entladung sich in Gasen beim Normaldruck strahlenförmig ausbildet. D. h. nicht die ganze Front der an der Kathode ausgelösten Elektronen nimmt an der Entladung teil, sondern einige Elektronen der Gesamtzahl sind befähigt, die Entladung einzuleiten und so den Entladungsstrahl zu bilden.

Es muß hier bemerkt werden, daß die Inhomogenität der Oberflächenbeschaffenheit der Elektroden ebenfalls den Anlaß zur Ausbildung der Spitzenwirkung geben und verfrühte Durchschläge herbeiführen kann.

Die Abhängigkeit der Durchschlagstärke $\mathfrak{E}_d$ als Funktion der Flüssigkeitsschichtdicke, wenn zwischen den Elektroden sich nur Flüssigkeit befindet, wird durch die Kurve *C* wiedergegeben. Die Kurve *C* ist aus der Kurve *B* abgeleitet und zeigt, daß $\mathfrak{E}_d$ bei geringen δ_{Fl} sehr hohe Werte erreicht.

Literatur.

1. Nikuradse, A.: Das flüssige Dielektrikum. (Isolierende Flüssigkeiten.) Berlin: Julius Springer 1934. (Hier findet man ausführliche Literaturangaben.)
2. Eggert: Lehrbuch der physikalischen Chemie. Leipzig: S. Hirzel 1931.
3. Walther, A. F.: „Физика диэлектриков". (Physik des Dielektrikums), 1932.
4. Nikuradse, A.: Physik. Z. Bd. 29 (1928) S. 778; Arch. Elektrotechn. Bd. 22 (1929) S. 289;
5. Toriyama, Y.: Arch. Elektrotechn. Bd. 19 (1928) S. 31.
6. Möller, R.: Physik. Z. Bd. 30 (1929) S. 20; Bd. 32 (1931) S. 697.
7. Schumann, W. O.: Z. Physik 1932. — Nikuradse, A.: Z. Physik 1932.
8. Nikuradse, A.: Z. techn. Physik Bd. 10 (1929) S. 641.
9. Ketnath, A.: Arch. Elektrotechn. Bd. 27 (1933) S. 254.
10. Ornstein, L. S., C. Janssen u. C. Krygsman: Arch. Elektrotechn. Bd. 27 (1933) S. 489.
11. Tausz, J.: Elektrotechn. Z. Bd. 54 (1933) S. 558.
12. Moench, F.: Elektrotechn. Z. Bd. 54 (1933) S. 561.
13. Hayden u. Eddy: J. Amer. Inst. electr. Engr. Bd. 41 (1922) S. 138.
14. Kieser, W.: Arch. Elektrotechn. Bd. 20 (1928) S. 374.
15. Naeher, R.: Arch. Elektrotechn. Bd. 21 (1929) S. 169.
16. Edler, H.: Arch. Elektrotechn. Bd. 24 (1930) S. 37, Bd. 25 (1931) S. 447.
17. Inge, L. u. A. F. Walther: Arch. Elektrotechn. Bd. 23 (1930) S. 279.
18. Sorge, J.: Arch. Elektrotechn. Bd. 13 (1924) S. 189.
19. Wöhr, F.: Arch. Elektrotechn. Bd. 20 (1928) S. 444.
20. Peek: Dielectr. phenomena in high voltage. Engineering 1930.
21. Nikuradse, A.: Arch. Elektrotechn. Bd. 20 (1928) S. 403.
22. Nikuradse, A.: Arch. Elektrotechn. Bd. 22 (1929) S. 305.
23. Marx, E.: Arch. Elektrotechn. Bd. 20 (1928) S. 589.
24. Kock, F.: Elektrotechn. Z. Bd. 36 (1915) S. 75.
25. Güntherschulze: Jb. Radioakt. u. Elektronik Bd. 19 (1922) S. 92.
26. Nikuradse, A.: Arch. Elektrotechn. Bd. 28 (1934) S. 95.
27. Dräger, K.: Arch. Elektrotechn. Bd. 13 (1924) S. 366.
28. Gemant, A.: Z. Physik Bd. 33 (1925) S. 789; Z. techn. Physik Bd. 9 (1928) S. 398.
29. Koppelmann, F.: Arch. Elektrotechn. Bd. 25 (1931), Bd. 26 (1932), Bd. 27 (1933); Naturwiss. Bd. 22 (1934) S. 219.

Dielektrischer Verlust in Ölen und Öl-Harzmischungen.

Von **W. O. Schumann**, München.

Mit 54 Abbildungen.

Jedes Öl besitzt bei Gleichstrom eine gewisse Leitfähigkeit und auch bei Wechselstrom zeigt sich, daß der Strom nicht ein reiner Kapazitätsblindstrom ist, sondern auch eine kleine Wirkkomponente in Phase mit der Spannung hat (Abb. 1).

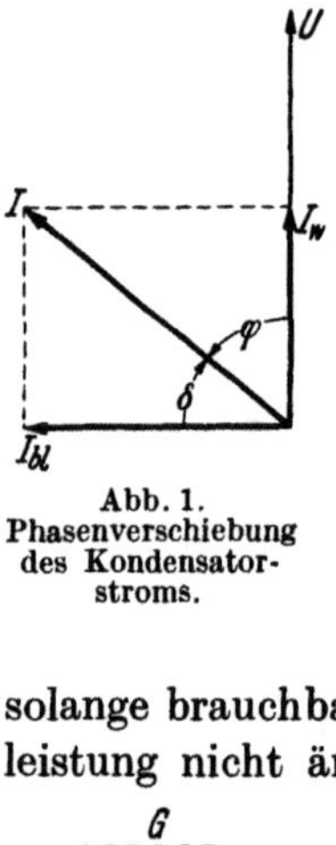

Abb. 1. Phasenverschiebung des Kondensatorstroms.

Der Leistungsfaktor $\cos\varphi$ kann dann auch gleich $\sin\delta$ gesetzt werden, wenn δ den Nacheilungswinkel gegenüber dem reinen Blindladestrom I_{bl} bedeutet, wobei

$$\sin\delta = \cos\varphi = \frac{I_w}{I}.$$

Ist der Winkel δ klein, so kann man auch ohne wesentlichen Fehler setzen

$$\sin\delta \approx \operatorname{tg}\delta = \frac{I_w}{I_{bl}},$$

und in dieser Form wird er auch meist als Resultat der Messungen angegeben. Als Maß der Verluste ist $\operatorname{tg}\delta$ nur solange brauchbar, als sich während der Messung die aufgenommene Blindleistung nicht ändert, was z. B. bei einer Messung über größere Temperatur- oder Frequenzbereiche stets der Fall ist. In solchen Fällen ist es vielfach übersichtlicher als Resultat der Messung die Leistung je cm³ Dielektrikum oder den gleichwertigen Widerstand (oder Leitwert) (G, Abb. 2a) anzugeben.

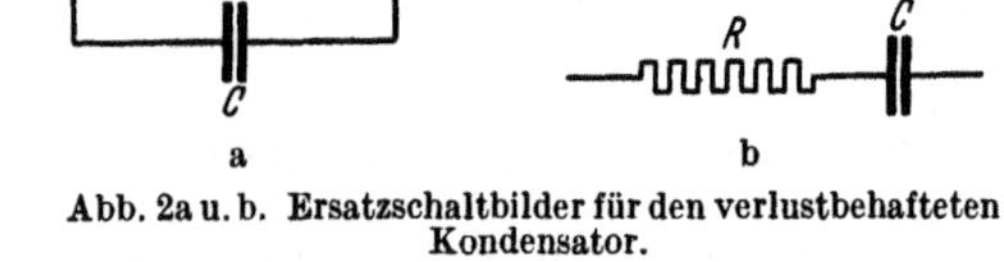

Abb. 2a u. b. Ersatzschaltbilder für den verlustbehafteten Kondensator.

Die Messung des Verlustwinkels erfolgt bei niedrigen Frequenzen mit der Wechselstrombrücke, bei Hochspannung mit den verschiedenen Formen der Scheringbrücke, bei Hochfrequenz mit Resonanz- und Substitutionsmethoden, und in neuerer Zeit wird vielfach die Erwärmung des Dielektrikums mit einem empfindlichen Kalorimeter bestimmt.

Vielfach wird bei Brücken- und Hochfrequenzmethoden das zu untersuchende Dielektrikum verglichen mit einem möglichst verlustfreien Kondensator, dem aus meßtechnischen Gründen ein Ohmscher Widerstand vorgeschaltet wird (Abb. 2b). Für diese Schaltung ist

$$\operatorname{tg}\varphi = \operatorname{ctg}\delta = \frac{1}{R\,\omega\,C}$$

$$\operatorname{tg}\delta = R\,\omega\,C$$

und die Wirkleistung ist

$$N_w = U^2 \frac{R}{R^2 + \left(\frac{1}{\omega C}\right)^2} = U^2 \omega\, C \frac{\operatorname{tg}\delta}{1 + \operatorname{tg}^2\delta} = U^2 \cdot g,$$

woraus der „Leitwert" des Dielektrikums (Abb. 2a)

$$G = \omega\, C \frac{\operatorname{tg}\delta}{1 + \operatorname{tg}^2\delta}$$

oder bei sehr kleinem $\operatorname{tg}\delta$ zu

$$G = \omega\, C \cdot \operatorname{tg}\delta$$

folgt.

Es sollte möglichst neben $\operatorname{tg}\delta$ auch die Kapazität C angegeben werden. $\frac{1}{G}$ ergibt den Verlustwiderstand, den man sich bei gleichem Verlust parallel zu einem verlustlosen Kondensator geschaltet denken kann. Die Kapazität dieses verlustlosen Kondensators, zu dem man sich G parallel geschaltet denkt, ergibt sich als

$$c = \frac{C}{1 + \operatorname{tg}^2\delta} \qquad \text{(s. Abb. 2a).}$$

Sie ist also nur bei kleinem $\operatorname{tg}\delta$ gleich der Kapazität C bei der Reihenschaltung von R und C. Für die Parallelschaltung ist

$$\operatorname{tg}\delta = \frac{G}{\omega\, c} \quad \text{oder} \quad G = \operatorname{tg}\delta \cdot \omega\, c.$$

Die kalorimetrischen Methoden ergeben unmittelbar die Wirkleistung N_w bzw. den entsprechenden Leitwert G.

Über die Natur der dielektrischen Verluste.

Die einfachste Annahme ist die einer gewöhnlichen Ohmschen Leitfähigkeit des Dielektrikums, welche der Kapazität parallel geschaltet ist (Abb. 2a). Bei dieser Annahme müßte die Wirkleistung $U^2 \cdot G$ proportional dem Quadrat der Spannung und unabhängig von der Frequenz sein. Der

$\text{tg}\,\delta = \frac{G}{\omega C}$ müßte umgekehrt proportional der Frequenz verlaufen. Der Wechselstromverlust muß sich aus dem mit Gleichstrom gemessenen Leitwert G bestimmen lassen. Dieser Fall liegt, wie noch gezeigt wird, bei sehr vielen Ölen der Praxis bei geringer Frequenz vor. Der $\text{tg}\,\delta$ ist dann ein Maß für die „Reinheit" des Öles von elektrolytischen Beimengungen.

In den meisten Fällen, besonders bei hohen Frequenzen, versagt das einfache Schema der Abb. 2a. Die Größen G, C und $\text{tg}\,\delta$ erweisen sich als frequenz- und manchmal auch spannungsabhängig. Die Gleichstromverluste sind kein Maß mehr für die viel höheren Wechselstromververluste. Es zeigen sich bei Gleichspannung Nachladeerscheinungen. Die aufgenommenen Ladeströme sind größer und dauern viel länger als der „geometrischen" Kapazität entspricht. Das Dielektrikum speichert größere Ladungen auf als dieser Kapazität entspricht. Nach Abschalten der Spannung und Kurzschließen des Dielektrikums erhält man unter Umständen noch stundenlang dauernde Entladungsströme.

Zur Erklärung dieser Erscheinungen werden heute hauptsächlich zwei Vorstellungen benutzt.

Die eine sieht das Dielektrikum als unhomogene Substanz an, in dem Leitfähigkeit und Dielektrizitätskonstante nicht überall die gleichen sind. Sie ist zuerst von C. Maxwell (*1*) aufgestellt und dann von K. W. Wagner (*2*) erweitert und besonders auf technische Isolationen angewendet worden. Die zweite von P. Debye (*3*) nimmt ein homogenes Dielektrikum an, setzt aber voraus, daß die einzelnen Moleküle ein elektrisches Moment haben, d. h. daß diese zwar als Ganzes ungeladen sind, daß aber die gleich großen positiven und negativen Ladungen räumlich voneinander getrennt sind. Das Produkt aus Ladung und Abstand beider Ladungen ist das elektrische Moment des Moleküls. Bei der Inhomogenitätstheorie, die z. B. annimmt, daß Schichten abweichender Beschaffenheit sich an den Metallelektroden befinden, oder daß das Dielektrikum z. B. in Form kleiner Kugeln ein Material anderer Beschaffenheit eingelagert enthält, entsteht der dielektrische Verlust dadurch, daß an den Grenzen der verschiedenen Substanzen sich Ladungen ansammeln und wieder verschwinden, die in Form von Strom zugeführt werden müssen und dadurch Stromwärmeverluste hervorrufen. Die Frequenzabhängigkeit des Verlustes hängt damit zusammen, daß bei Gleichstrom und geringer Frequenz die Stromleitung wesentlich durch die Leitwerte, bei hoher Frequenz dagegen durch die Kapazitäten bzw. Dielektrizitätskonstanten bedingt ist. Die Temperaturabhängigkeit hängt mit der Änderung der Leitfähigkeit in erster Linie zusammen.

Bei der Dipoltheorie ist der Verlust dadurch gegeben, daß die Moleküle mit elektrischem Moment, die ursprünglich wegen der ungeordneten Wärmebewegung auch vollkommen ungeordnet sind, bei einer angelegten Spannung sich in die Feldrichtung einstellen wollen. Es tritt dabei eine Drehbewegung mit Reibung auf, die Verlustwärme erzeugt. Dieser Reibungsverlust wächst mit zunehmender Frequenz der angelegten Spannung. Da der Widerstand gegen die Drehung durch die Zähigkeit der Flüssigkeit bedingt ist und diese meist mit wachsender Temperatur abnimmt, nimmt der Verlust mit steigender Temperatur oder abnehmender Zähigkeit ab.

Beide Anschauungen führen quantitativ durchgeführt zu denselben Resultaten. Bezeichnet man mit ε die auf das Vakuum bezogene Dielektrizitätskonstante (D.K.), so ergibt sich in der Theorie diese als komplex

$$\varepsilon = \varepsilon' + j\,\varepsilon''.$$

ε' bedeutet die für die Kapazität und Blindleistung maßgebende D.K. und $\frac{\omega\,\varepsilon''}{\Delta_0}$ den je cm³ Dielektrikum maßgebenden Leitwert in S/cm. Δ_0 ist die Verschiebungskonstante, ihr Wert ist $\frac{1}{4\pi\cdot 9\cdot 10^{11}}$. Aus beiden Theorien folgt dann:

$$\varepsilon' = \varepsilon_\infty + \frac{\varepsilon_0 - \varepsilon_\infty}{1 + \omega^2 \mathsf{T}^2}$$

$$\varepsilon'' = (\varepsilon_0 - \varepsilon_\infty)\,\omega\,\mathsf{T}\cdot\frac{1}{1 + \omega^2 \mathsf{T}^2}.$$

ε_∞ ist darin die D.K. für sehr hohe Frequenz (unter Umständen die aus dem optischen Brechungsindex berechnete), ε_0 ist dagegen die D.K. bei Gleichspannung und sehr geringer Frequenz. T hat die Bedeutung einer Zeitkonstante und ω ist die Kreisfrequenz.

Der Leitwert λ des Öles je cm³ errechnet sich dann mit:

$$\lambda = \frac{\omega}{\Delta_0}\,\frac{(\varepsilon_0 - \varepsilon_\infty)\,\omega\,\mathsf{T}}{1 + \omega^2 \mathsf{T}^2}\ \text{S/cm},$$

was multipliziert mit dem Quadrat der effektiven Feldstärke $\mathfrak{E}$ als $\lambda\mathfrak{E}^2$ die Verluste je cm³ ergibt. Abhängig von der Frequenz verlaufen ε' und λ nach Abb. 3. Die D.K. nimmt mit der Frequenz ab, die Verluste nehmen zu. Abhängig von T hingegen, das besonders von der Temperatur abhängig ist, verlaufen ε' und λ nach Abb. 4, d. h. es gibt bei einem bestimmten T ein Maximum der Verluste.

Der Verlustwinkel ergibt sich zu

$$\operatorname{tg}\delta = \frac{\varepsilon''}{\varepsilon'} = \frac{(\varepsilon_0 - \varepsilon_\infty)\,\omega\,T}{\varepsilon_0 + \varepsilon_\infty\,\omega^2 T^2}.$$

Er ist nur vom Produkt ωT abhängig, d. h. eine relative Änderung der

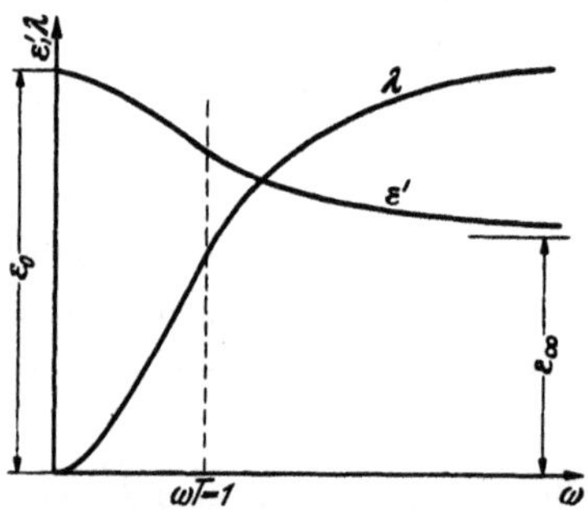

Abb. 3. Leitfähigkeit und Dielektrizitätskonstante in Abhängigkeit von der Kreisfrequenz.

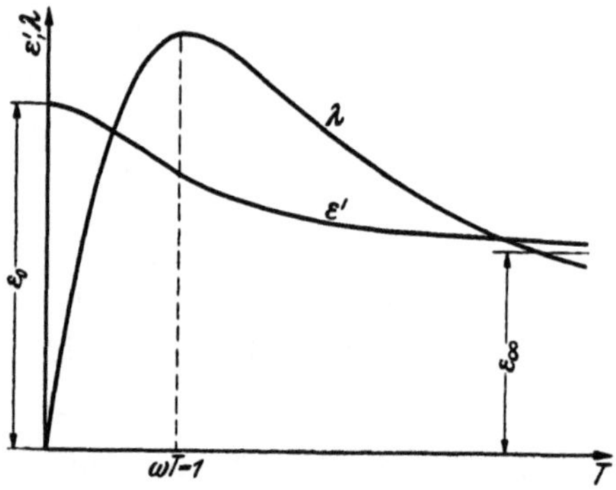

Abb. 4. Leitfähigkeit und Dielektrizitätskonstante in Abhängigkeit von der Zeitkonstante T.

Frequenz ω erzeugt das gleiche wie dieselbe relative Änderung von T. Abhängig von der Größe ωT verläuft der Verlustwinkel $\operatorname{tg}\delta$ nach Abb. 5, d. h. er hat ein Maximum an der Stelle

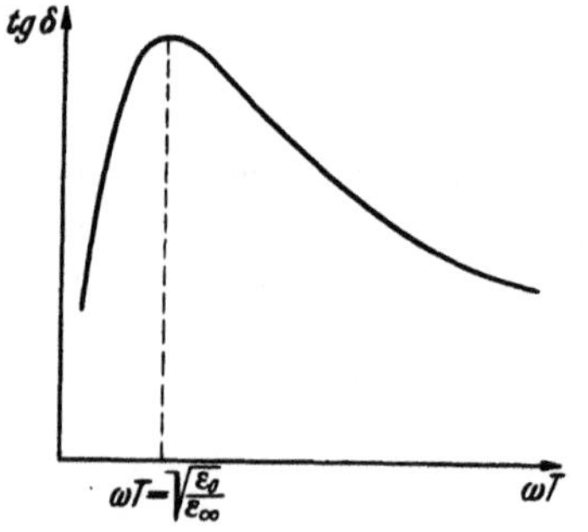

Abb. 5. Verlustwinkel in Abhängigkeit von Kreisfrequenz und Zeitkonstante.

$$\omega T = \sqrt{\frac{\varepsilon_0}{\varepsilon_\infty}}$$

vom Betrage

$$\operatorname{tg}\delta_{\max} = \frac{\varepsilon_0 - \varepsilon_\infty}{2} \cdot \frac{1}{\sqrt{\varepsilon_0\,\varepsilon_\infty}}.$$

Die Bedeutung der Zeitkonstante T ist in beiden Theorien eine ganz verschiedene.

In der Maxwell-Wagnerschen Schichttheorie, wo man z. B. an den Elektroden Schichten anderer Beschaffenheit annehmen kann als im Inneren des Dielektrikums, hängt T von den Schichtdicken, den Leitfähigkeiten und den Dielektrizitätskonstanten der einzelnen Schichten ab.

Wagner (*4*) hat gezeigt, daß dieselben Gesetzmäßigkeiten herauskommen, wenn einem homogenen Grundstoff mit λ_0 und ε_0 in geringem Mengenverhältnis p ein zweiter Stoff mit λ_1 und ε_1 beigemischt ist, z. B. in der

Form kleiner Kügelchen. Dann ergibt sich die Zeitkonstante zu

$$\mathsf{T} = \frac{2\,\varepsilon_0 + \varepsilon_1}{\varDelta_0\,(2\,\lambda_0 + \lambda_1)}\,.$$

Ferner führt Wagner noch die sog. Nachwirkungskonstante k ein,

$$k = \frac{\varepsilon_0 - \varepsilon_\infty}{\varepsilon_\infty}\,,$$

die sich in diesem Fall als

$$k = \frac{9\,p\,(\lambda_0\,\varepsilon_1 - \lambda_1\,\varepsilon_0)^2}{\varepsilon\,(2\,\varepsilon_0 + \varepsilon_1)\,(2\,\lambda_0 + \lambda_1)^2}$$

ergibt. Ist

$$\frac{\lambda_0}{\lambda_1} = \frac{\varepsilon_0}{\varepsilon_1}\,,$$

so verschwinden alle Nachwirkungserscheinungen.

In Debyes Dipoltheorie hingegen bedeutet:

$$\mathsf{T} = \frac{\varepsilon_0 + 2}{\varepsilon_\infty + 2}\,\tau\,,$$

wo τ die sog. Relaxationszeit der Dipole ist. Diese stellen sich nach einem zeitlichen Exponentialgesetz in die Richtung eines plötzlich angelegten Feldes ein, etwa wie die Spannung bei einer Kondensatoraufladung über einen Widerstand, und τ ist die Zeitkonstante dieser Einstellung

$$\tau = \frac{\xi}{2\,k\,T}\,,$$

wo ξ der Reibungskoeffizient eines sich drehenden Teilchens, k die sog. Boltzmannsche Konstante und T die absolute Temperatur bedeuten. Für rotierende Kugeln vom Radius r ist nach Stokes $\xi = 8\,\pi\,\eta\,r^3$, wenn η die Zähigkeit der Flüssigkeit bedeutet. Mit $r \approx 10^{-8}$ cm ist $\xi \approx 10^{-24}$ und $\tau \approx 10^{-10}$ s für dünnflüssige Flüssigkeiten. Da bei diesen Flüssigkeiten τ und damit auch T sehr klein wird, treten, wie auch die Experimente bestätigen, die Debyeverluste erst bei sehr hohen Frequenzen (Wellenlängen von m bis cm) auf. Anders liegt es bei sehr zähen Flüssigkeiten und großen Molekülaggregaten. Kitchin (*5*) hat insbesondere bei harzhaltigen Ölen zuerst auf die Möglichkeit Debyescher Verluste bei Starkstromfrequenz hingewiesen. Gemant (*6*) bezweifelt dies jedoch auf Grund eigener Versuche und führt die Verluste auf mikroskopische Inhomogenitäten zurück, die sich auch in harzlosem Öl befinden. Die Wagnersche Zeitkonstante kann bei genügend kleinen Leitfähigkeiten mit Leichtigkeit in das Gebiet von $^1/_{10}$ bis $^1/_{100}$ s kommen.

Die Temperaturabhängigkeit der Vorgänge ist in erster Linie durch die Änderung von T bedingt, denn ε_0 ist zwar auch temperaturabhängig (bzw. die Wagnersche Nachwirkkonstante k), aber nur wenig. T ändert sich bei Wagner infolge der Änderung der Leitfähigkeit mit der Temperatur, bei Debye hingegen infolge der Änderung der Zähigkeit mit der Temperatur.

Beide Anschauungen führen also im Prinzip zu denselben Gesetzmäßigkeiten und es ist oft nicht leicht, im Einzelfall festzustellen, ob die eine oder die andere Theorie gilt.

Man kann zeigen (*7*), daß das beschriebene Verhalten sich aus sehr allgemeinen Ansätzen, wie sie auch in den Theorien der elastischen Nachwirkung üblich sind, herleiten läßt. Nimmt man an, daß die Verschiebung ϑ in einem Dielektrikum bei angelegter Feldstärke $\mathfrak{E}$ nach einer Exponentialfunktion allmählich vom Anfangswert $\vartheta_0 = \frac{\varepsilon_\infty}{\Delta_0}\mathfrak{E}$ auf den Endwert $\vartheta_\infty = \frac{\varepsilon_0}{\Delta_0}\mathfrak{E}$ abfällt, mit der Zeitkonstanten T, und überlagern sich nach dem Hopkinson-Curieschen (*8*) Überlagerungsgesetz bei einem Wechselfeld die Nachwirkungen der einzelnen Augenblickswerte der Feldstärke ungestört, so erhält man wieder dieselben Gleichungen für ε' und ε''. Der sog. Nachladestrom bei angelegter Gleichspannung ist dann durch $\frac{d\vartheta}{dt}$ gegeben und verläuft auch exponentiell abfallend.

Dielektriken dieser Art würden beim Einschalten von Gleichspannung exponentiell abklingende Ladeströme ergeben. Sehr häufig ist das nicht der Fall. Zur Erklärung nimmt Wagner an, daß das Dielektrikum nicht nur eine Sorte eingestreuter Teilchen, sondern deren mehrere mit verschiedenen ε und λ enthielte. Durch Summation der verschiedenen Wirkungen kann man dann Einschaltkurven der verschiedensten Form erklären. In der Dipoltheorie würde das der Annahme verschiedener Dipole in der Flüssigkeit mit verschiedenen Radien und Reibungen entsprechen.

Auf kolloidale Partikel in einer Flüssigkeit ist die Wagnersche Theorie auch anwendbar (*9*), wenn man annimmt, daß jedes Teilchen mit einer dünnen relativ gut leitenden Schicht umgeben ist. Zu ähnlichen Ergebnissen kommt man auch (*10*), wenn man annimmt, daß an der Oberfläche eines dielektrischen Teilchens absorbierte Ionen beiderlei Vorzeichens sich unter Feldeinfluß bewegen können, diese Schicht aber erst bei hohen Feldern verlassen können.

K. Sinjelnikoff und A. Walther (*11*) stellen eine Theorie der dielektrischen Verluste auf, die auf der Annahme von Gegenspannungen beruht, die sich an einer oder der anderen Elektrode bilden, durch die Anwesenheit von gestauten positiven Ionen vor der Kathode bzw. negativen Ionen vor der Anode. Diese Schichten erhöhen das elektrische Feld an den Elektroden und erniedrigen es in der Flüssigkeit (Abb. 6a und b). Denkt man sich Elektrode und anliegende Schicht als einen Kondensator (Polarisationskapazität) C_p, der außerdem noch eine gewisse Leitfähigkeit G_p hat (Abb. 6c), so ist mit diesem das eigentliche Dielektrikum mit dem Ohmschen Widerstand R in Reihe geschaltet. Parallel dazu liegt die geometrische Kapazität der Anordnung. Aus der Abb. 6c folgt, daß man dann wieder auf eine Art geschichteten Isolator kommt, der den Wagnerschen Gleichungen gehorchen muß. Ob es erlaubt ist, mit konstanten Werten von C_p und G_p zu rechnen, ist fraglich.

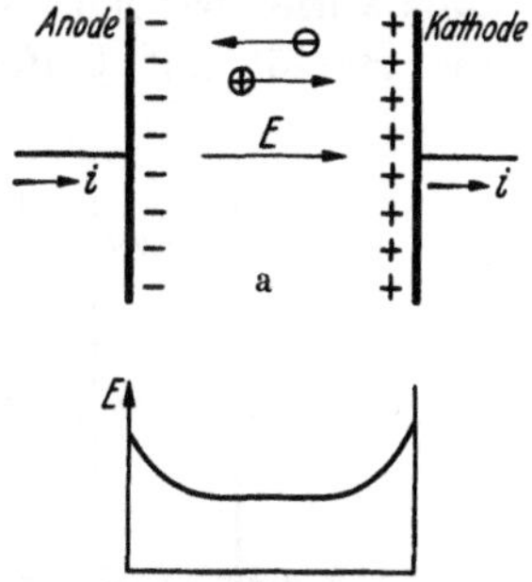

Abb. 6a und 6b. Feldverteilung im Dielektrikum nach Sinjelnikoff und Walther.

In der Debyeschen Dipoltheorie sind die Kräfte, welche die Moleküle aufeinander ausüben, vernachlässigt, es ist nur ihre ungeordnete Wärmestoßbewegung berücksichtigt. Sie gilt deshalb zunächst streng nur für Gase und auch für den Fall, daß eine dipollose Flüssigkeit in geringer Menge Dipolsubstanzen gelöst enthält, z. B. Spuren gelösten Wassers in dipollosen Ölen. Sind die Dipole in größerer Menge vorhanden, so üben sie gegenseitige Kräfte aufeinander aus, die die Bewegung ändern. Aber auch dipollose Lösungen beeinflussen die Bewegung gelöster Dipolmoleküle, nicht nur nach ihren verschiedenen Zähigkeiten, sondern auch durch weitere noch unbekannte orientierende Kräfte, die sie auf das Dipolmolekül ausüben (*12*).

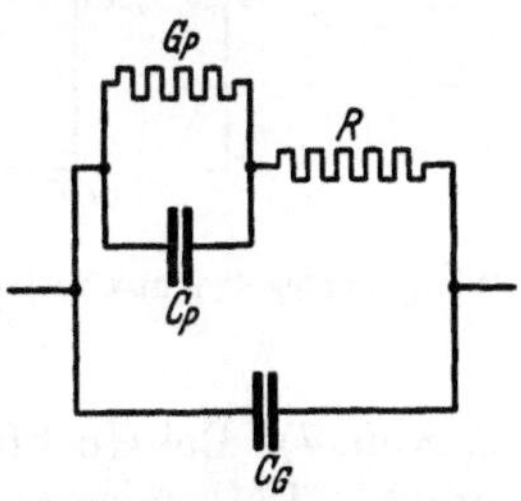

Abb. 6c. Ersatzschaltbild des verlustbehafteten Kondensators nach Sinjelnikoff und Walther.

Neuere optische Versuche und Röntgeninterferenzen an Flüssigkeiten haben gezeigt, daß diese offenbar nicht vollkommen ungeordnet, strukturlos, sind, sondern daß kleine Bereiche innerhalb der Flüssigkeit jeweils eine gewisse Ordnung der Moleküle aufweisen, „quasikristalline" Struktur und damit natürlich auch gewisse ordnende Kräfte vorhanden sind, die z. B. Rotationsbewegungen beeinflussen.

Die Dipole sind dann nicht frei drehbar [wie z. B. in den sog. assoziierten Flüssigkeiten, wie Wasser und Alkohole (*13*)]. Die Relaxationszeit τ kann dadurch stark beeinflußt werden.

Versuche bei Nieder- und Hochfrequenz.

Die Frage, ob für Öle und Öl-Harzmischungen die Dipol- oder die Inhomogenitätsauffassung maßgebend sei, ist zuerst von Kitchin und Müller (*14*) aufgeworfen worden. Sie untersuchten Rizinusöl, Holzharz und Mischungen aus Harzöl mit Trafoöl bei etwa 10^6 Hz, das Harz auch mit 60 Hz

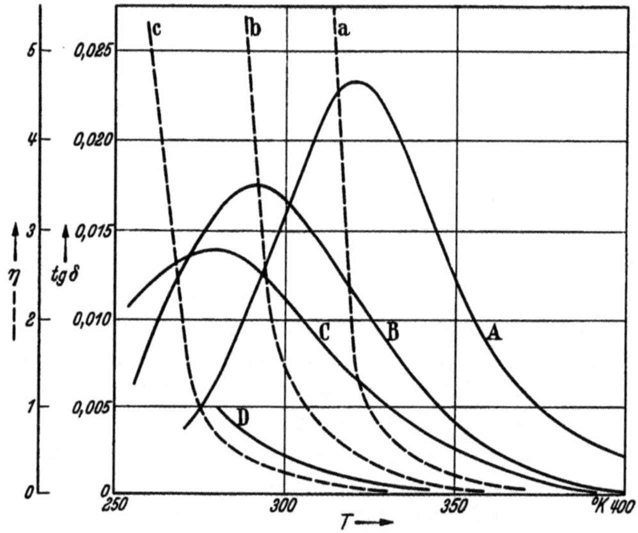

Abb. 7. Zähigkeit η und Verlustwinkel tg δ für Mischungen von Harzöl und Trafoöl: A 100%, B 80%, C 50%, D 20% Harzöl. Frequenz 10^6 Hz.

(s. Abb. 7). Bei Hochfrequenz ergab die Nachrechnung vernünftige Molekülradien. Die Frequenzen, bei denen die Verlustwinkelmaxima bei verschiedenen Temperaturen auftreten, müssen sich nach Debye verhalten wie

$$\frac{\omega_1}{\omega_2} = \frac{\eta_2}{\eta_1} \cdot \frac{T_1}{T_2},$$

wo η die Zähigkeiten und T die absoluten Temperaturen sind. Auch diese Gleichung war angenähert erfüllt. Die Harze wurden als Flüssigkeiten enormer Zähigkeit ($\eta \approx 10^5 \div 10^{11}$ P) angesehen. Speziell bei Harz zeigen Kitchin und Müller bei normaler Temperatur ein äußerst langsames Abklingen des Gleichspannungskerreffekts (s. S. 84) mit der Zeit (30 s und mehr), also eine enorm große Relaxationszeit, die bei den normalen Flüssigkeiten in der Größenordnung von etwa $2 \cdot 10^{-9}$ s liegt, und bei 60 Per.

Wechselspannung erschien ein meßbarer Kerreffekt bei 35° C, der dann bei 70° etwa dem Kerreffekt bei Gleichspannung entsprach. Diese Werte entsprachen den Werten von tg δ, der bei etwa 35° zu steigen begann und seinen Höchstwert bei etwa 70° erreichte.

Bei Hochfrequenz mit $1{,}5 \cdot 10^6$ Hz war eine solche Bestätigung bei 115° wegen Wärmekonvektionsströmungen nur schwer zu erbringen.

F. Hamburger (*15*) weist darauf hin, daß bei normalem Transformatorenöl, das aus gestreckten Kohlen-Wasserstoffketten in der Hauptsache besteht, die ein sehr geringes, wenn überhaupt ein elektrisches Moment haben, der Debyeverlust bei normaler Frequenz und normaler oder höherer Temperatur sehr klein sein müßte.

Außerdem weist er auf noch später zu besprechende Versuche von Whitehead (*16*), wonach bei Niederfrequenz etwa 95% des dielektrischen Verlustes auf die sog. dielektrische Absorption zurückzuführen ist. Auch bei Kabelölen spricht die niedrige D.K. (2 bis 3) nicht sehr für meßbare Dipolwirkung bei normalen Frequenzen.

Johnstone und Williams (*17*) messen die D.K. eines zähen Mineralöles für $f = 1000$, $3 \cdot 10^6$ und 10^7 Hz und finden praktisch denselben Wert von etwa 2,15, also keinerlei polaren Effekt. Verglichen mit den Messungen von Rieche (s. S. 64) ist dort bei Trafoöl von 20° die D.K. etwa 2,75 (relativ hoch) und der Abfall mit der Frequenz beginnt bei etwa 10^6 Hz, und bei 10^7 Hz beginnt ein merkbarer Abfall. Für Rieches Messungen spricht, daß bei dem dipollosen Stoff Benzol über das ganze Frequenz- und Temperaturgebiet ein meßbarer Verlustwinkel nicht festgestellt werden konnte, also haben Johnstone und Williams entweder nicht bis zu genügend hohen Frequenzen gemessen, oder sie hatten ein dipolloses Öl. Bei Lösung von dipolartigem Nitro-Benzol in Öl finden sie ein starkes Abnehmen der D.K. mit der Frequenz. Die Verfasser weisen besonders auf die Wichtigkeit der rein Ohmschen Leitungsverluste hin, die in sehr vielen Fällen viel größer als etwaige Dipolverluste sind.

Die Frage der Verluste bei dem Harz Abietinsäure bei 60 Per./s diskutiert auch Whitehead (*18*). Die Relaxationszeit wird aus dem zeitlichen Stromverlauf bei angelegter Gleichspannung und bei folgendem Kurzschluß (Nachladestrom) bestimmt. Im Sinne der Schweidlerschen Theorie [S. 60 (*7*)] lassen sich aus der damit bestimmten Zeitkonstante T und dem Ohmschen Leitwert die Wechselstromverluste quantitativ bestimmen. Die Frage, ob der frequenzabhängige Verlust durch Raumladungsschichten an den Elektroden oder durch polare Moleküle verursacht ist, bleibt offen, da Messungen bei 60 Per/s für diese Frage nicht entscheidend sein können.

Die neueste Arbeit, die Isolieröle über einen sehr großen Temperatur- und Frequenzbereich untersucht, von Rieche (*19*), spricht sehr für den Debyeeffekt wenigstens bei hohen Frequenzen und besonders bei tiefen Temperaturen, während bei Normalfrequenz, abgesehen von sehr geringen Temperaturen, sich Ohmsche Leitungsverluste ergaben.

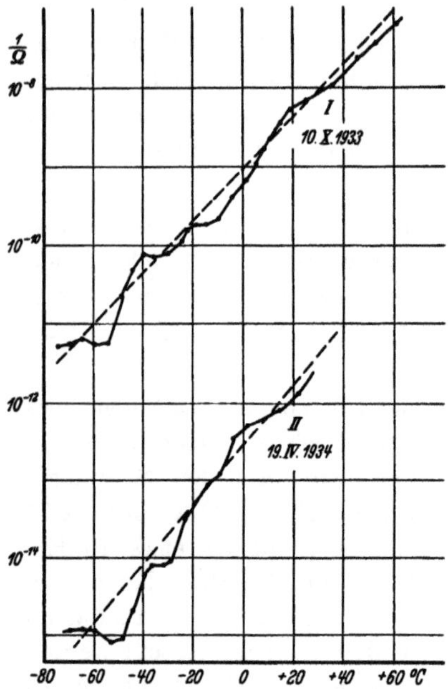

Abb. 8. Temperaturgang der Leitfähigkeit von Transformatorenöl. I. Ungereinigt, II. gereinigt. (Nach Rieche.)

Es wurde hier Verlustfaktor und D.K. von Transformatorenöl im Frequenzbereich von 50 bis $150 \cdot 10^6$ H und von $-80°$ bis $+100°$ C ermittelt. Zunächst zeigte sich, daß ε und tg δ im Gebiet der frequenzabhängigen Verluste durch Reinigung und Trocknung nicht beeinflußt wurden, während die Gleichstromleitfähigkeit, wie bekannt, äußerst stark zurückging. Die Gleichstromleitfähigkeit stieg etwa exponentiell mit der Temperatur (Abb. 8) für gereinigtes und ungereinigtes Öl mit demselben Exponenten.

Die Abhängigkeit des tg δ von der Temperatur mit der Frequenz als Parameter zeigt Abb. 9. Die Maxima verschieben sich mit wachsender Frequenz im Sinne wachsender Temperaturen, ihre Höhe ist etwa für alle Frequenzen die gleiche. Das würde nach beiden Theorien erklärbar sein, da ωT bei allen Maxima $= \sqrt{\frac{\varepsilon_0}{\varepsilon_\infty}}$ sein muß, und T mit der Temperatur abnimmt.

Führt man mit Wagner die Zunahme der gemessenen Leitfähigkeit als Grund für die Abnahme von T ein, so bleibt das Produkt ωT für die verschiedenen Maxima nicht konstant, sondern ändert sich sehr stark. Auch bei den tiefen Temperaturen von $-60°$, wo das Öl schon vollkommen fest ist und anfängt, kristalline Ausscheidungen zu zeigen, nimmt der tg δ keine größeren Werte an, wie bei höheren Temperaturen. Reinigung des Öles hatte weder auf Form noch Lage des Maximums einen Einfluß. Nur im Gebiete hoher Temperaturen und niederer Frequenzen, wo der Verlust frequenzunabhängig wird und tg δ proportional $\frac{1}{\omega}$ wird, also reiner Ohmscher Leitungsverluste, hatte die Reinigung natürlich großen Einfluß. Mißt man dagegen die Zähigkeit η des Öles abhängig von der Temperatur,

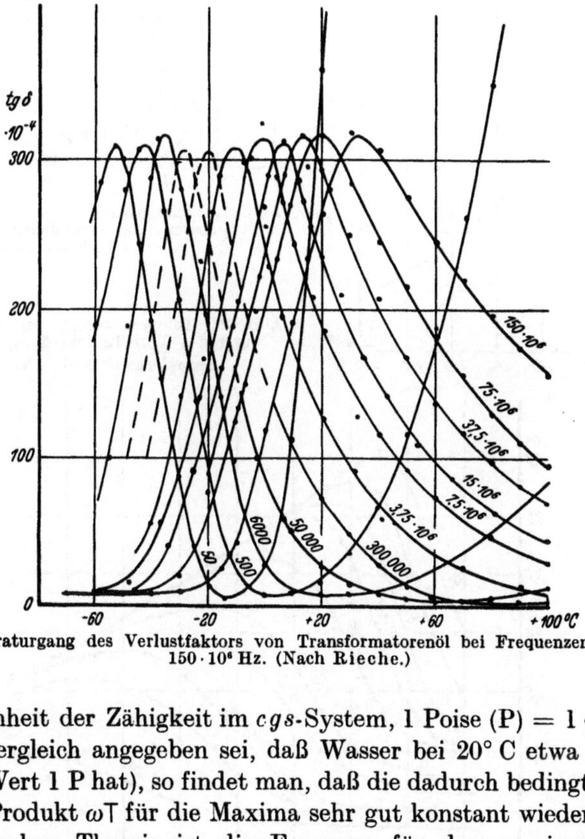

Abb. 9. Temperaturgang des Verlustfaktors von Transformatorenöl bei Frequenzen von 50 Hz bis $150 \cdot 10^6$ Hz. (Nach Rieche.)

Abb. 10 (Einheit der Zähigkeit im *cgs*-System, 1 Poise (P) = 1 dyn cm^{-2} s, wobei als Vergleich angegeben sei, daß Wasser bei 20° C etwa 0,01 P und Rüböl den Wert 1 P hat), so findet man, daß die dadurch bedingte Änderung von T das Produkt $\omega\mathsf{T}$ für die Maxima sehr gut konstant wiedergibt. Nach der Debyeschen Theorie ist die Frequenz für den maximalen Verlust

$$\omega_m = \frac{1}{\mathsf{T}} = \frac{\varepsilon_\infty + 2}{\varepsilon_0 + 2} \cdot \frac{k\,T}{4\pi\,\eta\,r^3}$$

oder $\frac{T}{\omega_m} = \text{const} \cdot \eta$, was sehr gut erfüllt ist. Es ist also die Zähigkeit, die für die Verluste maßgebend ist. Ob die Dipole vom Öl selbst oder

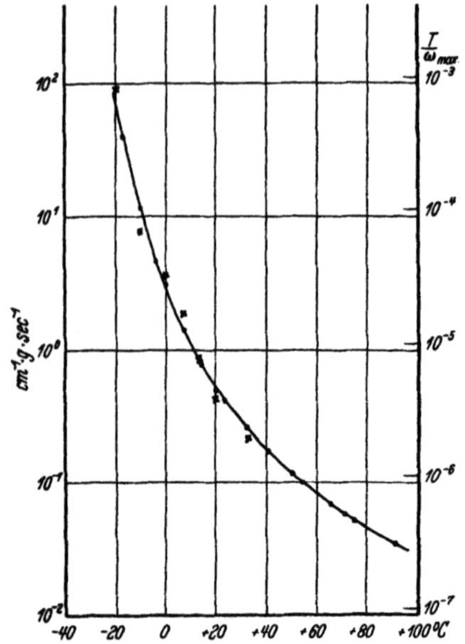

Abb. 10. Temperaturgang der Viskosität (Punkte) und des Verhältnisses T/ω_{max} (Kreuze) bei Transformatorenöl. (Nach Rieche.)

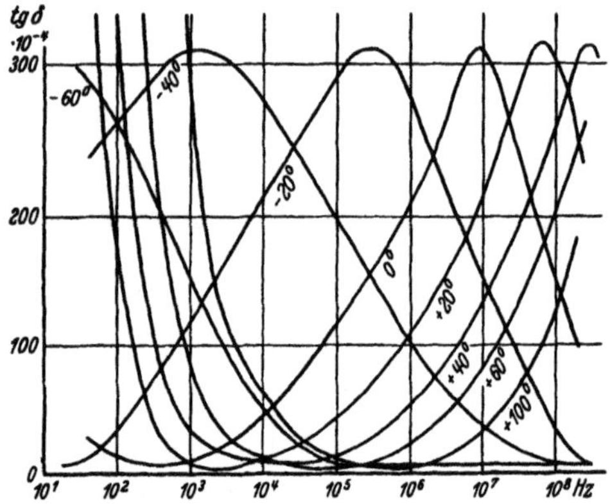

Abb. 11. Frequenzgang des Verlustfaktors von Transformatorenöl bei verschiedenen Temperaturen. (Nach Rieche.)

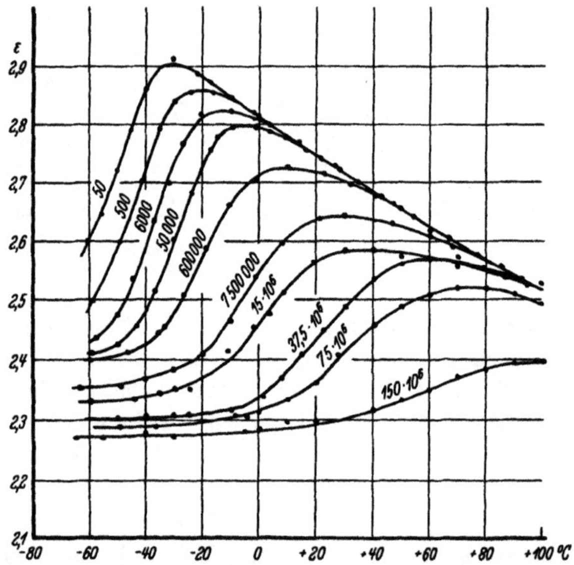

Abb. 12. Temperaturgang der D.K. von Transformatorenöl bei Frequenzen von 50 Hz bis $150 \cdot 10^6$ Hz. (Nach Rieche.)

von säureartigen Verunreinigungen stammen, bleibt unentschieden. Die Abhängigkeit des Verlustes von der Frequenz zeigt Abb. 11, wo für niedere Frequenzen und höhere Temperaturen der hyperbelartige Abfall von tg δ sichtbar ist, der vom rein Ohmschen Leitungsverlust herrührt. Auffällig ist die Verbreiterung der Maxima bei tiefen Temperaturen, die auf einen weiteren, noch ungeklärten Einfluß hinweist.

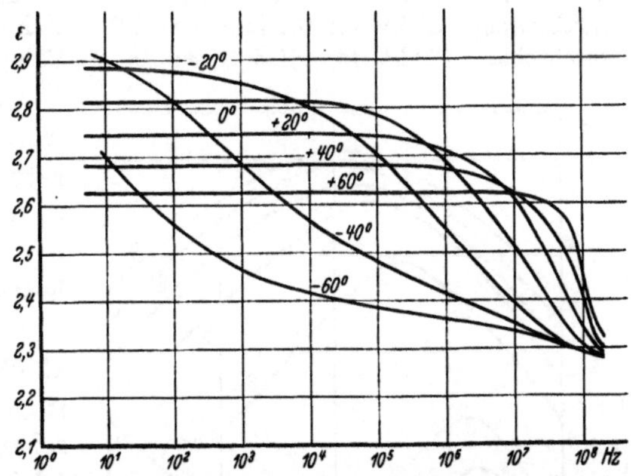

Abb. 13. Frequenzgang der D.K. von Transformatorenöl bei verschiedenen Temperaturen. (Nach Rieche.)

Die Dielektrizitätskonstanten ε sind in Abb. 12 und 13 abhängig von Temperatur und Frequenz dargestellt. Die D.K. fällt mit wachsender Frequenz, am stärksten dort, wo das Maximum von tg δ liegt. Der kleinste Wert von ε bei $f = 1{,}5 \cdot 10^8$ Hz ist 2,28, der optisch gemessene (ε_∞) ist 1,52.

Schließlich zeigt Abb. 14 die Verluste selbst, abhängig von der Frequenz. Bei niederen Frequenzen zeigt sich deutlich der frequenzunabhängige Ohmsche Leitungsverlust, der ziemlich plötzlich bei einer bestimmten Frequenz in den neuen Verlustmechanismus übergeht [1].

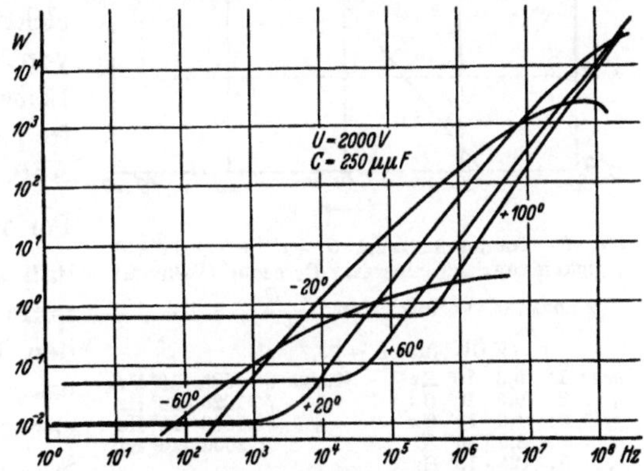

Abb. 14. Frequenzgang des Verlustes von Transformatorenöl bei verschiedenen Temperaturen. (Nach Rieche.)

Versuche an einem viskosen Kabelöl rühren von H. H. Race (*20*) her, ebenfalls über einen größeren Frequenz- und Temperaturbereich.

[1] Auffallend bei den Versuchen von Rieche ist der relativ große tg δ (über 0,003 bei 20° C).

Das Öl hatte folgende Daten:

Flammpunkt	320° C.	Dichte bei 30° C	0,9085.
Säurewert	0,035 mg KOH pro g.	Dichte bei 100° C	0,8654.
Durchschlag	37 kV für 0,1 Zoll bei 30°.	Zähigkeit bei 30° C	11,76 P.
Durchschlag	29 kV für 0,1 Zoll bei 100°.	Zähigkeit bei 100° C	0,27 P.

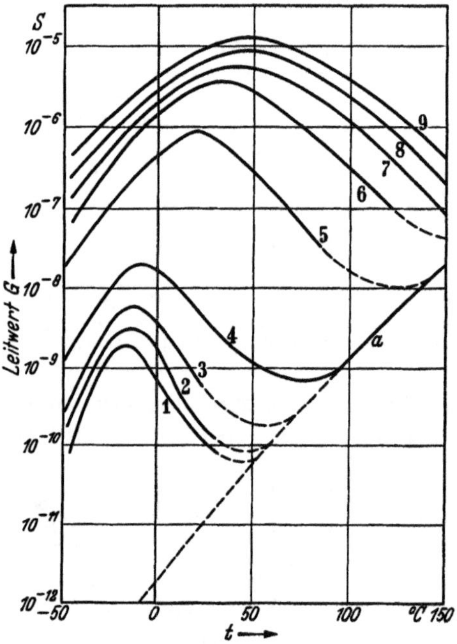

Abb. 15. Totaler Leitwert $G = \varepsilon'' \cdot \omega \cdot C_g$ in Abhängigkeit von der Temperatur. C_g geom. (Vakuum) Kapazität. Verlust je cm³ $\frac{U^2 G}{V}$ (s. S. 57) (V Ölvolumen = 73,7 cm³).

Kurve 1:	0,3 · 10³ Hz	Kurve 6:	525 · 10³ Hz
„ 2:	0,5 · 10³ Hz	„ 7:	1025 · 10³ Hz
„ 3:	1,0 · 10³ Hz	„ 8:	1500 · 10³ Hz
„ 4:	3,0 · 10³ Hz	„ 9:	2000 · 10³ Hz
„ 5:	125 · 10³ Hz		

Abb. 15 zeigt den Gesamtleitwert G abhängig von der Temperatur. Bei genügend hohen Temperaturen nähern sich alle Kurven der Kurve für den Gleichstromleitwert. Bei 150° C z. B. fallen die Verluste für alle Frequenzen unter 125000 Hz zusammen. Für geringere Temperaturen ist der Wechselstromverlust größer als der Gleichstromverlust. Es ist also für jede Temperatur ein Frequenzbereich da, in dem der Verlust frequenzunabhängig ist, d. h. reiner Ohmscher Leitungsverlust durch elektrolytische Leitung. Zieht man von G den frequenzunabhängigen Leitwert G_L ab, so bleibt nur der frequenzabhängige Anteil übrig. Abb. 16 zeigt diesen, auf eine Periode bezogen $\frac{G - G_L}{f}$, und zeigt, daß auch dieser Verlust ein Maximum durchläuft. Abb. 17 zeigt den Verlauf des Leistungsfaktors $\cos\varphi \approx \operatorname{tg}\delta$, und zwar aus dem ganzen Verlust berechnet. Dieser ist proportional dem Verlust je Periode, wenn man annimmt, daß die Kapazität der Probe sich nicht ändert. Bei hohen Temperaturen und geringer Frequenz (Kurven 6, 7) fällt er sehr stark mit der Frequenz entsprechend reinem Ohmschen Leitfähigkeitsverlust. Kurve 1 bei 0° C, wo nach Abb. 15 der Ohmsche Leitungsverlust ganz verschwindend ist, wächst entsprechend Abb. 16 der frequenzabhängige Verlust mit der Frequenz. Eine Nachprüfung auf Grund der Debyeschen Ansätze, mit $\varepsilon_0 = 2{,}35$, $\varepsilon_\infty = 2{,}27$ (aus dem Brechungsindex) des Verlustmaximums bei 0° bei $f = 316000$ Hz, und der geometrischen Vakuumkapazität der Probe C_g ermöglicht eine Kurve für $\varepsilon'' = \frac{G}{\omega C_g}$ (S. 57) abhängig von der Frequenz zu berechnen.

Das Maximum von ε'' ist $\varepsilon'' = \frac{1}{2}(\varepsilon_0 - \varepsilon_\infty)$ bei einer Frequenz von

$$\omega \tau = \frac{\varepsilon_\infty + 2}{\varepsilon_0 + 1}.$$

Die Größe von ε'' im Maximum, experimentell bestimmt und gerechnet, stimmt genügend überein, dagegen ist die experimentelle „Resonanzkurve" viel breiter als die theoretische, was möglicherweise mit der Anwesenheit verschiedener Dipolsorten verschiedener Größe erklärt werden kann. Die auf Grund der gemessenen Zähigkeit (Abb. 18) berechneten Molekülradien führen bei den Temperaturen 0°, 25° und 50°

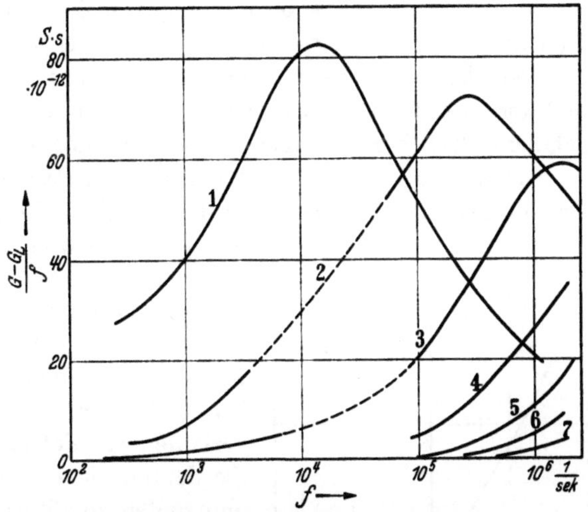

Abb. 16. Leitwert des frequenzabhängigen Verlustes als Funktion der Frequenz. G_L rein Ohmscher Leitwert. $G - G_L$ Leitwert des frequenzabhängigen Verlustes.

Kurve 1: 0° C Kurve 5: 100° C
„ 2: 25° C „ 6: 125° C
„ 3: 50° C „ 7: 150° C
„ 4: 75° C

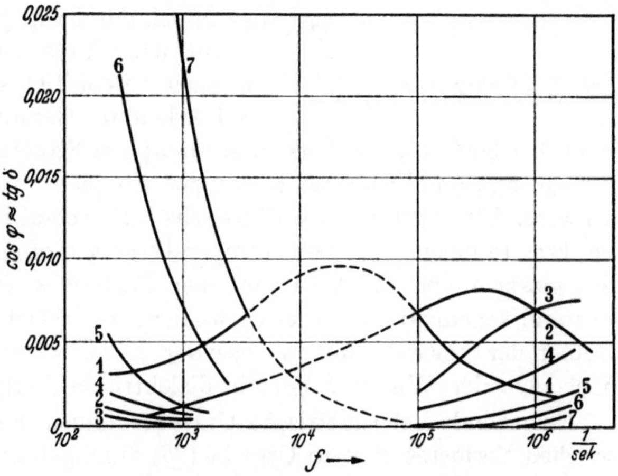

Abb. 17. Totaler Leistungsfaktor in Abhängigkeit von der Frequenz.

Kurve 1: 0° C Kurve 5: 100° C
„ 2: 25° C „ 6: 125° C
„ 3: 50° C „ 7: 150° C
„ 4: 75° C

auf die Werte 4,6 bis $5 \cdot 10^{-8}$ cm, wobei der Wert von τ aus der obigen Gleichung und den „Resonanzfrequenzen" entnommen wurde.

Bedenken verursacht dem Verfasser mit Recht das bekannte kleine dielektrische Moment der Öle, während ihm eine Theorie der Bewegung geladener Teilchen in zähen Medien als möglich erscheint.

Zur Klärung der Frage, ob bei geringen Frequenzen und größerer Zähigkeit Verluste durch polare Moleküle möglich sind, untersuchen White und Morgan (*21*) drei verschieden gut gereinigte Glykole (also chemisch genau bekannte einheitliche Verbindungen), die bei tiefen Temperaturen (etwa —90° bis —40° C) zäh genug werden, und finden bei Frequenzen von 10^3 Hz bis 10^5 Hz für tg δ und ε Kurven, die ähnlich verlaufen wie die Ölkurven bei Rieche (s. S. 66). Sie deuten die Kurven nach der Dipoltheorie und finden qualitative Übereinstimmung damit. Die Schwierigkeit einer genauen Übereinstimmung liegt darin, daß die Moleküle der Flüssigkeit zum Teil assoziiert sind und daß es sehr fraglich ist, ob der makroskopische Wert der Zähigkeit für den mikroskopischen der Moleküldrehung gilt.

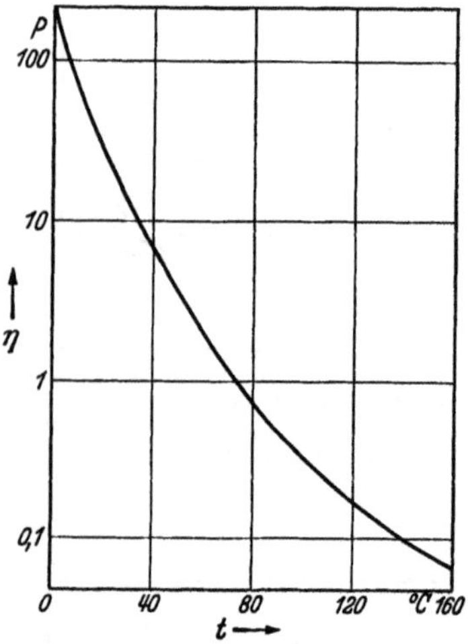

Abb. 18. Zähigkeit des Kabelöles in Abhängigkeit von der Temperatur.

Mit der Frage der Zähigkeit und Leitfähigkeit beschäftigt sich A. Gemant (*22*) in zwei Arbeiten. Gerade die dielektrischen Verluste bei hochviskosen Ölen und amorphen Stoffen scheinen darauf hinzuweisen, daß die Viskosität η mit der Frequenz wesentlich abnimmt. Bei schweren Ölen (*23*) und Paraffinwachs (*24*) besteht in der Nähe des Schmelzpunktes in einem gewissen Temperaturgebiet offenbar ein Nebeneinander des glasigen und des kristallinischen Zustandes, wobei der kristallinische Zustand scheinbar besser leitet, wodurch es erklärlich wird, daß in diesem Gebiet der Leitwert mit wachsender Temperatur abnimmt und wodurch nach Art der Wagner-Theorie dielektrische Verluste entstehen könnten.

Eingehende kalorimetrische Untersuchungen über die Natur des dielektrischen Verlustes sind in Utrecht (*25*) durchgeführt worden. Normale Öle ergaben bei Zimmertemperatur keine Frequenzabhängigkeit des Verlustes bei 50—500 Hz, also rein Ohmsche Leitungsverluste. Mit der Spannung nahmen die Verluste langsam zu. Bei längerer Einwirkung der Wechselspannung trat eine Art Selbstreinigung des Öles ein, die Verluste nahmen mit der Zeit ab (Abb. 19). Wurde ein solches Öl „stabilisiert", indem man es langsam durch ein elektrisches Feld strömen ließ, wodurch die Gleichstromleitung sehr stark abnahm, so traten jetzt frequenzabhängige Verluste auf, die mit der Frequenz und der Spannung wuchsen. Kabelöl ergab auch schon vor der Stabilisierung Verluste, die mit der Frequenz und der Spannung wuchsen.

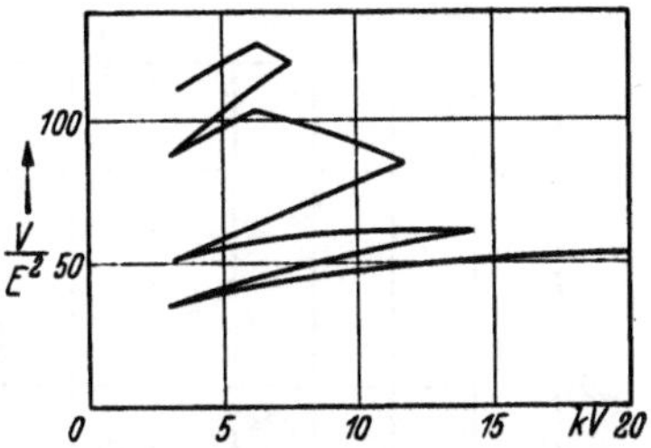

Abb. 19. Einfluß der Spannung. (Nach Ornstein, Willemse und Mulders.)

Wurde ein Kabelöl und ein Isolieröl mehrere Stunden auf 130° erhitzt und im Vakuum abgekühlt, so waren die Verlustkurven bei beiden Ölen bei 50 und 500 Per./s spannungsabhängig geworden.

Das Einleiten von Luft, auch von vorher getrockneter Luft, genügte, um die Verluste wieder stark spannungsabhängig zu machen (Abb. 20).

Die Erwärmung hatte die Verluste stark verringert. Also spielt die Entgasung auch eine große Rolle. Das Produkt vom Gleichstromleitwert und Zähigkeit stieg oberhalb von 40° an. In Kabelölen hängt das vielleicht mit dem Schmelzen kleiner darin schwimmender Paraffinteilchen zusammen (*26*), bei Transformatorenöl war das im Polarisationsmikroskop nicht mit Sicherheit zu entscheiden.

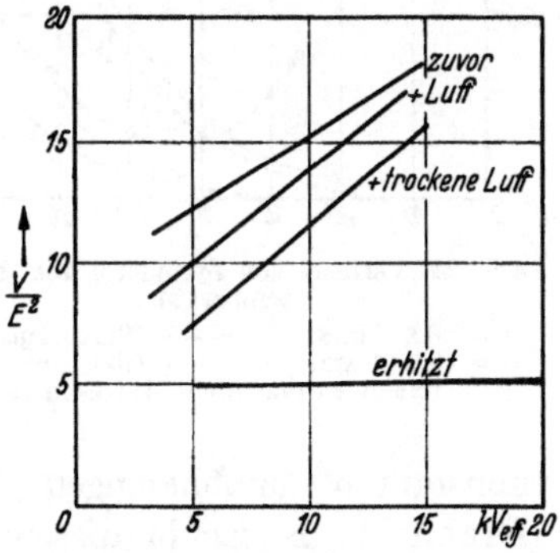

Abb. 20. Einfluß der Luft. (Nach Ornstein, Willemse und Mulders.)

Bei Untersuchungen verschieden stark gereinigter Ölproben auf den Kerreffekt, d. h. auf die elektrische Doppelbrechung des Lichtes, die durch angelegte elektrische Felder hervorgerufen wird, und die ebenfalls durch polare Moleküle hervorgerufen wird, ergab sich ein weitgehender Parallelismus zwischen Kerreffekt und den auf die gleiche Zähigkeit umgerechneten frequenzabhängigen Wechselstromverlusten.

Je weiter das Öl gereinigt wird, desto kleiner wird sein Kerreffekt und auch die Verluste. Besonders stark wirkt die Entziehung der „SO_2-Aromate", die durch flüssiges SO_2 entfernt werden, z. B. geht die Kerrkonstante (für $CS_2 = 100$ gesetzt), durch die Entziehung dieser Aromate von 53 beim ursprünglichen Destillat auf 18. Durch Entziehung der „SO_3-Aromate“ mit rauchender Schwefelsäure, wobei Aliphate und Naphthene übrigbleiben, geht sie dann auf 1,7. Durch weitere Entfernung organischer Säuren kann sie noch etwas verkleinert werden. Die Verfasser schließen nach ihren Messungen, daß Dipole im Öl die Verluste verursachen.

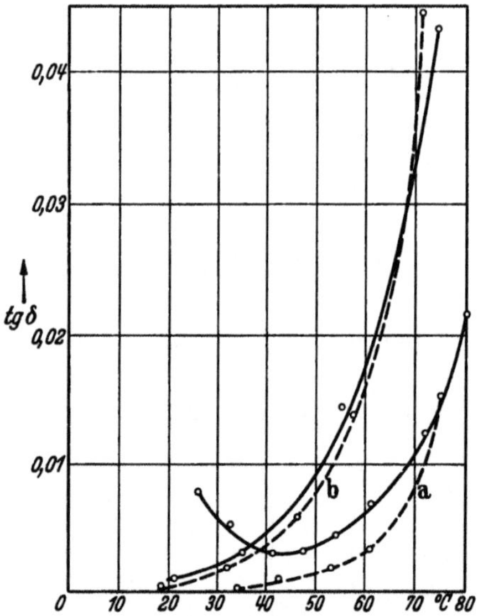

Abb. 21. Verluste von Zylinderöl über Zimmertemperatur.
a = 50% Harz, ——— Wechselspannung
b = 10% Harz; - - - - Gleichspannung.
(Nach Bormann und Gemant.)

A. Gemant (*27*) vertritt die Meinung, daß bei Ölen polare Verluste nur bei Hochfrequenz zu erwarten seien, während bei Starkstrom- und Hörfrequenz (50—5000 Hz) der Verlust eher durch einen Inhomogenitätseffekt verursacht sei. Aus den Verlustmessungen von Ornstein und Willemse leitet er den tg δ als Funktion der Frequenz ab und findet, daß tg δ zunächst mit wachsender Frequenz fällt, um bei etwa 10^4 bis 10^5 Hz wieder anzusteigen. Den Anstieg bei kleinen Frequenzen deutet er als einen Inhomogenitätsmechanismus. Dieser Abfall des tg δ mit der Frequenz ist aber auch bei gewöhnlicher Ohmscher Leitung des Öles möglich und die Originalwerte von Ornstein und Willemse (*28*) sind mit der Vorstellung, daß die Verluste einem konstanten unabhängigen Wert zustreben, nicht unverträglich. Bei Rieche z. B. ist in diesem Gebiet der Verlust durchaus frequenzunabhängig. Auch hier ergibt die kalorische Methode (wie bei Rieche) relative große tg δ.

Interessante Versuche über den tg δ bei geringen Temperaturen teilen Bormann und Gemant (*29*) mit. Abb. 21 zeigt den tg δ von Zylinderöl mit 50% Harzzusatz (*a*) und 10% Harzzusatz bei normaler Frequenz (50 Per.) (ausgezogene Kurve) und den Gleichstromleitwert dividiert durch ωC (gestrichelte Kurve). Das Harz war helles Kolophonium (Abietinsäure). Die Wechselstromverluste sind fast gleich, zum Teil etwas größer als die Gleichstromverluste. Der Verlustwinkel wächst meist etwas mit wachsender Spannung. Abb. 22 zeigt den Verlustwinkel von Zylinderöl mit Harzzusatz (*a* 50% Harz, *b* 40%, *c* 25%, *d* 10% und *e* reines Öl). Die Tabelle zeigt die gemessenen Zähigkeiten:

Zähigkeit in P:

Temperatur °C	Harzgehalt	
	40%	50%
1	28000	—
6	19000	94000
12	7000	30000
17	3500	—
23	—	6300
35	240	570
40	110	—

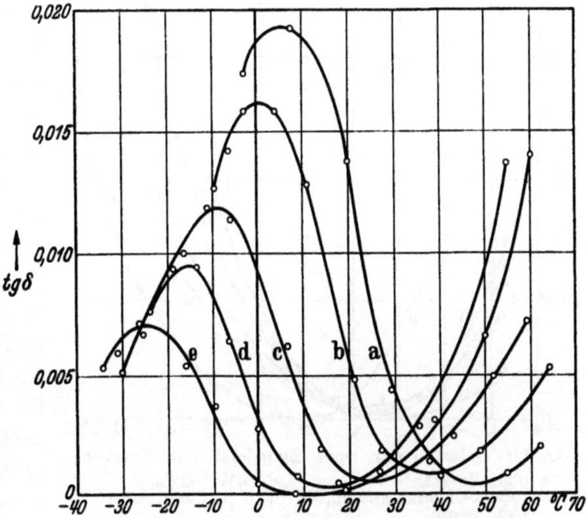

Abb. 22. Verluste von Zylinderöl mit Harzzusatz.
a 50% Harz, *c* 25% Harz, *e* 0% Harz
b 40% Harz, *d* 10% Harz
(Nach Bormann und Gemant.)

Da als Molekülradius für die Harze etwa 10^{-7} cm zu setzen ist, erhält man mit den beobachteten Zähigkeiten Relaxationszeiten τ, die in das Gebiet der verwendeten Frequenz 50 fallen. Da die Zähigkeit mit wachsendem Harzgehalt zunimmt, muß die Temperatur des Maximums von tg δ auch damit steigen, um durch abnehmende Zähigkeit τ wieder auf den Wert von $\approx \frac{1}{50}$ zu bringen.

Die Kurve für das reine Öl (*e*) paßt sich ihrem Verlauf sehr gut den anderen Kurven an. Gemant äußert zunächst sehr berechtigte Bedenken über die Möglichkeit eines polaren Verlustes in Ölen. Das Zylinderöl für Kabelherstellung ist besonders dipolfrei. Chemisch gebundenen Sauerstoff hatte es weit unter 1%, der auch nach Erhitzen auf 110° in Luft nicht anstieg. Wassergehalt war unter 0,01%. Beimengungen waren auch sehr wenige vorhanden, denn die maximal zulässige Säurezahl ist bei Trafoöl 0,2 und die maximale Verteerungszahl 0,3%. Andererseits müßten nach den Versuchen etwa 30% Dipolstoffe, nach Art des Harzes, im Öl vorhanden sein, da je 10% Harzzusatz den Verlustwinkel um etwa 0,25% erhöht, und der Verlustwinkel des reinen Öles 0,75% beträgt. Gemant schließt, daß die Verluste durch Beimengungen halbleitender Art (Leitfähigkeit 10^{-10} S/cm) entstehen und daß das Harz hauptsächlich auf die Zähigkeit Einfluß hat. Im Polarisationsmikroskop wurden solche eingelagerten Teilchen sichtbar, im reinen Öl gröber, im Harzgemisch viel feiner zerteilt.

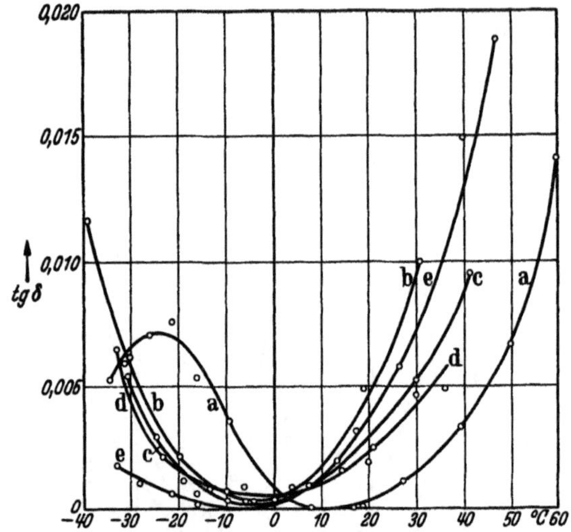

Abb. 23. Verlustkurven vom Zylinderöl mit Zutaten.
a ohne Zusatz, *b* 10% α-Chlornaphthalin, *c* 10% Benzol, *d* 10% Hexan, *e* 10% Chlorbenzol.
(Nach Bormann und Gemant.)

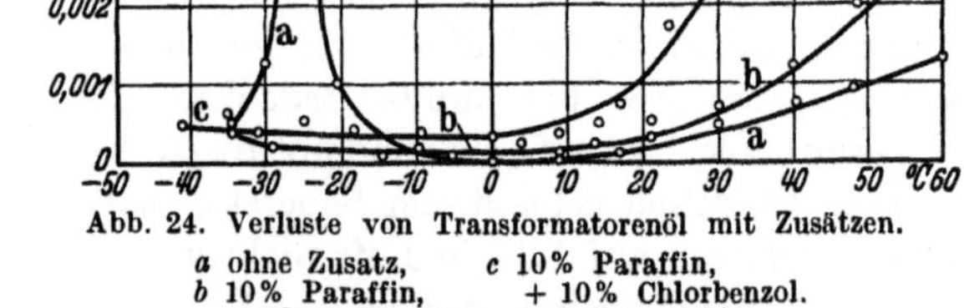

Abb. 24. Verluste von Transformatorenöl mit Zusätzen.
a ohne Zusatz, *b* 10% Paraffin, *c* 10% Paraffin, + 10% Chlorbenzol.
(Nach Bormann und Gemant.)

10%ige Zusätze von nichtpolaren Stoffen, wie Benzol und Hexan, und polaren Stoffen, wie α-Chlornaphthalin und Chlorbenzol, verringerten die Zähigkeit und vergrößerten den Leitwert und verschoben das Maximum von tg δ ins Gebiet tieferer Temperaturen, wobei gerade die Verlustkurve mit Chlorbenzol tiefer lag als die Kurven der anderen Beimengungen, trotzdem es Dipolcharakter hat (Abb. 23). Zufügen von 10% Paraffin verringerte die Verluste bei Temperaturen unter 0° C, ließ aber das Maximum von tg δ an derselben Stelle. Erhitzung des Öles mit Kupfer während 100 Stunden auf 150° C erhöhte den Verlust sehr stark, ohne die Lage des Maximums zu beeinflussen.

Abb. 24 zeigt die Verluste in Trafoöl *a* (ohne Zusatz), *b* (mit 10% Paraffin) und *c* (mit 10% Paraffin und 10% Chlorbenzol).

Die Lage des Maximums ist bei —25° C gleich der vom Zylinderöl, obwohl die Viskositäten um Zehnerpotenzen verschieden sind. tg δ ist hier im Maximum 0,004, bei Zylinderöl 0,008, was Gemant auf die geringen Inhomogenitäten des Trafoöls oberhalb des Stockpunktes zurückführt. Merkwürdigerweise bringt 10% Paraffin die Verluste fast zum Verschwinden, trotzdem es bei den

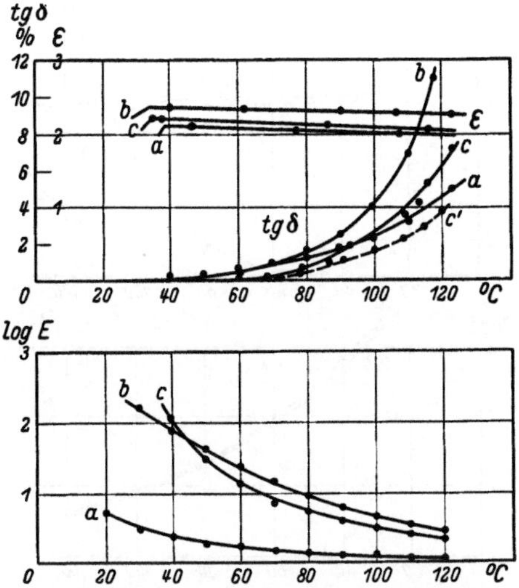

Abb. 25a. Öle. Fehlwinkel und Dielektrizitätskonstante als Funktion der Temperatur. Viskosität als Funktion der Temperatur in logarithmischer Darstellung. Messungen *a* an Transformatorenöl; *b* an Zylinderöl I; *c* an Zylinderöl II. *c'* Aus dem Leitwert errechnete Fehlwinkelkurve zum Vergleich mit *c*. Sämtliche Messungen (*a*, *b* und *c*) durchgeführt bei einer Feldstärke von $\mathfrak{E} = 500\,V_{eff}/mm$; bei Messung *c'* war $\mathfrak{E} = 190\,V/mm$. (Nach Kirch und Riebel.)

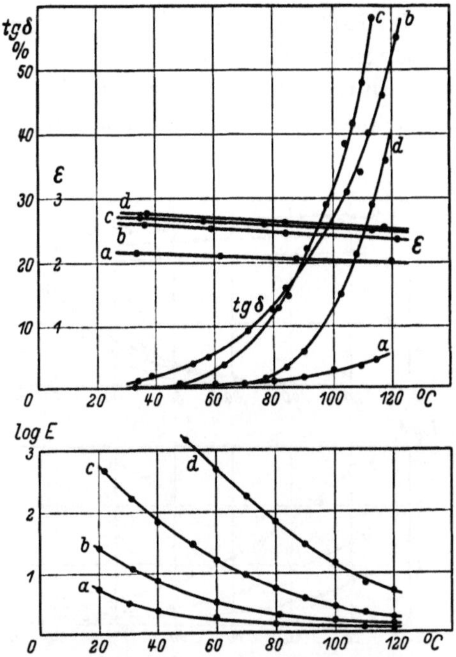

Abb. 25b. Mischungen von Transformatorenöl und einem dunklen Harz. Fehlwinkel und Dielektrizitätskonstante als Funktion der Temperatur. Viskosität als Funktion der Temperatur in logarithmischer Darstellung. Messungen

a an einer Mischung Trafoöl-Harz = 100% 0%,
b „ „ „ „ „ = 75% 25%,
c „ „ „ „ „ = 50% 50%,
d „ „ „ „ „ = 25% 75%.

Bei allen Messungen: $\mathfrak{E} = 500\,V_{eff}/mm$. (Nach Kirch und Riebel.)

tiefen Temperaturen wie ein festes Netzwerk ausgeschieden wird. 10% Chlorbenzol weiterhin zugefügt, ändern nicht mehr viel. Überhitzung vergrößert die Verluste und ganz enorm wachsen sie auf das Zehnfache durch Zufügung künstlich leitender Inhomogenitäten, wie z. B. 9% Benzol + 1% Alkohol + 0,1% Pikrinsäure, mit einem Maximum bei —18°. Bei tiefen Temperaturen entsteht hier eine feine Emulsion. Bei Zimmertemperatur ist die Mischung klar.

Die Versuche von Gemant zeigen deutlich, daß es noch recht schwierig ist, den Charakter der Verluste bei geringen Frequenzen und tiefen Temperaturen zu verstehen. Möglicherweise spielen die Raumladungsschichten an den Elektroden (s. S. 83) eine wichtige Rolle und auch kolloidale Leitungserscheinungen.

Kirch und Riebel (*30*) haben hauptsächlich Öl-Harzmischungen

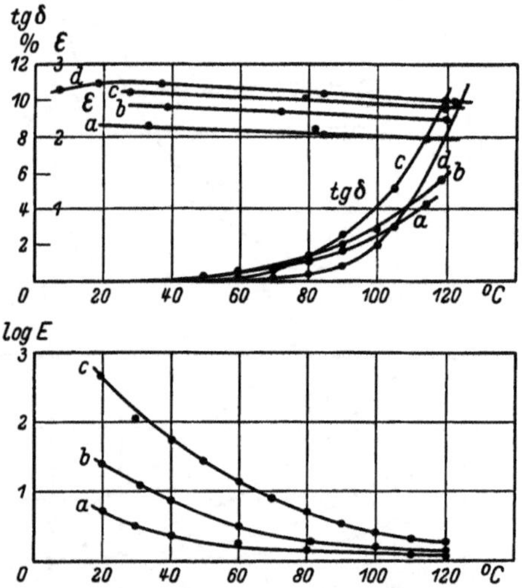

Abb. 26. Mischungen aus Transformatorenöl und einem hellen Harz. Fehlwinkel und Dielektrizitätskonstante als Funktion der Temperatur. Viskosität als Funktion der Temperatur in logarithmischer Darstellung. Messungen
a an einer Mischung Trafoöl-Harz = 100% 0%,
b „ „ „ „ „ = 75% 25%,
c „ „ „ „ „ = 50% 50%,
d „ „ „ „ „ = 25% 75%.
Bei allen Messungen: $\mathfrak{E} = 500\ V_{eff}$/mm.
(Nach Kirch und Riebel.)

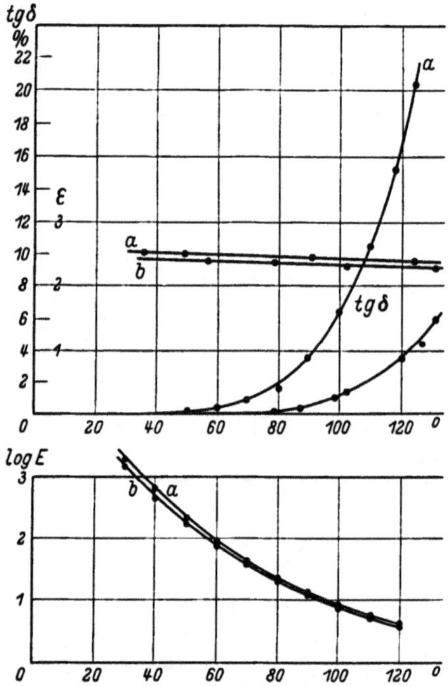

Abb. 27. Mischungen aus einem Zylinderöl und zwei Harzen. Fehlwinkel und Dielektrizitätskonstante als Funktion der Temperatur. Viskosität als Funktion der Temperatur in logarithmischer Darstellung. Messungen an einer Mischung
a Zylinderöl I/Harz dunkel = 70% 30%,
b „ „ hell = 70% 30%.
Bei allen Messungen war E = 500 V_{eff}/mm.
(Nach Kirch und Riebel.)

untersucht. Abb. 25a zeigt den Verlustwinkel, D.K. und Zähigkeit *E* in Englergraden, abhängig von der Temperatur für ein Transformatorenöl (Kurve a) und zwei Zylinderöle (Kurve b und c). Die Verluste bei hohen Temperaturen können als Ohmsche Leitungsverluste gedeutet werden. Die Abb. 25b und 26 sowie Abb. 27 zeigen tg δ und Zähigkeit *E* in Englergraden für Mischungen:

Abb. 25b. Transformatorenöl mit handelsüblichem dunklem Harz (Oxysäuregehalt 2,4%).

Abb. 26. Transformatorenöl mit einem hellen Harz (technisch reine Abietinsäure mit 0,4% Oxysäure).

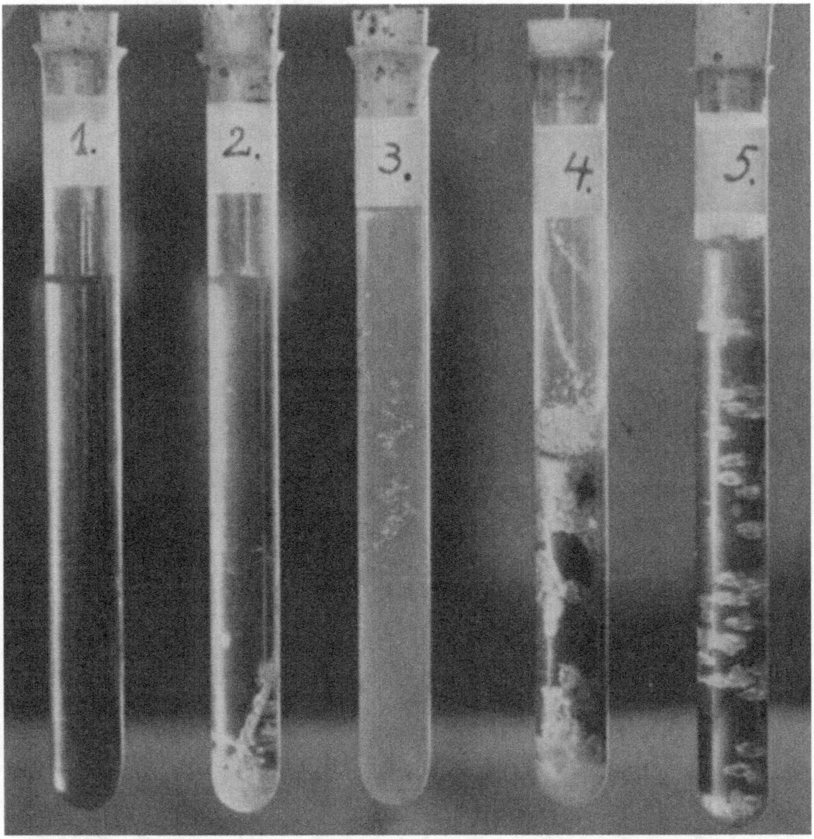

Abb. 28. Auskristallisieren von Harzen aus Öl-Harzmischungen.

1. Dunkles amerikanisches Harz-Transformatorenöl = 75% 25%. Ohne Ausscheidungen des Harzes, zum Vergleich.
2. Helles Harz-Transformatorenöl = 25% 75%, zeigt lokal ausgeschiedene Harzkristalle.
3. Helles Harz-Transformatorenöl = 75% 25%, Trübung der ganzen Mischung durch kleine ausgeschiedene Harzkristalle.
4. Helles Harz-Transformatorenöl = 46% 54%, zeigt starke lokale Ausscheidungen des Harzes.
5. Amerikanisches Harz-Transformatorenöl = 50% 50%, zeigt lokal ausgeschiedene Harzkristalle.

(Nach Kirch und Riebel.)

Abb. 27. Zylinderöl mit dunklem bzw. hellem Harz gemischt. Mit steigendem Harzgehalt steigt auch die Temperatur, bei welcher tg δ anfängt stark zu wachsen. Bei gleicher Zähigkeit steigt der Verlustwinkel mit dem Harzgehalt. Das dunkle Harz gibt wesentlich größere Verluste als das

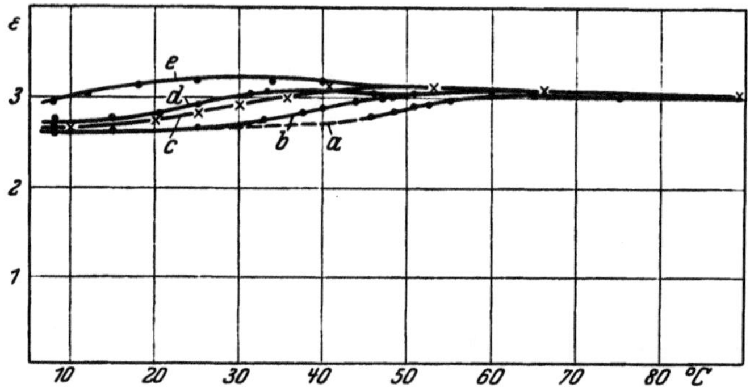

Abb. 29. Mischungen aus Transformatorenöl und einem amerikanischen Harz. Dielektrizitätskonstante in Abhängigkeit von der Temperatur bei 50 Perioden (Feldstärke $\mathfrak{E}$ = 600 V/mm).

a Messungen an einer Mischung Harz-Trafoöl = 100% – 0%,
b ,, ,, ,, ,, ,, = 95% – 5%,
c ,, ,, ,, ,, ,, = 90% – 10%,
d ,, ,, ,, ,, ,, = 85% – 15%,
e ,, ,, ,, ,, ,, = 75% – 25%.

(Nach Kirch und Riebel.)

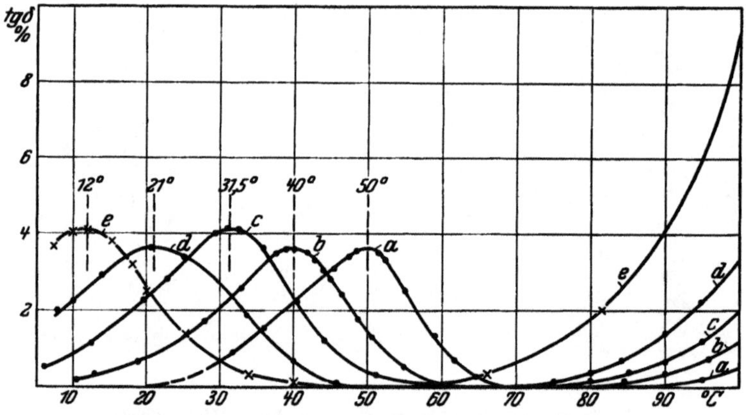

Abb. 30. Mischungen aus Transformatorenöl und einem amerikanischen Harz. Fehlwinkel in Abhängigkeit von der Temperatur bei 50 Perioden (Feldstärke $\mathfrak{E}$ = 600 V/mm).

a Messungen an einer Mischung Harz-Trafoöl = 100% – 0%,
b ,, ,, ,, ,, ,, = 95% – 5%,
c ,, ,, ,, ,, ,, = 90% – 10%,
d ,, ,, ,, ,, ,, = 85% – 15%,
e ,, ,, ,, ,, ,, = 75% – 25%.

(Nach Kirch und Riebel.)

helle Harz, was für die Durchschlagfrage wichtig ist. Allerdings hat andererseits das helle Harz ein viel größeres Bestreben, sich in kristalliner Form auszuscheiden, was das amorphe dunkle Harz nicht hat. Es zeigt dies Abb. 28.

Messungen bei großen Harzgehalten (amerikanisches Harz- und Transformatorenöl) und tieferen Temperaturen zeigen die Abb. 29, 30 und 31, wo D.K., tg δ, bei 50 Per. und die Zähigkeit in Englergraden abhängig

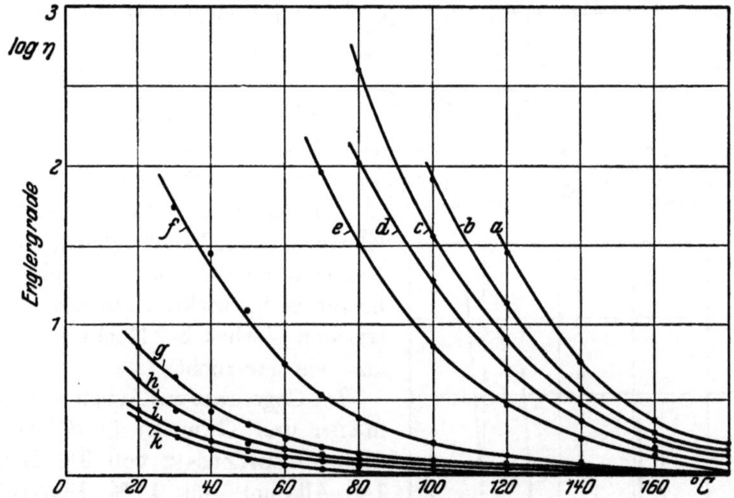

Abb. 31. Mischungen aus Transformatorenöl und einem amerikanischen Harz. Viskosität in log-Darstellung als Funktion der Temperatur. Messungen

a an einer Mischung Harz-Trafoöl	= 100% – 0%,	*f* an einer Mischung Harz-Trafoöl	= 50% – 50%,
b ,, ,, ,, ,,	= 95% – 5%,	*g* ,, ,, ,, ,,	= 25% – 75%,
c ,, ,, ,, ,,	= 90% – 10%,	*h* ,, ,, ,, ,,	= 15% – 85%,
d ,, ,, ,, ,,	= 85% – 15%,	*i* ,, ,, ,, ,,	= 5% – 95%,
e ,, ,, ,, ,,	= 75% – 25%,	*k* ,, ,, ,, ,,	= 0% – 100%.

(Nach Kirch und Riebel.)

von der Temperatur angegeben sind. Das Maximum von tg δ steigt mit wachsendem Harzgehalt in der Richtung steigender Temperatur und zugleich verschiebt sich auch der Anstieg der D.K. Das Maximum der Verluste trat für alle Mischungen immer bei etwa der gleichen, sehr hohen Viskosität auf (durch zeitliches Eindringen einer Kugel gemessen).

Aus den relativ weit auseinander liegenden Maxima von tg δ und aus der verhältnismäßig geringen Abhängigkeit der D.K. und des Maximums von tg δ vom Mischungsverhältnis, schließt Kirch auf eine polare Verlustquelle (Debye) und nicht auf einen Inhomogenitätsmechanismus (Maxwell und Wagner). Bei hohen Temperaturen nehmen die Verluste den Charakter reiner Ohmscher Leitfähigkeitsverluste an. Abb. 32 und 33 zeigen, wie der

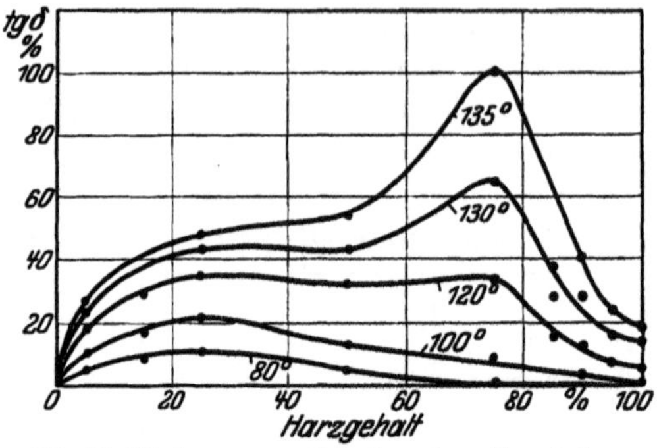

Abb. 32. Mischungen aus Transformatorenöl und einem amerikanischen Harz. Fehlwinkel als Funktion von Harzgehalt bei verschiedenen Temperaturen und 50 Perioden (Feldstärke $\mathfrak{E} = 600$ V/mm). (Nach Kirch und Riebel.)

Harzgehalt tg δ und die Zähigkeit beeinflußt. Der Verlauf von tg δ ist generell dadurch erklärt, daß mit wachsendem Harzgehalt mehr Verlustträger in die Substanz kommen, daß aber andererseits die Zähigkeit zunimmt.

Bei sehr hohen Frequenzen, Wellenlänge 2—26 m, $f = 1{,}5 \cdot 10^8$ bis 10^7 Hz untersucht Beck (*31*) Trafoöl mit einem Differentialkalorimeter. Verunreinigungen (Ölsäure, Ruß, Feuchtigkeit), die den Niederfrequenzdurchschlag sehr stark beeinflussen, wirkten auf den dielektrischen Verlust bei Hochfrequenz so gut wie gar nicht.

Im Gegensatz zur Arbeit von Bormann und Gemant (s. S. 74) verringerte ein Zusatz von 9% Benzol, 1% Alkohol und 0,1% Pikrinsäure die Verluste und erhöhte ein Zusatz von 10% Nitrobenzol, bzw. 10% Azeton bzw. 10% Chlorbenzol die Verluste. Der Verfasser ist auch der Ansicht, daß der Hochfrequenzverlust ein typischer Dipolverlust ist, daß bei Niederfrequenz jedoch Inhomogenität und Leitfähigkeit maßgebend sind. Abb. 34 zeigt tg δ für zwei ungebrauchte Trafoöle. Das eine zeigt 2 Maxima, die auf 2 Sorten von Dipolen von verschiedenen Relaxationszeiten zurückgeführt werden. Ein

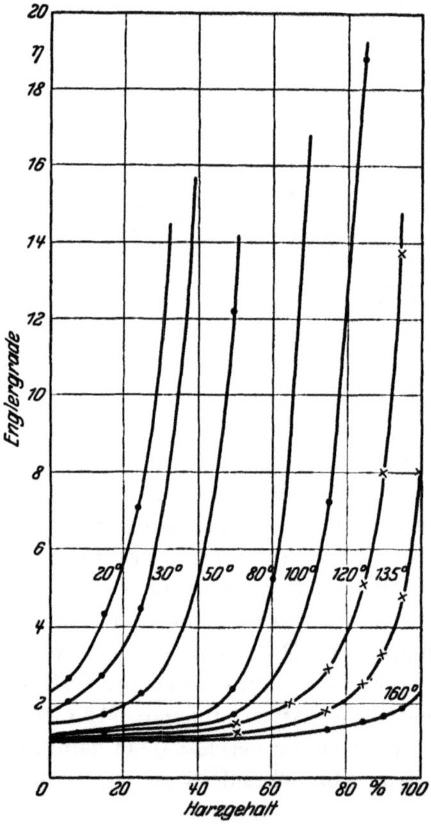

Abb. 33. Viskosität als Funktion von Harzgehalt bei verschiedenen Temperaturen. Mischungen aus Transformatorenöl und einem amerikanischen Harz. (Nach Kirch und Riebel.)

nach Edeleanu mit flüssigem SO_2 raffiniertes Öl hat einen viel kleineren Verlustwinkel als die normalen Öle mit einem schwach ausgebildeten Maximum.

Nach geringen Frequenzen zu werden die Kurven immerflacher, was auch mit Messungen von Vogler (*32*) übereinstimmt. Zusatz von 10% Nitrobenzol gab ein scharfes Maximum von tg δ, Benzolzusatz (ohne Dipolmoment) wirkt nur durch die Änderung der Zähigkeit (Abb. 35).

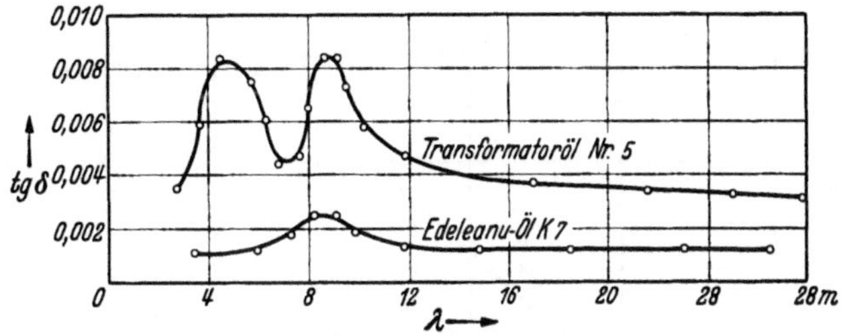

Abb. 34. (Nach Beck.)

Die von Ornstein (s. S. 71) erwähnte Verbesserung der Öle durch längeres Einwirken eines Hochspannungsfeldes, Stabilisierung, hatte beim Maximum des Verlustwinkels, bei größerer Wellenlänge, gar keinen Einfluß (Abb. 36).

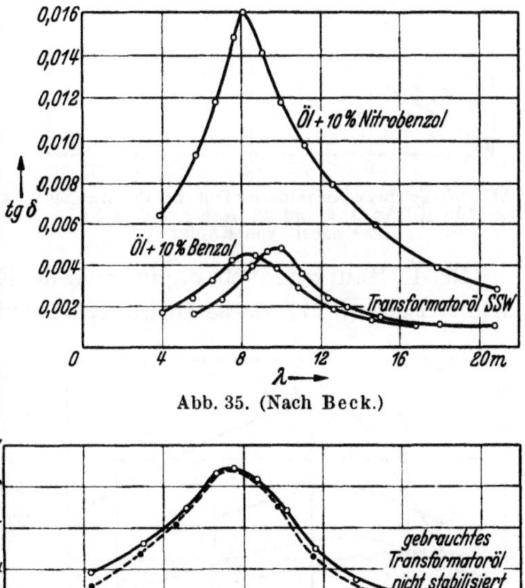

Abb. 35. (Nach Beck.)

Der Einfluß der Zähigkeit bei Verdünnung mit p-Xylol stimmte qualitativ mit der Dipoltheorie überein.

Interessante Versuche zur Kontrolle eines Öles mit Hilfe seiner D.K. ε stellt W. N. Stoops (*33*) an. Ausgehend von der Annahme, daß die gesättigten Kohlenwasserstoffe der üblichen Öle nicht polar sind, schließt er, daß bei der Zersetzung, hauptsächlich durch Oxydation, Säuren, Ester und Schlamm entstehen, die polar sind und daher die D.K. und der Verlustwinkel steigen

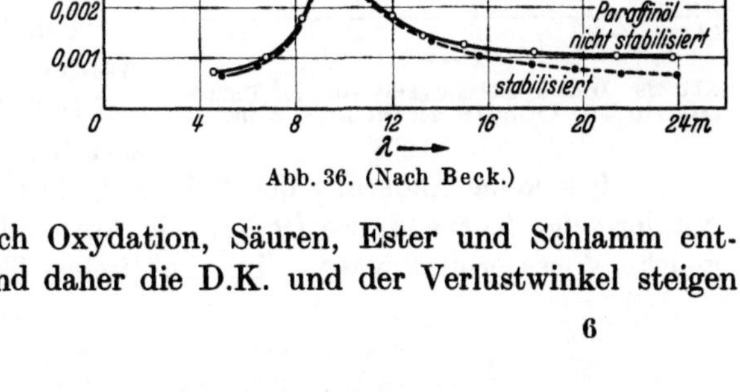

Abb. 36. (Nach Beck.)

müssen. Es wird deshalb die Änderung der D.K. ε bei solchen Vorgängen bei einer Frequenz von $3 \cdot 10^5$ Hz verfolgt. Untersucht wurden 3 Öle:

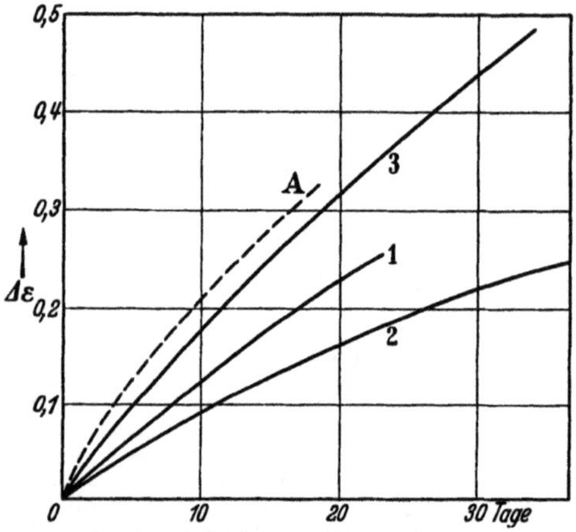

Abb. 37. Zeitliche Zunahme der D.K. bei Erwärmung der Öle (Öl Nr. 1, 2 und 3). Kurve A: Öl Nr. 1. Anwesenheit von Kupfer.

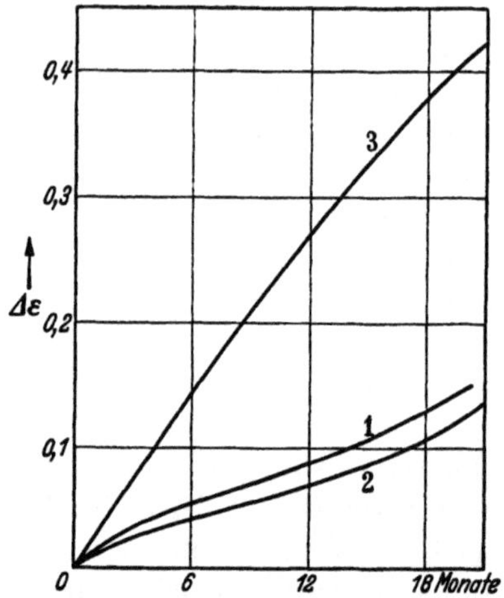

Abb. 38. Änderung der D.K. bei Ölen im Transformatorbetrieb.

Nr. 1. Hauptsächlich naphthenische Kohlenwasserstoffe und etwa 20% aromatische Kohlenwasserstoffe, sehr wenig harziges Material, $\varepsilon_{30^\circ C} = 2{,}241$.

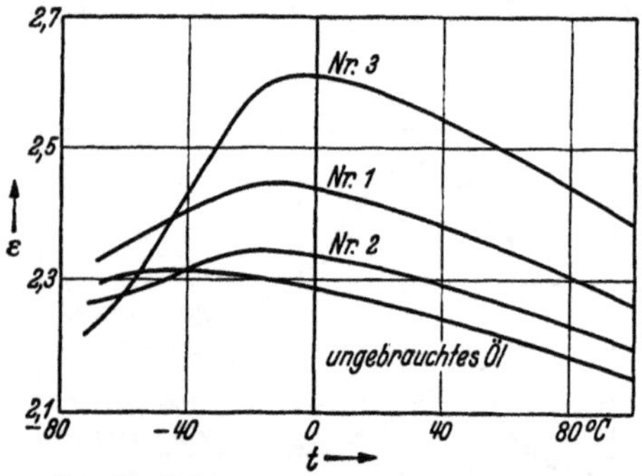

Abb. 39. D.K. in Abhängigkeit von der Temperatur (polarer Charakter der Öle Nr. 1, 2 und 3).

Nr. 2. Viel höher raffiniert, etwa 100% naphthenische Kohlenwasserstoffe, $\varepsilon = 2{,}159$.

Nr. 3. Pennsylvanisch. Fast nur gesättigte paraffinische Kohlenwasserstoffe, $\varepsilon = 2{,}110$.

Die aromatischen CH-Verbindungen setzen ε herauf, die paraffinischen herunter.

Abb. 37 zeigt die Zunahme von ε während einer dauernden Erhitzung auf 160° C bei Luftzutritt. Im Gegensatz tritt bei Erhitzung in N_2-Atmosphäre fast keine Änderung der D.K. auf. Den katalytischen Einfluß von Kupfer zeigt Kurve A, wo Öl Nr. 1 in Anwesenheit von Cu und Luft auf gleiche Weise erhitzt wurde. Im praktischen Transformatorbetrieb treten analoge Änderungen in längeren Zeiten auf, wie durch laufende Untersuchung von Proben festgestellt wurde (Abb. 38).

Wurden bei diesen Ölen chemische Verseifungsversuche abhängig von der Zeit gemacht, so verliefen die Verseifungswerte (mg KOH je g Öl) in analogen Kurven wie Abb. 38. Den polaren Charakter dieser drei gebrauchten Öle zeigt Abb. 39. Das ungebrauchte Öl war als nichtpolar vermutet. Den Verlustwinkel solcher oxydierten Transformatorenöle zeigt Abb. 40 bei $5 \cdot 10^5$ und 10^6 Hz. Bei oxydiertem Transformatorenöl trat das Maximum des Verlustwinkels bei $-40°$, etwa 30° unter dem Schmelzpunkt des Öles, also in festem Zustand auf, wobei die Kurve ganz stetig verlief. Die Anwesenheit von entwickeltem Schlamm hatte keinen wesentlichen Einfluß auf die D.K. Auch Race (*34*) hat festgestellt, daß Oxydation des Öles den Verlust vergrößert, aber nicht die Frequenz, bei der das Verlustmaximum eintritt, d.h. die Zahl der Dipole wächst, aber nicht ihr Moment. Es scheinen sich nicht die ganzen Moleküle zu drehen, sondern nur polare Gruppen innerhalb des Moleküls. Ein Vergleich mit der Leitfähigkeit ergab, daß bei der Oxydation bei hohen Temperaturen viel mehr polare Moleküle entstehen als geladene Partikelchen (*35*).

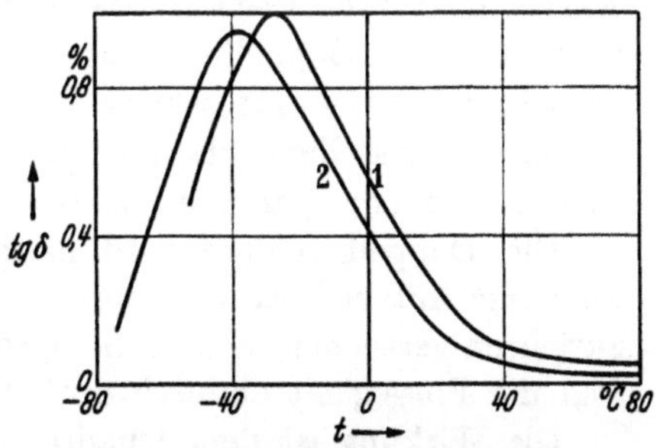

Abb. 40. Verlustwinkel in Abhängigkeit von der Temperatur.
Kurve 1: bei 10^6 Hz
„ 2: „ $5 \cdot 10^5$ Hz.

Auf die Wichtigkeit der D.K. zur Ölkontrolle weisen auch Bull und Zwecker[1] hin (*36*).

Nachladung, Raumladung und Verlust.

Schon die ersten Messungen (*37*) mit Drahtsonden an dielektrischen Flüssigkeiten zeigten, daß in solchen Flüssigkeiten die Verteilung des elektrischen Feldes nicht nur durch die Metallelektroden bedingt ist, sondern auch durch räumlich verteilte Ladungen in der Flüssigkeit.

Speziell Transformatorenöl ist von J. B. Whitehead und R. H. Marvin (*38*) untersucht worden und zeigt bei längere Zeit gestandenem Öl starke Feldvergrößerungen an den Metallelektroden. Diese Feldverzerrung

[1] Bull u. Zwecker, Chem.-Ztg. Bd. 58 (1934) S. 801.

braucht zu ihrer Ausbildung Zeit. H. Schaefer (*39*) findet bei reinem Transformatorenöl (spez. Leitwert 10^{-12} S cm^{-1}) an beiden Elektroden einen Feldanstieg, nach Zusatz öllöslicher Metallverbindungen (Leitwert 10^{-11} S cm^{-1}) ein homogenes Feld (bei kleinen mittl. Feldstärken von 1—3 kV/cm).

Da durch das Hereinbringen einer metallischen Sonde in die Flüssigkeit unkontrollierbare Fehler entstehen können, ist die Beobachtung mit Hilfe von optischen Methoden viel einwandfreier. Die Verwendung des Kerreffektes für diesen Zweck, d. h. die optische Ausmessung oder Registrierung der Doppelbrechung in der Flüssigkeit von Punkt zu Punkt ist leider für Öle nur schwer verwendbar, wegen der sehr kleinen Kerrkonstante desselben, da die paraffinischen Kohlenwasserstoffe nur ein sehr kleines oder gar kein elektrisches Moment im Molekül besitzen.

Die Doppelbrechung wird hauptsächlich dadurch hervorgerufen, daß Moleküle mit elektrischem Moment sich in der Richtung des Feldes auszurichten versuchen, soweit die unregelmäßige Wärmebewegung dies zuläßt und die Flüssigkeit dadurch optisch anisotrop wird.

Die Wirkung ist dem Quadrat der lokal herrschenden Feldstärke proportional. Nach dieser Methode hat J. Dantscher (*40*) die Flüssigkeiten Chlorbenzol und Toluol untersucht.

Bei Chlorbenzol zeigte sich unmittelbar nach dem Einschalten von Gleichspannung eine starke Feldzunahme von der Anode zur Kathode, die mit wachsender Zeit allmählich verschwindet. Beim Umpolen tritt wieder eine analoge Feldverzerrung auf. Je trockener die Flüssigkeit, desto kleiner sind die Raumladungen. Bei Wechselspannung konnte nichts bemerkt werden. Die Feldverzerrung ist also scheinbar bei Gleichspannung sehr rasch da. Es sieht so aus, als ob vor den Elektroden sich sehr rasch Ionenladungen aufbauen würden, die dann abgesaugt würden. Entladen können sie sich offenbar nicht, denn sonst würden beim Umpolen oder Wiedereinschalten der Spannung nach einer Periode der Spannungslosigkeit nicht sofort wieder entsprechende Feldverzerrungen auftreten. Mit einer gewissen Wahrscheinlichkeit ist deshalb zu sagen, daß diese Schichten nach einiger Zeit sehr fest an die Elektroden gepreßt werden. Eine solche sehr dünne Ladungsschicht ist mit der Kerrmethode nicht, oder nur sehr schwer, nachweisbar.

Eine Entstehung einer positiven Schicht vor der Kathode z. B. wäre erklärbar z. B. durch Fortwandern von negativen Ionen von dort zur Anode, oder durch das Ankommen von positiven Ionen aus der Flüssigkeit, oder aus der Abgabe positiver Ionen aus dem Kathodenmetall.

Es scheinen hauptsächlich positive Ladungen da zu sein, negative Ladungen wurden nur selten und kurzzeitig beobachtet. Die Existenz derartiger geladener Schichten an den Elektroden, die sich bei angelegter Spannung durch die Flüssigkeit bewegen, hat auch R. Hofmann (*41*) mit Hilfe der Schlierenmethode bei Toluol festgestellt. Je nach der Reinheit der Flüssigkeit lösen sich beim Einschalten von Gleichspannung Schichten von der Anode und Kathode (relativ unreine Flüssigkeit), oder nur von der Kathode (reinere Flüssigkeit), oder nur von der Anode (reinste Flüssigkeit, $\lambda = 10^{-13}$ bis 10^{-15} S/cm) ab. Die strömenden negativen Teilchen (von der Kathode) haben eine bestimmte Geschwindigkeit, unabhängig vom Leitwert der Flüssigkeit und Elektrodenmaterial, während die Geschwindigkeit der positiven Teilchen (von der Anode) von beiden abhängig ist. Die Reinheit der Elektroden ist wichtig; saubere (wasserhautbefreite) geben positive Ladungen, Wasser und Ölschichten darauf ergeben bewegliche negative Teilchen. Negative Ladungen gaben großen elektrischen Strom, positive Teilchen dagegen kleineren. Bei Wechselspannung pulsieren die Schichten an ihren Elektroden und geben dort Erwärmung.

Gleichzeitige Messungen der Feldverteilung mit der Kerrmethode und Sonden ergaben immer das Bild einer Ionenladung, die sich vor der Elektrode anstaut, wo sie sich eigentlich entladen sollte [1].

Mit Hilfe einer mechanischen Strömungsmethode, stellt auch K. Christ (*42*) bei Öl solche Schichten an den Elektroden fest. Nicht besonders gereinigtes Öl hat schon ohne Spannung vor den Elektroden eine spontan entstehende positive Raumladung von etwa 10^{-12} C/cm², die nach Destillation des Öles viel kleiner wird. Bei angelegter Spannung liegt in normalem Öl vor der Kathode positive und vor der Anode negative Raumladung, bis zu etwa 10^{-8} C/cm² bei 3000 V und 2 mm Öldicke.

Diese Raumladungen verschwinden bei Kurzschluß äußerst langsam durch Rückströme, $< 10^{-14}$ A. Die negative Raumladung verschwindet rascher als die positive. Die Ausbildung der Raumladung scheint in der Zeit zu erfolgen, die der Gleichstrom braucht, um stationär zu werden. Der größte Teil dieser Ladung sitzt außerordentlich dicht an den Elektroden (Dicke der Schicht: $< 1/_{100}$ mm); sie entsteht zum größten Teil durch Ionenstauung vor den Elektroden, da dort keine freie Entladung möglich ist. Bei destilliertem Öl ist die positive Ladung vor der Kathode viel kleiner, eine negative vor der Anode ist nicht mehr nachweisbar.

[1] Im Vakuum destilliertes Trafoöl ergibt eine deutliche Ablösung nur nach Umpolen und Strömung von der Anode. Unreines Öl war zu undurchsichtig.

Sehr wesentlich ist die Ionenbildung (Dissoziation) im Ölvolumen. Bei destilliertem Öl war auch ein geringer Flächeneffekt, was die Ionenentstehung anbelangt, an den Elektroden nachzuweisen.

Solche Raumladungen ergeben recht erhebliche Feldstärken an den Elektroden. Denkt man sich die Raumladung in einer Ebene von der Dichte σ C/cm², so ist der Feldstärken-Unterschied rechts und links davon (Abb. 41) durch $E_2 - E_1 = \frac{\sigma}{\Delta}$ gegeben, wo $\Delta = \frac{\varepsilon}{4\pi \cdot 9 \cdot 10^{11}}$. Für $\sigma = 10^{-8}$ C/cm² und $\varepsilon \approx 2$ ergibt sich $E_2 - E_1 \approx 50$ kV/cm.

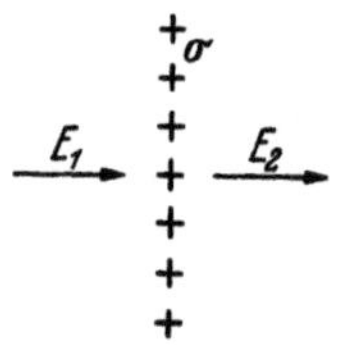

Abb. 41. Elektrisches Feld E rechts und links von einer positiven Ladungsschicht der Dichte σ.

Liegt die Schicht sehr nahe einer Elektrode, so addiert sich diese Feldstärke zu der dort von seiten der angelegten Spannung wirkenden, im Falle Christ z. B. etwa 15 kV/cm, also im ganzen etwa 65 kV/cm. Feldstärken dieser Größe scheinen nötig zu sein, um soviel Ionen an der Elektrode abzuscheiden, damit ein stationärer Strom von etwa 10^{-9} A/cm² zustande kommt. Eine solche Schicht wirkt wie eine Gegen-EMK an der Elektrode von der Größe $\frac{\sigma}{\Delta} \cdot m$, wo m die Entfernung der Schicht von der Metalloberfläche bedeutet. In unserem Falle mit $m \approx {}^{1}/_{100}$ mm, wäre das etwa 50 V, nicht groß gegen z. B. 3000 V.

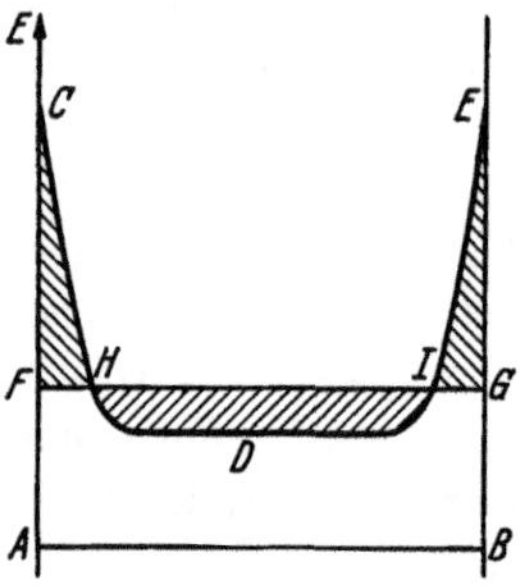

Abb. 42. Feldverteilung in ein Dielektrikum mit starken Raumladungsschichten an den Elektroden.

Aber bei einer z. B. Verdreifachung von σ und m wäre die Gegen-EMK schon etwa 450 V, an beiden Elektroden z. B. 900 V und könnte das Feld in der Flüssigkeit schon erheblich verkleinern und bei Ohmscher Leitfähigkeit den Strom entsprechend verringern. Würde dann mit steigender Spannung sich die Ionenabscheidung leichter vollziehen, so würde der Strom stärker als proportional der Spannung steigen.

Die kleinen Rückströme wären nach Abb. 42 auch durch die Feldverteilung zu verstehen. Geben die Raumladungsschichten eine resultierende Feldverteilung CDE mit hohen Feldwerten an den Elektroden und geringen Feldwerten in der Mitte, so ist die angelegte Spannung als $\int_0^\delta E\,dx$ die Fläche zwischen der Abszissenachse AB und der Kurve CDE.

Wird die Probe kurzgeschlossen, d. h. die Spannung zu Null gemacht, so gilt die Abszissenachse FG, wobei die verschieden schraffierten Teile

Null ergeben müssen. Man sieht, daß im Mittelteil *HI* ein schwaches entgegenwirkendes Feld entsteht, daß aber an den Elektroden (*FC* und *GE*) das frühere Feld bestehen bleibt, das diese Oberflächenladungen weiterhin gegen die Elektroden drückt und die Entladung hindert. Der Entladestrom wird nun von den im Mittelteil *HI* befindlichen Ionen getragen, die bei der kleinen Feldstärke dort nur einen sehr kleinen Strom ergeben werden. Erst allmählich wird dieser Strom ansteigen und dann wieder verschwinden.

Auch bei Anlegung einer äußeren Gegenspannung können zunächst, wenn diese nicht hoch genug ist (wenn man sich *FG* höher nach oben verschoben denkt), die Ladungsschichten zunächst noch weiter an die Elektroden gedrückt werden.

Eingehende Messungen in der Richtung an handelsüblichen Ölen haben Whitehead und Marvin (*38*) durchgeführt.

Öl „A" war hochwertigstes Isolieröl, spez. Widerstand $1{,}8 \cdot 10^{14}\,\Omega$cm, Feuchtigkeitsgehalt etwa 0,002%.

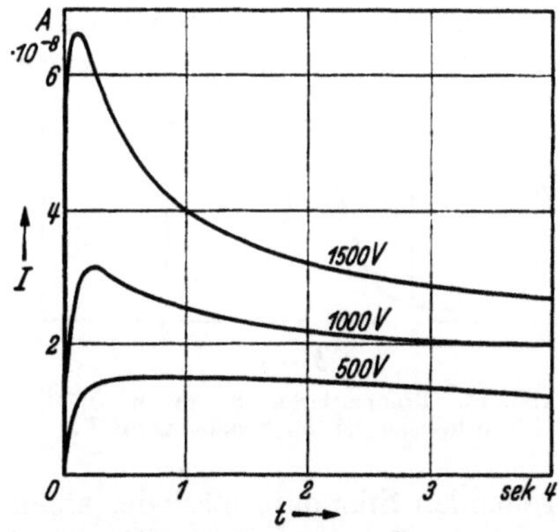

Abb. 43. Einschaltstrom beim Öl A, Schichtdicke 0,15 cm, Plattenfläche 311 cm².

Öl „B" war dasselbe Öl aus einem Blechfaß entnommen (von Zeit zu Zeit, über mehrere Monate). Verunreinigung war möglich gewesen durch Zutritt von Luft bei Entnahmen und eventuell durch Einwirkung der Gefäßwände. Beide Öle zeigten sehr verschiedene Eigenschaften.

Die Verfasser beobachteten mit Hilfe von Verstärker und Saitengalvanometer den schon von vielen Seiten festgestellten Stromabfall mit der Zeit nach Einschalten einer Gleichspannung.

Die beiden Öle verhalten sich sehr verschieden. Öl „A" gab Einschaltströme wie Abb. 43; der erste kurze geometrische Einschaltstromstoß geht nicht durch das Meßinstrument. Die Kurven verlaufen ähnlich wie bei festen Körpern.

Der Endstrom ist der Spannung proportional. Rückströme durch Kurzschluß nach Spannungsbeanspruchung waren äußerst klein. Plötzliche Kommutierung der Spannung ergab einen Strom, der nur wenig größer war als der Endstrom der vorhergehenden Periode und dann langsam auf diesen Wert fiel. Wiederholtes Einschalten derselben Spannung mit stromlosen Zwischenpausen zeigte eine „Erholung“ des Öls in der Zwischenzeit, insofern bei längeren stromlosen Zwischenpausen (etwa $^1/_2$ s bei 0,15 cm Schichtdicke) wieder die ursprüngliche Einschaltkurve erhalten wurde, während bei immer kürzeren Zwischenpausen das Strommaximum immer kleiner wurde und sich dem Endstromwert der vorhergehenden Spannungsperiode näherte. Der voll ursprüngliche Zustand war erst nach etwa 3 h Ruhe wieder erreicht.

Das Öl „B“ gab im Anfang etwa doppelt so große Stromwerte, die sehr langsam abfielen und zunächst über eine bis einige Sekunden praktisch konstant blieben. Auch die Anfangswerte waren hier proportional der angelegten Spannung $\lambda \approx 5 \cdot 10^{-14}$ S/cm, während sie bei Öl „A“ stärker als proportional wuchsen.

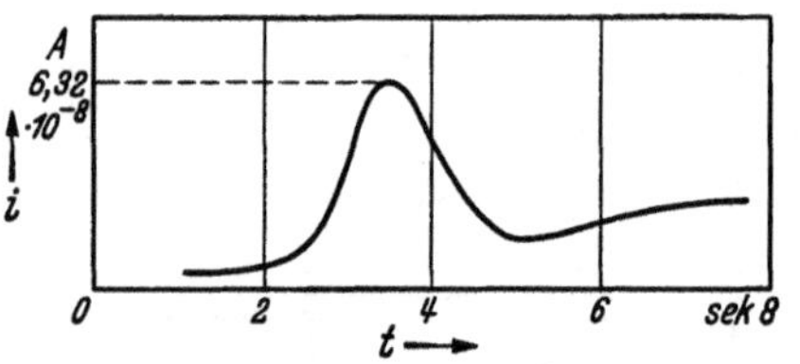

Abb. 44. Kommutierter Strom im Öl B, Schichtdicke 0,5 cm, Spannung 810 V.

Bei höheren Spannungen tritt manchmal einige Sekunden nach dem Einschalten noch eine Stromspitze auf. Bei Kommutierung bleibt der Strom zunächst für etwa 1 s auf einem etwa gleich niedrigen Wert wie am Ende der vorhergehenden Spannungsperiode, steigt dann auf ein Maximum, etwa 2,5—7 s nach der Kommutierung. Dieses Maximum ist etwa 30—40mal so hoch wie der Anfangswert nach der Kommutierung und etwa 2—3mal so hoch wie der erste Stromwert bei Einschalten des vorher nicht beeinflußten Öles. Diese Maxima treten nicht bei geringen Spannungen auf, bei höheren Spannungen ist manchmal noch ein zweites flaches Maximum vorhanden (Abb. 44).

Es sind im Öl „B“ also zwei Leitwerte maßgebend. Ein sehr rasch wirkender, der durch Anfang und Ende der Kurve Abb. 44 gegeben ist, und eine zweite Art, die im Strommaximum ihren Ausdruck findet.

Mit Spannungsmessung an verschiebbaren Hilfselektroden zeigte sich, daß die ursprünglich homogene Feldverteilung im Verlauf von etwa 6—8 min in eine neue überging, die Abb. 45 zeigt. Daraus folgt, daß die Raumladungen in größter Dichte an den Elektroden sitzen und räumlich ins Innere des Öles ragen. Der Stromabfall dauert eine viel längere Zeit, als die Ausbildung der Raumladung erfordert. Durch plötzliche räumliche Verschiebung der Elektroden oder von Sonden konnte die Raumladung auch unmittelbar nachgewiesen werden[1].

[1] Über den direkten Nachweis von Raumladung in Ölen und die Bildung von Schichten hohen Widerstands an den Elektroden s. a. (*43*).

Für den Endwert der Ströme des Öles „B“ ergaben sich Werte, die einen Sättigungseffekt bei Volumionisierung ergaben, ähnlich wie bei Gasen. Die mit 60 Per./s bei 1000 und 1500 V gemessenen dielektrischen Verluste ($\mathrm{tg}\,\delta \approx 0{,}0003$) ließen sich vollkommen aus dem Gleichstromleitwert des Öles, gemessen am Strommaximum bei erstmaligem Einschalten, der Größe nach berechnen.

Ähnliche Kurven wie Abb. 44 hat auch Black (s. o.) an Transformatorenöl aufgenommen, wo die Ausbildung der Maxima sehr viel langsamer erfolgte. In Paraffinöl fanden Black und Nisbet das Strommaximum mehr als zweimal so groß wie den Stromstoß beim erstmaligen Einschalten. Derartige Erscheinungen sind nur verständlich, wenn sich die Ionen an ihren Elektroden nicht widerstandslos entladen, sondern sich dort aufstauen.

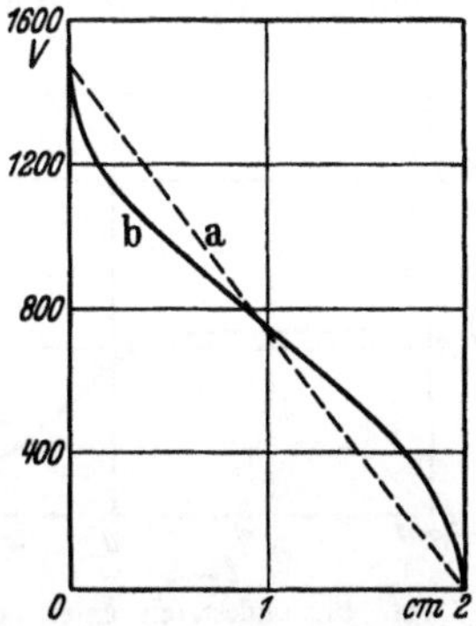

Abb. 45. Spannungsverteilung im Öl B quer durch die Ölschicht gemessen, Schichtdicke 2 cm. *a* homogenes Feld, *b* 30 Min. nach dem Einschalten.

Aus dem Vergleich der Zeiten, die nötig sind, um die Raumladeverteilung (Abb. 45) hervorzurufen (5—10 min), und der Zeit, die nach Kommutierung bis zum Strommaximum verfließt (2,5—7 s), schließt Herzfeld (*44*), daß hauptsächlich 2 Ionenarten beteiligt sind:

1. große, schwer bewegliche Ionen, welche sich ohne Stauung an den Elektroden entladen, die die Spannungsverteilung Abb. 45 bestimmen und die langsamen Stromänderungen ergeben und

2. kleinere, schnellere Ionen in geringerer Menge, die sich an den Elektroden stauen, ohne die Spannungsverteilung wesentlich zu beeinflussen und die die schnellen Stromänderungen erzeugen. Sie ergeben ein Gegen-EMK, die die kleinen und langsamen sich ändernden Rückströme erzeugt, wie sie z. B. auch bei Nitrobenzol mit Feuchtigkeitsspuren W. Jackson (*45*) gelegentlich „elektrischer“ Reinigungen beobachtet hat.

Dabei setzte diese elektrische Reinigung mit Gleichspannung den dielektrischen Verlust, der reinen Ohmschen Leitungscharakter hatte, bei Hochfrequenz bei etwa 10^6 Per./s erheblich herab, um so mehr, je länger gereinigt wurde. Dabei wurde ein Teil der Feuchtigkeit offenbar aus der Flüssigkeit elektrolytisch entfernt, während ein Teil Verunreinigungen geladen an den Elektroden blieb, und bei Entfernung der Gleichspannung wieder in die Flüssigkeit diffundierte und den Hochfrequenzverlust wieder vergrößerte. Bei $^1/_2$stündiger Reinigung wurde praktisch noch nichts entladen, starke Dauerwirkungen erst nach etwa 16- und mehrstündiger Reinigung mit 60 V. Aus der Spannungsverteilung Abb. 45 rechnet Herzfeld (*44*) die Beweglichkeit der Ionen zu $3{,}5 \cdot 10^{-6}$ cm/s je V/cm und schätzt sie aus etwa 110 Atomen bestehend, d. h. 2 Molekülen, da aus dem Siedepunkt (290° C) folgt, daß ein Molekül etwa 45 Atome hat.

Für sehr sorgfältig gereinigte und entgaste Öle $\lambda \approx 10^{-15}$ S/cm teilt Whitehead (*46*) Stromkurven nach Art der Abb. 46 mit, wo in den ersten $^1/_{1000}$ s ein anomaler Ladestrom beobachtet wird, der auch einen entsprechenden Entladestrom bei Kurzschluß gibt. Dieser anomale Ladestrom (dielectric absorption) nimmt mit wachsender Temperatur ab, d. h. mit abnehmender Zähigkeit. Der dielektrische Verlust bei 60 Per. ist vollkommen bestimmt durch den Stromverlauf von 0 bis 0,1 s, d. h. durch den Nachladeverlust der ersten $^1/_{1000}$ s und durch die konstante Leitfähigkeit von etwa 0,004 bis zu 1 s. Die Stromkurve ist nicht nur durch restliche Verunreinigungen zu erklären, sondern zum Teil durch eine Vielheit molekularer Komplexe von Kohlenwasserstoffen. Also durch schwer bewegliche Ionen, deren Eigenschaften stark vom Felde und der Temperatur usw. beeinflußt werden. Sie bestimmen das Anfangsstadium des Leitwertes und sind ganz verschieden zu denen, die den Endwert der Leitung bestimmen und die ihrerseits die Analogie zwischen Flüssigkeit und Gasen verursachen. Bei technischer Frequenz spielen nur diese schweren Ionen eine Rolle beim Verlust. Die Endströme zeigen Sättigung, die Anfangsströme nicht.

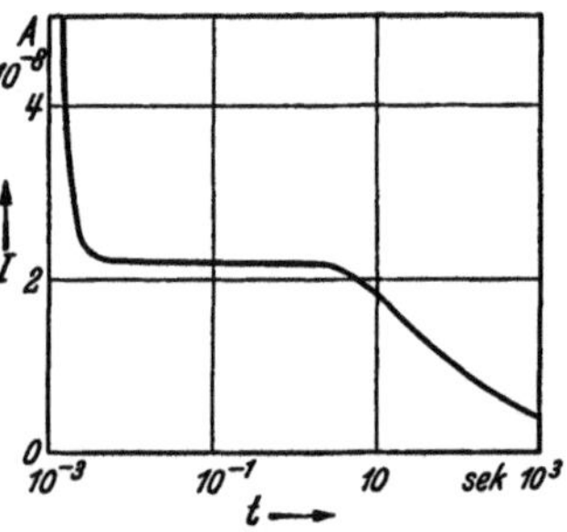

Abb. 46. Ladestrom eines hochgereinigten Isolieröles. Feldstärke 15 kV/cm, Temperatur 30° C.

H. H. Race (*47*) empfiehlt deshalb Gleichspannungsmessungen an Kabelölen, aber sorgfältige Trocknung und Schutz vor Licht und Wärme vor der Messung. Für Handelsöle gibt die Gleichstrommessung dieselben Aufschlüsse und ist leichter durchführbar als die Messung mit der Niederfrequenzbrücke. Denn unter Frequenzen von 300 Hz und Temperaturen über 25° C ist der Verlust zäher Kabelöle vollkommen durch deren Leitwert bestimmt. Bei Ölen geringerer Zähigkeit ist dieser Frequenz- und Temperaturbereich auch größer. Erst bei höheren Frequenzen und tieferen Temperaturen tritt ein zusätzlicher frequenzabhängiger Verlust ein, der durch polare Moleküle oder durch Bewegung geladener Teilchen in einer Ionenatmosphäre zu verstehen ist.

Enthält das Öl polare Teilchen, wie Rizinusöl oder Öl-Harzmischungen, so treten schon früher frequenzabhängige Verluste auf.

Messungen über große Temperatur- und Frequenzbereiche sind zu einem sicheren Urteil nötig.

In einer weiteren Arbeit (*48*) verfolgen die Verfasser den Zusammenhang zwischen zeitlichem Gleichstromleitwert, dielektrischen Verlusten und ungleicher Spannungsverteilung weiter. Es wurden drei handelsübliche Öle untersucht:

	Dichte 45° C	Flammpunkt	Tropfpunkt	Zähigkeit	Durchschlagspannung
B 6 . .	0,879	274	— 2	2,95	27,9
B 8 . .	0,824	139	0	0,112	31,1
B 19 . .	0,877	149	—29	0,133	28,6

B 6 und B 19 sind Kabelöle, das erste für den „festen“, das zweite für den „ölgefüllten“ Kabeltyp. B 8 ist von derselben Art wie B 19, ausgenommen der Tropfpunkt. Alle Öle sind hoch gereinigt. Bei solchen Ölen sind Endleitwerte von 10^{-10} bis 10^{-16} S/cm gut erreichbar, wenn das Öl vor Oxydation und sonstigen Giften freigehalten wird. Abb. 47 zeigt die Viskosität abhängig von der Temperatur. Zunächst wurden Versuche angestellt über den Zusammenhang von Verlustwinkel und der „Gleichstromreinigung“, indem dauernd Gleichspannung angelegt wurde und von Zeit zu Zeit tg δ gemessen wurde. Dann wurde die reinigende Spannung abgeschaltet und beobachtet, wie das Öl sich wieder „regenerierte“. Abb. 48 zeigt einen solchen Versuch am Öl B 6 bei 60° C und 1500 V Reinigungsgleichspannung, die 150 min an der Probe lag, die dann anschließend sich selbst überlassen wurde.

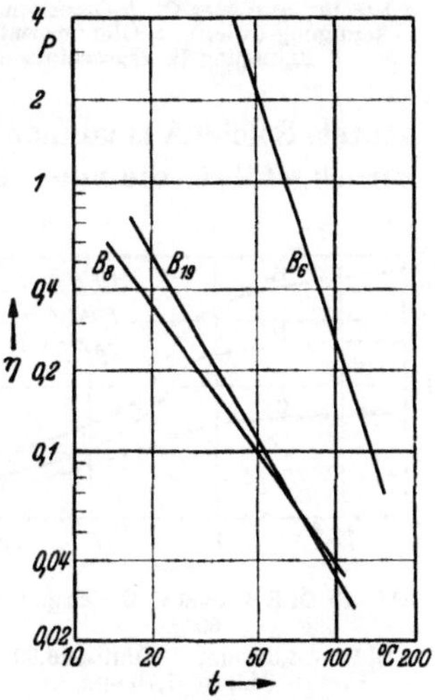

Abb. 47. Zähigkeit der Öle B 6, B 8, B 19 in Abhängigkeit von der Temperatur.

Die „Wiederherstellung“ geht viel rascher vor sich, wenn der Ölkondensator kurzgeschlossen ist, so daß ein äußerer Strom fließen kann, als wenn die Probe vollkommen isoliert gelassen wird. Der ursprüngliche Verlustwinkel wird nach 3- bzw.

6stündigem Stehen nahezu wieder erreicht. Er wird durch die „Reinigung" auf $^1/_3$ bis $^1/_4$ seines ursprünglichen Wertes reduziert.

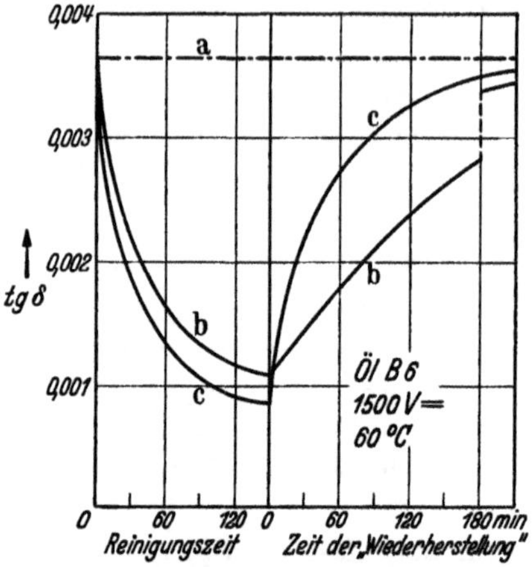

Abb. 48. Änderung des Verlustwinkels unter dem Einfluß einer Gleichspannung.
a tg δ für neutrales Öl, *b* Ölkondensator nach Reinigung (offen), *c* Ölkondensator nach Reinigung (kurzgeschlossen).

Bei höheren Gleichspannungen und Temperaturen geht der Reinigungsprozeß anfänglich wesentlich rascher vorwärts und die relative Verkleinerung von tg δ ist viel größer. Der erreichte Mindestwert von tg δ ändert sich aber nicht sehr viel.

Genaue Reproduzierbarkeit der Kurven ist schwierig; die Vorgeschichte spielt eine erhebliche Rolle. Die anderen Öle ergeben ähnliche Kurven, wobei aber unter Umständen tg δ nach „Wiederherstellung" einen größeren Wert haben kann (bei Öl B 19), wie das „neutrale" nicht behandelte Öl, oder wo während der beiden Zeitperioden auch Maxima und Minima von tg δ auftreten können, wie bei Öl B 8 beobachtet. Solche Ausnahmen wurden auf Raumladungswolken von trägen Ionen zurückgeführt, die vom vorhergehenden Versuch noch da sind. Der Reinigungsprozeß ist offenbar so zu verstehen, daß Ionen aus der Flüssigkeit entfernt werden, die zum Teil an den Elektroden als Ladungswolken bestehen bleiben, zum Teil sich dort entladen. Prinzipiell ist die Geschwindigkeit des Prozesses von der Beweglichkeit dieser Ionen abhängig. Abb. 49 zeigt bei Gleichspannung die Ströme abhängig von der Zeit. Der anfängliche horizontale Teil genügt nicht ganz, aber fast vollkommen zur Deckung des Wechselstromverlustes, der also durch Bewegung dieser Ionen hervorgerufen ist. Je reiner das Öl ist, um so mehr fällt der Strom nachher ab. Mit geringer Oxydation oder sonstiger Verunreinigung können Anfangs- und Endwert der gleiche sein.

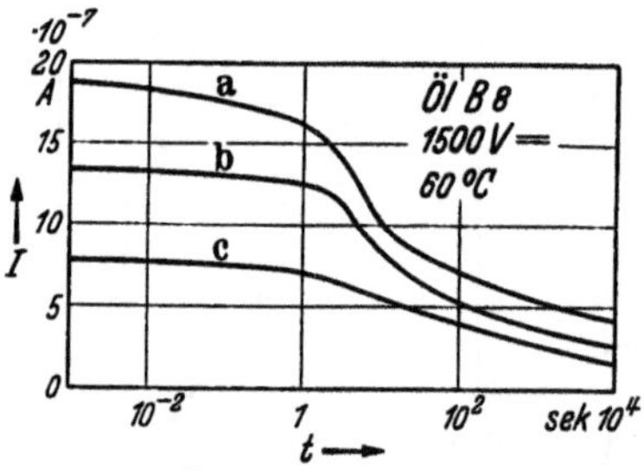

Abb. 49. Öl B 8, 1500 V, Gleichspannung 60° C.
a Öldicke 4,32 mm, *b* Öldicke 6,00 mm, *c* Öldicke 7,70 mm.

Wie parallel die Änderung von tg δ und die Gleichstromänderung geht. zeigt Abb. 50. Mit wachsender Spannung wuchsen auch die Verlustwinkel,

Für die in Abb. 44 dargestellte Rückstromkurve bei plötzlicher Kommutierung der Spannung zeigt Abb. 51 die Höhe des Strommaximums und Abb. 52 die Zeit von der Kommutierung bis zum Erreichen dieses Maximums abhängig von Temperatur und Spannung. Erhöhte Spannung und erhöhte Temperatur (geringere Zähigkeit) beschleunigen den Vorgang und vergrößern das Maximum; Rückströme bei Kurzschluß waren kaum zu beobachten.

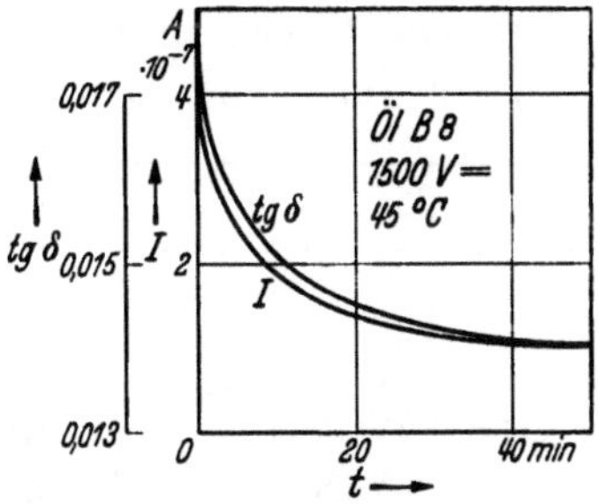

Abb. 50. Öl B 8, 1500 V, Gleichspannung 45° C.

W h i t e h e a d nimmt an (*49*), daß im neutralen Öl, selbst wenn sehr rein, durch Spuren von Verunreinigungen, innere Dissoziation, äußere Strahlung ein sehr geringer Leitwert da ist. Zunächst entsteht ein Gleichgewicht zwischen Ionenerzeugung, Wiedervereinigung, Diffusion. Einige der Ionen lagern neutrale Moleküle an und werden dadurch groß und träg. Bei nicht zu hohen Feldern schleppen diese Ionen diese Hülle mit sich durch die Flüssigkeit. Bei hohen Feldern werfen sie diese ab. Vielleicht liegt hierin der Grund, daß N i k u r a d s e (*50*) bei Ölen im Gegensatz zu W h i t e h e a d findet, daß bei Ölen der zeitliche Abfall des Stromes schon bei geringer Reinigung zum Verschwinden zu bringen ist[1].

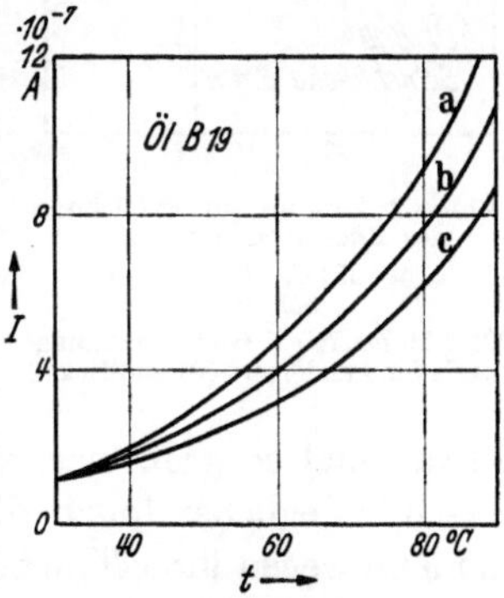

Abb. 51. Maximum des Rückstroms.
a 285 V/mm, *b* 173 V/mm, *c* 125 V/mm.

Bei kleinen Feldern können schwere positive und negative Ionen zusammentreten und bilden wegen der trennenden Schicht neutraler Moleküle polare Teilchen. Bei nicht zu hohen Feldern setzen sich die leichten neugebildeten und die älteren trägen in Bewegung und bei genügender Zahl der letzteren entsteht zunächst der erste horizontale Teil der Stromkurve (Abb. 49).

Wenn die Ionen an den Elektroden ankommen, so werden einige entladen, aber besonders die mit Schichten neutraler Moleküle um sich können dies nicht und bilden dort Raumladungen.

---

[1] Auch E d l e r findet bei Entgasung nach Destillation im Vakuum ein Verschwinden der zeitlichen Stromabhängigkeit. Siehe (*51*).

Im ersten Teil der horizontalen Stromkurve soll sich die Verringerung des Feldes in der Flüssigkeit kompensieren durch eine Zunahme der Geschwindigkeiten der schweren Ionen, die ihre Hüllen um so leichter abwerfen, je mehr Geschwindigkeit sie erwerben.

Raumladungen an den Elektroden entstehen teilweise durch das Fortwandern von Ionen gleichen Vorzeichens von den Elektroden, wodurch dort eine räumlich verteilte Ladung entgegengesetzten Vorzeichens entsteht (bekannt z. B. bei ionisierten Gasen und Flüssigkeiten, wenn die Elektroden nicht nachwandernde Ionen gleicher Art und Dichte abgeben) und ferner durch die dort ankommenden schweren Ionen, die sich nicht entladen können. Dadurch wächst das Feld an den Elektroden und sinkt im Innern der Flüssigkeit, so daß der stationäre Strom, der schließlich nur von den leichten Ionen getragen wird, abnimmt, und bei steigender Spannung nur bis zum Sättigungswert, d. h. der Erzeugung freier Ionen je Sekunde, wachsen kann. Bei Feldumkehr addiert sich die Gegenspannung des vorherigen Versuchs zur neuen Spannung, das Feld im Innern wird größer, und dadurch steigt unmittelbar nach der Kommutierung der Strom an, was auch bei den Versuchen beobachtet wurde, wo unmittelbar nach der Kommutierung der Strom zunächst etwa 2mal so groß war, wie der stationäre Strom vorher. Es sind nur die rasch beweglichen Ionen, die diesen Strom bilden. Die nicht entladenen Ionen können wegen ihrer Trägheit und wegen der Feldverringerung an den Elektroden sich viel langsamer von der Elektrode ablösen (s. Abb. 53 und 42). Sie setzen sich langsam in Bewegung und ergeben das später auftretende Strommaximum, wenn der Elektrodenraum praktisch raumladungsfrei geworden ist und die schweren Ionen der beiden Elektroden im Zwischenraum der Flüssigkeit sich mehr oder weniger komprimieren.

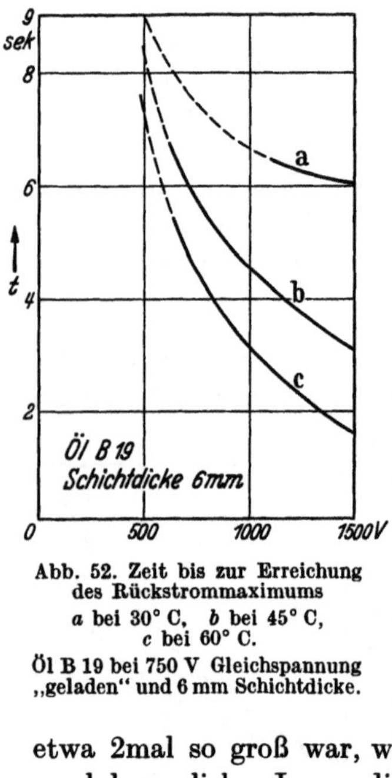

Abb. 52. Zeit bis zur Erreichung des Rückstrommaximums *a* bei 30° C, *b* bei 45° C, *c* bei 60° C. Öl B 19 bei 750 V Gleichspannung „geladen" und 6 mm Schichtdicke.

Dieses Strommaximum ergab sich fast immer ziemlich genau als Summe des anfänglichen Ladestromes des neutralen Öles und des ersten Anfangsstromwertes nach der Kommutierung, beides Stromanteile, die durch leichte Ionen getragen sind, woraus zu schließen, daß der Überschuß des Strommaximums bei Kommutierung über den Anfangsstrom bei neutralem Öl auf Rechnung der schweren Ionen zu schreiben ist. Bei Kurzschluß nach Stromdurchgang bleiben die Elektrodenladungen zunächst noch an die Elektroden gebunden und der Entladevorgang geht äußerst langsam vor sich, noch langsamer, wenn nach Stromdurchgang die Probe isoliert, sich selbst überlassen wird (s. Abb. 48).

Der dielektrische Verlust ist im wesentlichen durch die Ionen und die durch sie erzeugte Leitfähigkeit bedingt (s. auch Abb. 50).

Die Messungen von Whitehead sind wohl an technisch reinen Ölen gemacht, wie sie in der Praxis erreichbar sind, und bei mäßigen Feldern. Bei hohen Feldern und an extrem reinen Ölen liegen noch keine Messungen vor, so daß dort die Verhältnisse noch anders liegen können.

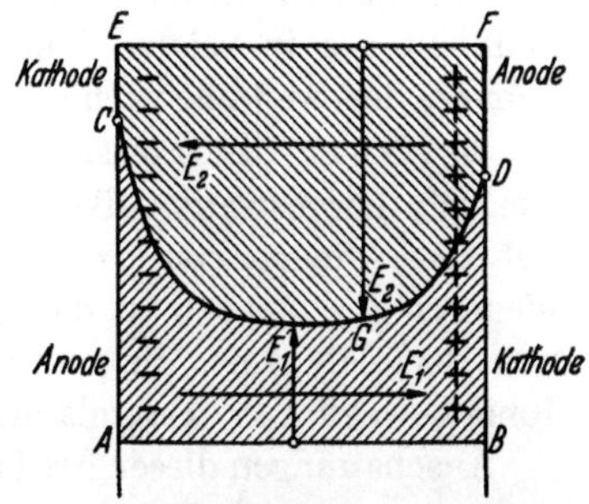

Abb. 53. E_1: Stationäre Feldverteilung bei der „Aufladung" der Flüssigkeit.
E_2: Feldverteilung unmittelbar nach dem Kommutieren,
Fläche $A, C, G, D, B = U_1$ (ursprüngliche Spannung).
„ $E, C, G, D, F = U_2$ (kommutierte Spannung).
Kathodenfeld BD vor der Kommutierung, EC nach der Kommutierung.
Anodenfeld AC vor der Kommutierung, DF nach der Kommutierung.
Mittleres Feld E_1 vor der Kommutierung, E_2 nach der Kommutierung.

Nimmt man nach Whiteheads Messungen an, daß die Elektrodenraumladung so groß ist, daß der Strom unmittelbar nach der Kommutierung etwa doppelt so groß wie unmittelbar vorher, so ergibt sich daraus eine Gegen-EMK an den Elektroden von etwa $^1/_3$ der angelegten Spannung

$$E_g = \frac{1}{3}\,U = \frac{\sigma \cdot m}{\Delta},$$

wo bei der Annahme einer nahezu ebenen Verteilung σ die Ladung je cm², m die Entfernung der Ladungsschicht von der Elektrode und Δ die D.K. ist.

Da $\Delta = \frac{\varepsilon}{4 \cdot \pi \cdot 9 \cdot 10^{11}} \approx \varepsilon \cdot 10^{-13}$, errechnet sich hieraus die Ladung als $\sigma = \frac{1}{3}\frac{U}{m} \cdot \varepsilon \cdot 10^{-13}$ C. Mit $\varepsilon \approx 2$ und $m \approx 10^{-4}$ cm wird $\sigma \approx \frac{2}{3}\,U \cdot 10^{-9}$ C/cm², was mit $U = 1000$ V eine Ladungsdichte ergibt $\sigma \approx \frac{2}{3} \cdot 10^{-6}$ C/cm², zu deren Transport ein Strom von $\frac{2}{3} \cdot 10^{-6}$ A/cm² 1 s brauchte.

Mit Abb. 49 verglichen, sind derartige Verhältnisse nicht ausgeschlossen. Sind wie dort etwa 1000 s zur vollen Ausbildung nötig, so kann das mit durchschnittlichen Strömen von $\frac{2}{3} \cdot 10^{-9}$ A/cm² erfolgt sein, wobei noch ein erheblicher Spielraum für einen Ionenstrom bliebe, dessen Träger sich widerstandslos an den Elektroden entladen. Die Schicht könnte sogar noch erheblich näher der Elektrode liegen.

Zur Theorie derartiger Bewegungen bei Gleich- und Wechselspannung von geladenen Schichten und Ladungswolken s. Schumann (*52*).

Aus all diesen Messungen wird man den Schluß ziehen müssen, daß bei technisch normalen, wenn auch reinen Ölen der Niederfrequenzverlust im allgemeinen ein reiner Leitfähigkeitsverlust ist, der bei nicht sehr großer Reinheit bis in relativ hohe Frequenzgebiete und niedrige Temperaturgebiete der weitaus vorherrschende ist.

Je „reiner" die Flüssigkeit, desto mehr werden die frequenzabhängigen Verluste hervortreten. Bei hohen Frequenzen dürften diese ziemlich sicher auf die Anwesenheit von polaren Molekülen zurückzuführen sein. Bei niederen Frequenzen ist das nicht so sicher zu sagen, da die Abhängigkeit von der Zähigkeit, die meist als Grund dafür angeführt wird, auch für Ionenbewegungen, Raumladungstransporte usw. maßgebend sind.

Anschauungen dieser Art hätten zudem den Vorteil [s. Schumann (*52*)], daß ganz zwanglos auch eine Spannungsabhängigkeit der Vorgänge, die häufig beobachtet wird, notwendig bestimmend erscheint, und daß äußerlich sehr verschiedenartig ablaufende Vorgänge aus einheitlichem Grunde zu verstehen sind, indem z. B. nur die verschiedene Art der Verteilung der Raumladung auch sehr verschiedene Wirkungen ergibt, namentlich auch bei solchen Erscheinungen, die dem Superpositionsgesetz nicht gehorchen, wie es eigentlich fast immer der Fall ist, wenn andererseits auch hier die Verhältnisse noch recht ungeklärt sind [1].

Es wird deshalb vielfach von Autoren neuerer Arbeiten zur Beurteilung der Öle bei Niederfrequenz die bequemere Gleichstrommessung statt der Brückenmessung vorgeschlagen.

Zu beachten ist hier noch die Tatsache, daß wenigstens für technisch normal reine Öle eine nicht unerhebliche Zunahme der Leitfähigkeit bzw. des Verlustwinkels mit der angelegten Spannung sehr häufig festgestellt wurde, besonders bei hohen Feldern und höheren Temperaturen. Bei Wechselspannung bedingt dies unter Umständen einen verzerrten nicht sinusförmigen Strom, der zu falschen Werten in der Brücke Anlaß geben kann, wenn die Spannung am Ölkondensator nicht gut sinusförmig ist.

---

[1] Siehe auch die sehr gute Zusammenstellung von Jackson (*53*), die zum Teil hier mitbenutzt wurde.

Auf solche Verzerrungen hat zuerst Gemant (*54*) hingewiesen und eine Brückenschaltung angegeben, in der es möglich ist, diese Oberwellen für sich zu beobachten.

Schließlich zeigt Abb. 54 interessante Verlustmessungen über das Verhalten des Öles im Transformator mit wachsender Zeit von Anderson (*55*).

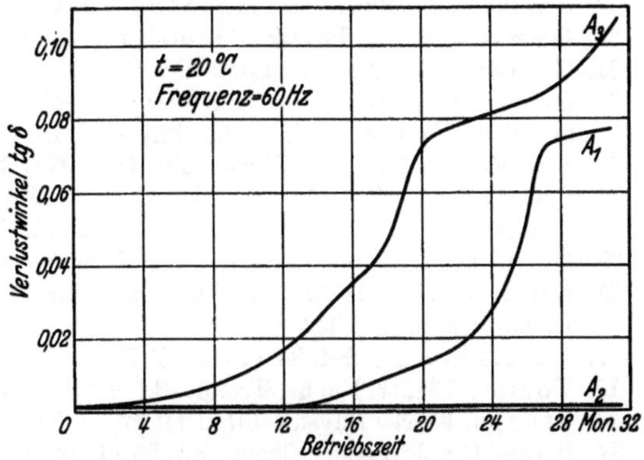

Abb. 54. Alterung eines Öles im Transformator nach Anderson.

Es wurden 3 Öle (A_1 hochraffiniert, A_2 mäßig raffiniert und A_3 schwach raffiniert) im Umspanner messend verfolgt. Abb. 54 zeigt, daß sich das nach dem Edeleanu-Verfahren mäßig raffinierte Öl (entspr. VDE.-Bedingungen) auf die Dauer weitaus besser verhielt, als das schwächer und das viel weiter raffinierte Öl, was auch andererseits schon festgestellt wurde.

Literatur.

1. Maxwell, C.: Lehrbuch der Elektrizität und des Magnetismus, Bd. 1.
2. Wagner, K. W.: Arch. Elektrotechn. Bd. 2 (1914) S. 371.
3. Debye, P.: Polare Molekeln (Buch). Leipzig.
4. Wagner, K. W.: Arch. Elektrotechn. (1914) S. 371.
5. Kitchin: J. Amer. Inst. electr. Engr. Bd. 48 (1929) S. 281.
6. Gemant: Elektrophysik der Isolierstoffe. Berlin: Julius Springer 1930. — Gemant u. Bormann: Wiss. Veröff. Siemens-Konz. Bd. 9 (1930).
7. Pelatt: J. Phys. Bd. 9 (1900) S. 313. — Schweidler, E. v.: Ann. Physik Bd. 24 (1907) S. 711.
8. Hopkinson-Curie: Phil. Trans. Bd. 167 (1878) S. 599.
9. Miles u. Robertson: Physic. Rev. Bd. 40 (1932) S. 583.
10. Murphy u. Lowry: J. physic. Chem. Bd. 34 (1930) S. 598.
11. Sinjelnikow, K. u. A. Walther: Z. Physik Bd. 40 (1927) S. 786.
12. Debye, P.: Physik. Z. Bd. 35 (1934) S. 101.
13. Debye, P.: Physik. Z. Bd. 36 (1935) S. 100, 193.
14. Kitchin u. Müller: Physic. Rev. Bd. 32 (1928) S. 979. — Kitchin: J. Amer. Inst. electr. Engr. Bd. 48 (1929) S. 281.
15. Hamburger, F.: Physic. Rev. Bd. 35 (1930) S. 1119.
16. Whitehead: J. Franklin Inst. Bd. 208 (1929, Okt.).
17. Johnstone u. Williams: Physic. Rev. Bd. 34 (1929) S. 1483.
18. Whitehead: Physics Bd. 2 (1932) S. 82.

19. Rieche: Z. Physik Bd. 95 (1935) S. 158.
20. Race, H. H.: Physic. Rev. Bd. 37 (1931) S. 430.
21. White u. Morgan: Physics. Bd. 2 (1932) S. 313.
22. Gemant, A.: Naturwiss. Bd. 25 (1935) S. 406. Nature, Lond. Bd. 135 (1935) S. 912.
23. Gemant, A.: Z. Physik Bd. 75 (1932) S. 613.
24. Gemant, A.: Nature, Lond. Bd. 133 (1934) S. 647.
25. Ornstein, Willemse u. Mulders: Z. techn. Physik Bd. 9 (1928) S. 241.— Ornstein u. Willemse: Z. techn. Physik Bd. 11 (1930) S. 345.
26. S. a. Vogel: Z. techn. Physik Bd. 11 (1927) S. 476.
27. Gemant, A.: Z. techn. Physik Bd. 11 (1930) S. 544.
28. Ornstein u. Willemse: Z. techn. Physik Bd. 11 (1930) S. 348, Tabelle 4.
29. Bormann u. Gemant: Wiss. Veröff. Siemens-Konz. Bd. 10 (1931) S. 119.
30. Kirch u. Riebel: Arch. Elektrotechn. Bd. 24 (1930) S. 353, 553. — Kirch, E.: Elektrotechn. Z. 1932 S. 1009.
31. Beck: Physik. Z. Bd. 34 (1933) S. 721.
32. Vogler: Elektr. Nachr.-Techn. Bd. 8 (1931) S. 197.
33. Stoops, W. N.: Physics Bd. 2 (1932) S. 322.
34. Race, C.: J. physic. Chem. Bd. 36 (1932) S. 1928.
35. S. a. Jackson: J. Inst. electr. Engr., Lond. Bd. 75 (1934) S. 108.
36. Eine neue Arbeit von Sommermann: J. Franklin Inst. Bd. 220 (1935) S. 433 war mir nicht erreichbar.
37. Schweidler, v.: Ann. Physik Bd. 4 (1901) S. 307, Bd. 5 (1901) S. 483. — Gaedecke, H.: Diss. Heidelberg 1901. — Przibram, K.: W. Ber. IIa, Bd. 114 (1905) S. 1461.
38. Whitehead, J. B. u. R. H. Marvin: J. Amer. Inst. electr. Engr. Bd. 49 (1930) S. 182.
39. Schaefer, H.: Z. Physik Bd. 62 (1930) S. 585.
40. Dantscher, J.: Ann. Physik, 5. 9. Bd. (1931) S. 179.
41. Hofmann, R.: Z. Physik Bd. 92 (1934) S. 759.
42. Christ, K.: Z. Physik Bd. 98 (1935) S. 23.
43. Black u. Nisbet: Philos. Mag. Bd. 10 (1930) S. 842. — Black: Philos. Mag. Bd. 6 (1928) S. 369. — Gemant: Elektrotechn. Z. Bd. 54 (1933) S. 468.
44. Herzfeld: Physic. Rev. Bd. 37 (1931) S. 287.
45. Jackson, W.: Proc. Roy. Soc., Lond. A Bd. 142 (1933) S. 606.
46. Whitehead, J. B.: E. E. Bd. 50 (1931) S. 672.
47. Race, H. H.: E. E. Bd. 50 (1931) S. 673.
48. Whitehead u. Sheoki: E. E. Bd. 54 (1935) S. 603. — Das zeitliche Abfallen des Stromes ist lange bekannt. Siehe z. B. Jaffé: Ann. Physik Bd. 28 (1909) S. 326.
49. Whitehead, J. B.: Trans. electr. chem. Soc. Bd. 40 (1934) S. 35.
50. Nikuradse, A.: Arch. Elektrotechn. Bd. 26 (1932) S. 362.
51. Sonderheft „Isolierstoffe“ der Höchstspannungs-Stud. Ges. Ver. d. El. W. Berlin.
52. Schumann, W. O.: Z. Physik Bd. 79 (1932) S. 532; Ann. Physik Bd. 15 (1932) S. 843; Z. techn. Physik Bd. 14 (1933) S. 23; Arch. Elektrotechn. Bd. 27 (1933) S. 155, 229.
53. Jackson, W.: J. Inst. electr. Engr., Lond. Bd. 75 (1934) S. 93.
54. Gemant: Arch. Elektrotechn. Bd. 23 (1930) S. 683.
55. Anderson, B.: Asea J. (1935) S. 83, 99, 118. Vgl. den Beitrag im vorliegenden Buch.

Beobachtung der Alterung von Transformatorenölen durch Registrierung der dielektrischen Verluste.

Von **Gg. Keinath**, Berlin-Charlottenburg.

Mit 3 Abbildungen.

Vorbemerkung.

Der Verfasser hatte auf der letzten Tagung der Internationalen Elektrotechnischen Kommission in Scheveningen (19. bis 21. Juni 1935) Gelegenheit, den ausgezeichneten Bericht kennenzulernen, den B. Anderson über Alterungsversuche an verschieden hoch raffinierten Transformatorenölen ausgearbeitet hatte. Es zeigte sich dabei, daß die dielektrischen Verluste der untersuchten Öle etwa in demselben Maße zunahmen, wie sich die physikalisch-chemischen Eigenschaften (Teerzahl, Säurezahl, Schlammbildung) verschlechterten. Man konnte sogar sagen, daß die Änderung der dielektrischen Verluste noch viel ausgeprägter war als die der anderen Eigenschaften.

Nachdem bereits Evers mit seinem Oxydationsapparat den erfolgreichen Versuch gemacht hatte, die Alterung von Transformatorenölen durch elektrische Messungen zu überwachen, schien es, daß die neuen Meßverfahren, die zur Messung dielektrischer Verluste, sogar zu ihrer unmittelbaren Registrierung in den Laboratorien der Siemenswerke entwickelt worden waren, sich besonders zur Überwachung der Alterung eignen müßten. Das ist in der Tat der Fall, wie weiter berichtet werden wird. Die Entwicklung der Registriereinrichtung hat leider wesentlich mehr Zeit in Anspruch genommen als ursprünglich vorgesehen war, so daß ziemlich genau erst ein Jahr nach der Tagung in Scheveningen die ersten Diagramme vorlagen. Heute, zur Zeit der Niederschrift dieser Arbeit, liegen zwar schon eine große Zahl von Diagrammen vor, von einem Abschluß dieser Arbeiten kann aber noch keine Rede sein. Die Versuche müssen vielmehr noch durch physikalisch-chemische Untersuchungen an den untersuchten Ölen ergänzt werden. Auf dringenden Wunsch der Rhenania-Ossag, der Herausgeberin dieses Buches, hat sich der Verfasser aber doch entschlossen, einen Teil der bisherigen Ergebnisse zu veröffentlichen, um so mehr, als es den Anschein hat, daß diese Methode für die Praxis von außerordentlicher Bedeutung werden wird. Aus diesem Grunde wird der Leser gebeten, die folgenden Ausführungen nur als Skizze zu werten, die in einem Jahr oder in zwei Jahren hinsichtlich der Technik überholt sein wird.

Es sei vorausgeschickt, daß wohl jedem, der sich mit Isolierölen befaßt hat, klar ist, daß die Messung der Durchschlagspannung, wie sie heute zum überwiegenden Teil in der Praxis benutzt wird, und wie sie auch vom VDE und von andern elektrotechnischen Verbänden festgelegt wurde, über die tatsächliche Brauchbarkeit des Öles so gut wie gar nichts sagen kann.

Es wird jedem aufmerksamen Beobachter bekannt sein, daß auch absolut unbrauchbare Öle, die vollkommen geschwärzt und verschlammt sind, noch Werte von 160 bis 200 kV ergeben. Diese Festigkeit ändert sich sehr wenig mit der Temperatur, sie kann sogar zunehmen. Solche Öle wird man natürlich nicht mehr verwenden. Es liegt aber die Gefahr nahe, daß das Öl gut aussieht, hohe Durchschlagfestigkeit hat und trotzdem ganz unzulässige sonstige Eigenschaften hat. Hier kann uns allein die Messung der dielektrischen Verluste weiterbringen.

Bei Zimmertemperatur unterscheiden sich gute und schlechte Öle nur sehr wenig in ihren dielektrischen Verlusten. Die Unterschiede treten aber bei hoher Temperatur stärker hervor. Schon bei 70° C, einer normalen Betriebstemperatur von Transformatoren, lassen die dielektrischen Verluste die Zerstörung des Öles am deutlichsten von allen Versuchen in Erscheinung treten. Die dielektrischen Verluste von sehr guten und sehr schlechten Ölen unterscheiden sich bei 20° C etwa im Verhältnis 1 : 2, bei 100° C stehen sie aber im Verhältnis 1 : 20.

Das neue Meßverfahren.

Die klassische Meßeinrichtung zur Bestimmung dielektrischer Verluste ist seit vielen Jahren die Scheringbrücke. Die Messung der dielektrischen Verluste von Ölen, insbesondere von sehr guten Ölen, ist erst in den letzten Jahren mit Erfolg durchgeführt worden. Die neuesten Publikationen lassen erkennen, wie schwierig es ist, diese Aufgabe zu lösen. Besondere Sorgfalt muß der Ausführung des Prüfgefäßes zugewendet werden. Allerdings muß man vom Standpunkt des Praktikers sagen, daß es weit übers Ziel hinausgeschossen ist, wenn man die Genauigkeit so weit treibt, daß man, wie es amerikanische Autoren getan haben, bis auf $^1/_{10\,000}$% genau den Verlustfaktor mißt, wenn man weiß, daß der Verlustfaktor des Öles bei der Betriebstemperatur in der Größenordnung von einem vollen Prozent liegt und daß er bei gebrauchten Ölen 5, 20 oder sogar 100% erreicht. Es erscheint vollkommen ausreichend, wenn die Toleranz 0,1% nicht überschreitet, man erleichtert sich dadurch die Arbeit außerordentlich.

Die neuen Meßverfahren, über die an anderer Stelle, insbesondere im A.T.M. (Archiv für technisches Messen), im einzelnen berichtet ist, haben vor der einfachen Scheringbrücke den enormen Vorteil, daß sie den Verlustfaktor direkt anzeigen und auch zu registrieren gestatten. Dieser Vorteil kann gar nicht hoch genug gewertet werden. Es ist allgemein bekannt, daß gerade bei den bisher üblichen Messungen mit der Scheringbrücke sehr oft eine gewisse Streuung der Einzelpunkte beobachtet wird, wenn man die Ergebnisse graphisch aufträgt. Sicher sind das sehr oft Meßfehler, die man durch Interpolieren ausgleicht. Ebenso häufig sind aber echte Unstetigkeiten, z. B. das Austreten von Gasen und Dämpfen bei einer bestimmten Temperatur, vorhanden, die man wegen des Mangels an Beobachtungspunkten nicht vollkommen erfassen kann. Jede Messung mit der Scheringbrücke dauert etwa 1 min, mit den neuen Einrichtungen aber nur 1 s, und man kann deshalb selbst ohne Registrierung den Verlauf eines Versuchs viel vollständiger erfassen.

Die im folgenden geschilderten Versuche wurden mit einem selbsttätigen Wechselstromkompensator nach Geyger mit selbsttätigem Abgleich durch Doppelspulgalvanometer vorgenommen, und zwar wurden sowohl die Kapazitätsänderung als auch die dielektrischen Verluste mit je einem Registrierapparat mit 120 mm nutzbarer Papierbreite aufgenommen, bei einer Anzahl der Versuche wurde auch die Öltemperatur aufgezeichnet. Die Spannung wird während des ganzen Versuches angenähert konstant gehalten, sie kann bis zu 20% schwanken, ohne daß sich die Anzeige ändert, vorausgesetzt, daß die $\operatorname{tg}\delta$-Kurve bei der betreffenden Spannung noch unabhängig von ihr ist, mit anderen Worten, daß man sich unterhalb des Ionisierungsknickes befindet.

Als Meßkondensator wurde bei diesen Versuchen eine besondere Ausführung verwendet, die hier nicht gezeigt wird, weil sie nicht voll befriedigte. Es sei nur gesagt, daß es sich um einen Zylinderkondensator mit Schutzringelektroden handelte. Die Kapazität ohne Öl betrug etwa 40 pF, mit Öl etwa 100 pF. Die erkannten Nachteile der Erstausführung konnten aber die Meßergebnisse nicht merklich beeinflussen.

Der Meßbereich wurde bei einer großen Zahl der Versuche auf 0 bis 20% eingestellt; bei sehr guten Ölen könnte man ohne weiteres auch 5% für die volle Skala wählen. Die anzuwendende Spannung hängt von dem gewählten Meßbereich ab, je enger dieser ist, um so höher muß die Spannung sein. Für 20% genügen schon 150 V, für 10% 300 V, für 5% müssen wir auf 600 V gehen. Das sind aber alles Spannungen, die bei den betreffenden Ölen und dem gewählten Elektrodenabstand von einigen Millimetern noch keinen Durchschlag herbeiführen können.

Der Meßkondensator wurde von außen durch eine umgelegte Gleichstromwicklung geheizt, die Temperatur wurde durch einen Regler, dessen Tastorgan sich im Öl befand, auf etwa $\pm 0{,}5°$ C konstant gehalten. Über die zweckmäßigste Höhe der Alterungstemperatur will sich der Verfasser hier nicht äußern. Da es darauf ankam, an etwa 15 Ölsorten typische Ergebnisse in möglichst kurzer Zeit zu finden, wurde die Temperatur höher gewählt, als es sonst bei Alterungsversuchen üblich ist.

Der Hauptvorteil des neuen Prüfverfahrens liegt darin, daß die im Öl sich abspielenden Änderungen fortlaufend registriert werden und daß der Verlauf der Kurve weitgehende Schlüsse auf die Eigenschaften zulassen wird, wenn wir erst die Zusammenhänge zwischen dem Verlustfaktor, der Kapazität und den anderen Eigenschaften genauer erforscht haben.

Durchführung der Versuche.

Nach dem Einfüllen des Öles ließen wir zunächst die Spannung ohne Heizung durch 1 h einwirken, um den Anfangswert sicher zu erhalten, dann erst wurde geheizt, wobei in etwa 2 h der Höchstwert der Temperatur erreicht wurde, der dann etwa 20 h konstant gehalten wurde. Wenn der eingestellte Endwert für tg δ (meist 20%) überschritten wurde, so wurde die Skala elektrisch um diesen Wert verschoben (also auf 20 bis 40% eingestellt). Dann entspricht 1% einer Strecke von 6 mm, so daß noch 0,1%, die Grenze der Meßgenauigkeit, klar zu erkennen ist.

Ergebnisse der ersten Versuche.

Zur Verfügung standen uns dieselben Ölproben, wie sie 1930 auf Veranlassung der IEC hergestellt wurden, ferner einige regenerierte Öle, die uns von einem Hersteller zur Untersuchung eingesandt waren. Der Verfasser gibt hier absichtlich die Ölqualitäten nicht an, um keine Werturteile über die verschiedenen Sorten abzugeben. Es wird Sache der Ölchemiker sein, das zu bestätigen, was diese flüchtigen Vorversuche zu bringen scheinen.

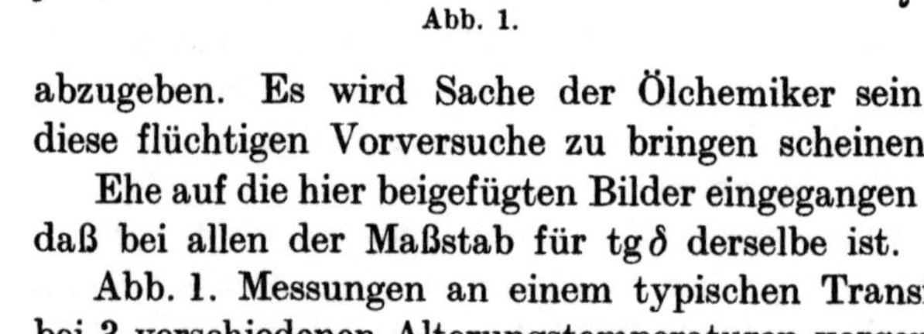

Abb. 1.

Ehe auf die hier beigefügten Bilder eingegangen wird, sei vorausgeschickt, daß bei allen der Maßstab für tg δ derselbe ist.

Abb. 1. Messungen an einem typischen Transformatorenöl (Öl A), die bei 3 verschiedenen Alterungstemperaturen vorgenommen wurden, ergaben Verlustfaktorkurven mit ganz charakteristischem Verlauf. In allen 3 Fällen steigt tg δ mit der Temperatur an. Bei der niedrigsten Temperatur (Kurve I) geht er dann allmählich auf einen Minimalwert zurück und steigt dann langsam wieder an. Einer etwas höheren Alterungstemperatur entspricht die Kurve II. Auch hier ist nach dem ersten Anstieg ein Minimum des Verlustfaktors zu beobachten, auf das ein Wiederanstieg, der steiler ist als bei Kurve I, folgt. Beim dritten Versuch mit der höchsten Temperatur (Kurve III) war ein Minimum nach dem ersten Anstieg kaum mehr zu bemerken, die Alterung setzt sofort ein.

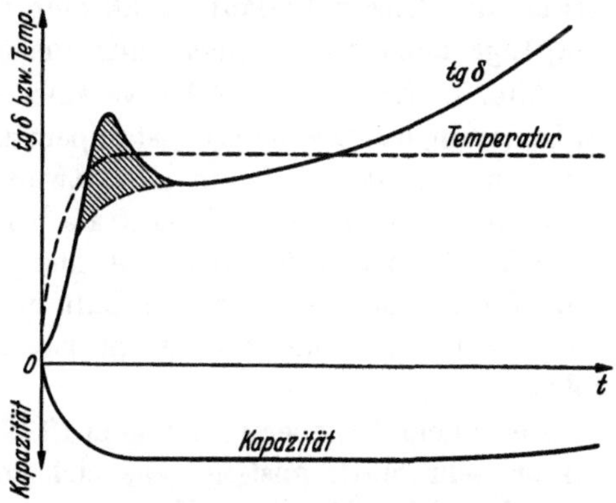

Abb. 2.

Die Versuche geben sehr schön das Temperaturverhalten des Öles wieder: Ansteigen des tg δ mit der Temperatur, Erreichen eines Höchstwertes, dann Absinken bis auf ein Minimum (bei höchster Alterungstemperatur verwischt) und dann stetig fortschreitende Zerstörung des Öles.

Abb. 2. Es zeigt den tg δ für das gleiche Transformatorenöl (Öl A), jedoch im Anlieferungszustand, d. h. ungetrocknet. Es wurde hier aber sofort nach dem Einfüllen des Öles in den Meßkondensator die Heizung eingeschaltet. Die Alterungstemperatur war die gleiche wie bei Kurve III in Abb. 1. Ungefähr zu dem Zeitpunkt, bei dem die Höchsttemperatur erreicht ist, zeigt der tg δ ein ausgesprochenes Maximum, um dann auf einen wesentlich darunterliegenden Minimalwert zurückzugehen und dann wieder ziemlich stark anzusteigen. Die Ursache für das ausgesprochene Maximum liegt vermutlich in der Verdampfung von Wasser, das in dem Öl noch vorhanden war. Wenn sehr viel Wasser in den Ölen vorhanden ist, so wird der in dem Bild schraffierte Zipfel noch höher, wie sich an Messungen mit Ölen, die eigens zu diesem Zweck feucht gemacht wurden, ergab.

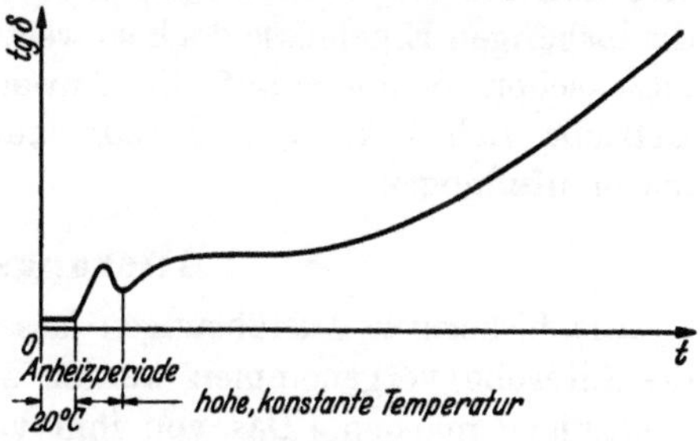

Abb. 3.

Die gleichzeitig aufgenommene Kapazitätskurve zeigt als genaues Spiegelbild der Temperaturkurve eine Abnahme der Dielektrizitätskonstante ε um rund 6%. Mit fortschreitender Alterung steigt diese wieder etwas an. Dieser Verlauf ist absolut typisch. Aus ε sind die Alterungsvorgänge nicht zu erkennen, nur aus $\operatorname{tg}\delta$.

Abb. 3. Es ist die $\operatorname{tg}\delta$-Kurve eines vollkommen anderen Öltyps (Öl B) aufgenommen. Die Alterungstemperatur war die gleiche wie bei Abb. 2. Es zeigt sich gleichfalls ein Höchstwert für $\operatorname{tg}\delta$ und darauf ein Minimum, aber von ganz anderem Verlauf als bisher gezeigt. Es dürfte sich bei der Ursache für das während der Anheizperiode auftretende Maximum nicht um Wasserdampf, sondern um Luft handeln. Bemerkenswert ist, daß $\operatorname{tg}\delta$ einige Zeit vollkommen konstant ist, daß dann aber ein rascher Anstieg folgt.

Bei einem Regenerat, das geprüft wurde, zeigte sich, daß der Verlustfaktor sehr stark anstieg, was sich mit anderen Beobachtungen deckt, wonach solche Öle unter Umständen trotz guter Anfangswerte schneller altern.

Anwendung des neuen Meßverfahrens.

Obwohl die Entwicklung hinsichtlich der Gestaltung des Meßkondensators und des Meßzubehörs zur Zeit noch nicht abgeschlossen ist, scheinen die bisherigen Ergebnisse doch so wertvoll und so interessant, daß man wohl jetzt schon Schlüsse auf die Anwendungsmöglichkeiten im praktischen Betriebe ziehen kann, z. B. zur laufenden Überwachung von Transformatorenfüllungen.

Alterungsversuch.

Die bisherigen Ausführungen lassen die Frage offen, in welcher Weise die Alterung vorgenommen werden soll. Hierzu will der Verfasser keine Vorschläge machen. Das von ihm vorgeschlagene Kontrollverfahren läßt sich ohne weiteres auf jeden beliebigen Modus anwenden.

Der Alterungsversuch wird in der Weise durchgeführt, daß nach Reinigung des Meßkondensators das Öl eingefüllt, kurze Zeit unter normaler Temperatur registriert, dann die Heizung und der Temperaturregler eingeschaltet wird. Es genügt nach den bisherigen Erfahrungen, den Verlustfaktor aufzuschreiben, mit dem Meßbereich 0 bis 20%. Eine derartige Einrichtung mit einem Tinten-Registrierapparat wird von der Siemens & Halske A.G., Wernerwerk, hergestellt.

Der Chemismus der Isolieröle.

Von **Hans Stäger**, Zürich.

Mit 7 Abbildungen.

Die Isolieröle werden als mehr oder weniger flüssiges Dielektrikum in der modernen Elektrotechnik in Transformatoren, Ölschaltern, Kabeln und Kondensatoren verwendet. Während früher hauptsächlich Harzöle gebraucht worden sind, kommen heute vor allem die Mineralöle in Frage. Es werden allerdings gelegentlich auch, wie z. B. in Kabeln, Gemische von beiden Ölarten verwendet.

Die Harzöle sind Produkte der trockenen Destillation von Kolophonium und enthalten dementsprechend verschiedenartige chemische Verbindungen, vor allem aus der aromatischen Reihe der Kohlenwasserstoffe. Im Betriebe bei erhöhten Temperaturen verändern sie sich gewöhnlich unter Bildung von Harzsäuren und dickflüssigen Polymerisaten. Infolge dieser Veränderung wird ihre Kühlfähigkeit sehr beeinträchtigt und man ist daher von der Verwendung der Harzöle in reinem Zustand abgekommen. Unter dem Einflusse des elektrischen Feldes bilden sich ebenfalls eigenartige Zersetzungsprodukte, welche die elektrische Festigkeit zu beeinträchtigen vermögen. Beim elektrischen Durchschlag entstehen starke kohlenartige Ausscheidungen (*1*, *2*)*.

Die Mineralöle bestehen je nach ihrer Herkunft aus verschiedenen Kohlenwasserstoffgruppen. Die sog. Methanöle enthalten hauptsächlich Paraffinkohlenwasserstoffe, die Naphthenöle dagegen bestehen vornehmlich aus Naphthenkohlenwasserstoffen. Mineralöle, die die beiden Kohlenwasserstoffgruppen gemischt enthalten, sind unter dem Namen Naphthmethanöle bekannt. Die Zusammensetzung der in der Natur vorkommenden Erdöle ist abhängig von den Entstehungsbedingungen und vom geologischen Alter. Bei der Einführung der Mineralöle in die Elektrotechnik wurde keine besondere Auswahl getroffen, und so kamen auch sehr oft sogenannte Methanöle zur Verwendung. Mit der Entwicklung der Freiluftanlagen veränderte sich aber die Situation, da bei dieser Art der Aufstellung von

* Vgl. den Literaturnachweis auf S. 124.

Transformatoren, Schaltern usw. auch im Winter bei tieferen Temperaturen Betriebssicherheit gefordert werden mußte. So kam es denn, daß immer mehr und mehr die Naphthenöle an Bedeutung gewannen. Diese Öle sind infolge ihres tiefen Stockpunktes auch bei tiefen Temperaturen noch genügend flüssig, so daß sie in der Lage sind, die Wärme im Transformator abzuführen und im Ölschalter den Lichtbogen beim Schaltvorgang möglichst rasch zu löschen. In neuester Zeit ist man nun immer mehr und mehr dazu übergegangen, Einheitsisolieröle zu verwenden, und in verschiedenen Ländern bestehen denn bereits auch entsprechende Vorschriften.

Die Erdöle, wie sie gewonnen werden, sind nicht ohne weiteres zu Isolierzwecken brauchbar. Sie müssen erst durch geeignete Raffinationsmethoden von bestimmten Beimengungen befreit werden, die im Betriebe schädliche Folgen haben können. Als Isolieröle kommen daher heute nur hochqualifizierte Mineralölraffinate in Frage.

Die folgenden Ausführungen beziehen sich daher nur auf diese Gruppe von Isolierölen. Es würde zu weit führen, auch noch die Harzöle oder Gemische derselben mit Mineralölen in die Betrachtung einzubeziehen.

Da die Isolieröle z. B. in Transformatoren dauernd bei höheren Temperaturen arbeiten müssen und dabei mehr oder weniger mit der Luft der Umgebung und damit also mit Sauerstoff in Berührung sind, so soll zuerst die Frage der Oxydation von Mineralölen unter den gegebenen Bedingungen behandelt werden.

Entsprechend der mannigfaltigen Zusammensetzung der hier zu betrachtenden Isolieröle sind auch die bei der Oxydation entstehenden Reaktionsprodukte sehr verschiedenartig. Als Hauptgruppen darf man wohl die sauren Reaktionsprodukte, die Kondensationsprodukte und die Polymerisate bezeichnen. Der Vorgang der Oxydation verläuft ungefähr in folgenden Stadien: Als primäre Reaktionsprodukte sind die Säuren zu bezeichnen. Je nach der Art der im Öl enthaltenen Ausgangsprodukte bilden sich mehr oder weniger hochmolekulare organische Säuren. Bei gewissen Bedingungen sollen sogar Ameisensäure und Essigsäure, die zu den niedermolekularen Säuren gehören, festgestellt worden sein. Neben der chemischen Struktur der ursprünglichen Kohlenwasserstoffe sind für die Entstehung solcher Säuren auch noch andere Reaktionsbedingungen, wie Temperatur, katalytische Einflüsse usw. von Bedeutung, wie wir im folgenden noch sehen werden.

Im weiteren Verlaufe der Reaktionen bilden sich aus den Säuren unter Wasserabspaltung anhydridartige Verbindungen, die ihrerseits wieder in verschiedenster Richtung Kondensationsprodukte ergeben können. Die so entstandenen Körperklassen vermögen nun ihrerseits wieder hochmolekulare Polymerisate aufzubauen. Mit fortschreitender Oxydation und der damit zusammenhängenden Bildung höhermolekularer Reaktionsprodukte nimmt auch die Löslichkeit derselben in Mineralöl ab, mit der Zeit entstehen, selbst in der Wärme, unlösliche Ausscheidungen, die man gewöhnlich als Schlamm zu bezeichnen pflegt. Diese Ausscheidungen nun können sich auf den verschiedenen Teilen im Transformator, wie Wicklungen usw. absetzen. Infolge der dauernden Weitererwärmung schreitet die Polymerisation immer fort und es entstehen schließlich harte asphaltartige Überzüge, welche die Wärmeableitung aus den Wicklungen verzögern und damit die Kühlwirkung des Isolieröles einschränken. Auf diesem Wege kann es zu einer Zerstörung der Isolationen und damit zur Betriebsstörung kommen. Es muß also schon durch geeignete Prüfmethoden vor der Inbetriebnahme dafür gesorgt werden, daß nicht Isolieröle zur Verwendung kommen, die eine große Tendenz zur Bildung solcher Ausscheidungen haben (*3*).

Wie bereits erwähnt, setzt der eben beschriebene Vorgang mit der Bildung saurer Reaktionsprodukte ein. Um die Säurebildung verfolgen zu können, bestimmt man die sog. Säurezahl. Diese gibt an, wieviel Milligramm KOH nötig sind, um 1 g Öl zu neutralisieren. Es handelt sich dabei also wohl um eine quantitative Bestimmung, nicht aber um eine qualitative Ermittelung: über die Art der gebildeten Säuren wird gar nichts ausgesagt. Man ist daher auch nicht in der Lage, an Hand der Säurezahl die Gefährlichkeit der gebildeten sauren Reaktionsprodukte für die Isolierstoffe zu ermessen. Aber auch über den Einfluß dieser Oxydationsprodukte auf die dielektrischen Eigenschaften erhalten wir keine Anhaltspunkte. Nach den neuesten Untersuchungen reagiert der Sauerstoff nach einer bestimmten Induktionsperiode nach einer monomolekularen Gleichung. Die Induktionsperiode verändert sich je nach den Reaktionsbedingungen, so z. B. nimmt sie mit steigender Temperatur ab. Der Einfluß der Reaktionstemperatur macht sich aber auch noch in anderer Art und Weise geltend. Obwohl mit zunehmender Temperatur der Reaktionsverlauf beschleunigt wird, so muß doch noch eine weitere Feststellung erwähnt werden: nämlich die, daß die Oxydation bei den Isolierölen oberhalb 115—120° C grundsätzlich anders verläuft, als unterhalb dieser Grenztemperatur. Im Gebiete bis zu 115—120° C ist der oben geschilderte Verlauf festgestellt worden, wobei selbstverständlich die Reaktionsprodukte abhängig sind vom Raffinationsgrad des Öles im Ausgangszustand. Oberhalb der mehrfach erwähnten

Grenztemperatur haben wir es nicht mehr mit einer oxydativen Polymerisation zu tun, sondern mit einer oxydativen Destruktion, d. h. in diesem Temperaturbereich bilden sich durch oxydativen Abbau ein Teil niedermolekularer, mehr oder weniger leicht flüchtiger Oxydationsprodukte. Der Reaktionsverlauf läßt sich also nicht ohne weiteres vergleichen mit dem oben beschriebenen. Diese Tatsache ist von ausschlaggebender Bedeutung für die Prüfmethodik, die bei Isolierölen angewendet werden soll. Prüfmethoden, die im Interesse der Abkürzung der Prüfdauer die Prüftemperatur über die kritische Grenze erhöhen, geben falsche Anhaltspunkte über das Verhalten eines Öles im Betrieb, da dort die maximal zulässigen Temperaturen gemäß Vorschrift der verschiedenen nationalen Normenverbände 95° C betragen (*4*, *5*).

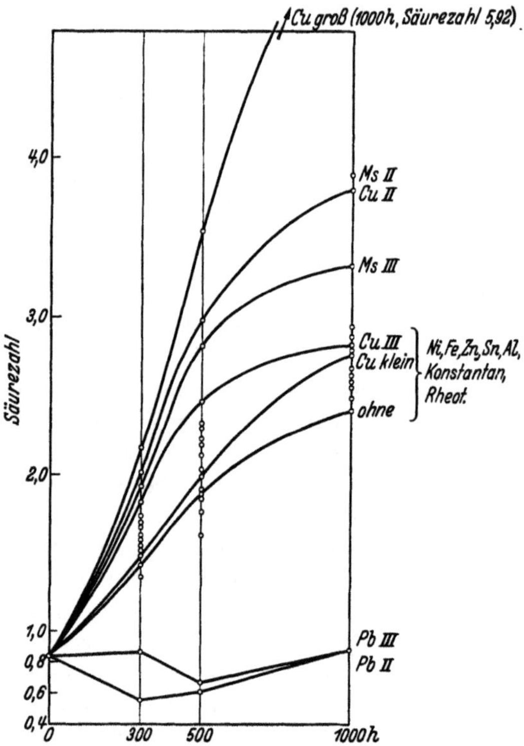

Abb. 1. Säurebildung bei der Oxydation mit Metallen.

Von ebenso großer Bedeutung wie die Temperatur ist auch der Druck des Oxydationsmittels. Es ist schon oft vorgeschlagen worden, das Oxydationsmittel, das z. B. bei der Prüfung von Isolierölen verwendet wird, sei es nun Sauerstoff oder Luft, bei höheren Drücken zu verwenden, um wiederum die Reaktion zu beschleunigen und die Zeit abzukürzen. Es hat sich aber auch in dieser Hinsicht gezeigt, daß damit eine grundsätzliche Änderung des Reaktionsverlaufes verbunden ist. Durch den erhöhten Druck wird viel mehr Gas im Öl gelöst und es entstehen als Reaktionsprodukte wiederum stark oxydierte niedermolekulare, vornehmlich saure Verbindungen.

Daraus geht hervor, daß es für die richtige Erkenntnis des Oxydationsvorganges bei Mineralölen von Wichtigkeit ist, daß man die Reaktionsbedingungen entsprechend auswählt. Es ist nicht zulässig, daß man durch irgendwelche Maßnahmen, wie z. B. die eben beschriebenen, den Vorgang zu beschleunigen sucht, da damit die erwähnten Änderungen im Reaktionsverlauf verbunden sind.

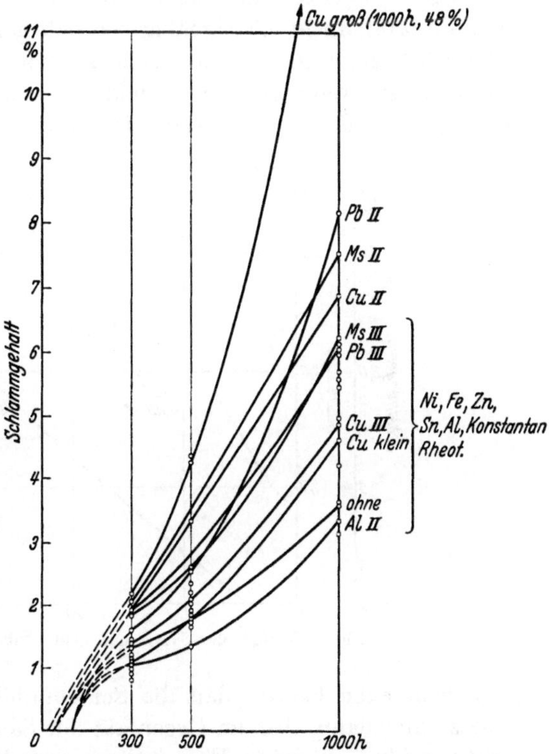

Abb. 2. Schlammbildung bei der Oxydation mit Metallen.

Anders verhält sich die Sache, wenn man ganz bestimmte Katalysatoren verwendet, die wohl die Reaktionsgeschwindigkeit erhöhen, nicht aber den Reaktionsverlauf verändern. Zu diesen Katalysatoren gehören bestimmte Gruppen von Metallen. Die Reaktionsbeschleunigung ist in gewissem Maße abhängig von dem Verhältnis der Metalloberfläche zur Ölmenge. Als wichtigster metallischer Katalysator ist wohl das Kupfer zu bezeichnen. In Abb. 1 ist die Bildung der sauren Reaktionsprodukte in einem Isolieröl bei 115° C unter der Einwirkung von verschiedenen Metallen dargestellt. Es sind dabei Metalle ausgewählt worden, wie sie im Betriebe tatsächlich mit Isolierölen in Berührung kommen können. Eine Reaktionsbeschleunigung ist noch durch die erhöhte Temperatur bis zur kritischen Grenze gegeben. Die verschiedenen römischen Ziffern bei den Metallen bedeuten verschiedene Metalloberflächen. Für die grundsätzliche Betrachtung, die hier durchgeführt werden soll, ist diese Feststellung jedoch nebensächlich. In Abb. 2 ist der Verlauf der Schlammbildung, d. h. also der Ausscheidung der höhermolekularen Oxydationsprodukte unter dem Einfluß der verschiedenen Metalle, aufgezeichnet. An Hand dieser beiden Abbildungen sollen noch einige Bemerkungen gemacht werden. Aus Abb. 1

ist zu ersehen, daß im Verlauf der Zeit die Säurebildung keineswegs gleichmäßig zunimmt, sondern einen langsam verzögerten Charakter aufweist. Zur Ergänzung soll an dieser Stelle noch die Abb. 3 eingefügt werden, aus der im weiteren hervorgeht, daß die Säurebildung, ermittelt durch die Säurezahl, nicht gleichmäßig vor sich geht; es können sogar beträchtliche Rückgänge in der Säurezahl festgestellt werden, was immer dann der Fall ist, wenn aus den gebildeten sauren Reaktionsprodukten sich Kondensate oder Polymerisate irgendwelcher Art bilden. Aus Abb. 2

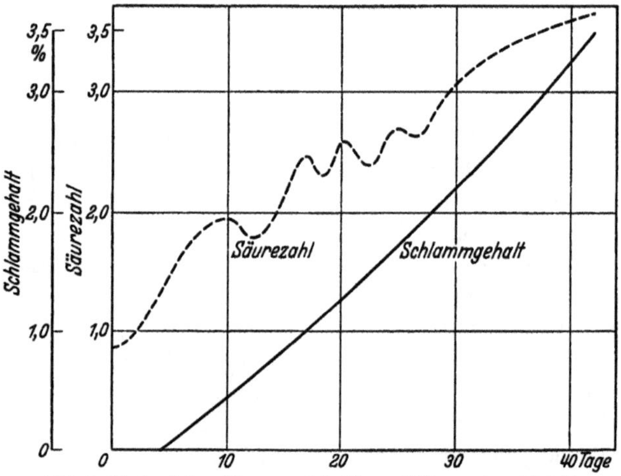

Abb. 3. Verlauf der Säure- und Schlammbildung ohne Metalle.

geht denn auch hervor, daß die Schlammbildung erst nach einiger Zeit einsetzt und dann aber im Gegensatz zur Säurebildung einen beschleunigten Charakter aufweist. Eine weitere grundlegende Feststellung ist die, daß wir es wohl mit zwei durchaus verschieden wirkenden Gruppen von Metallen zu tun haben, wobei die erste Gruppe Kupfer und Kupferlegierungen, die Eisenmetalle Eisen, Nickel, Kobalt, sowie Leichtmetalle, wie Aluminium und die Metalle Zinn und Zink, sowie die Legierungen Konstantan und Rheotan umfaßt. Diese können nach der Wirksamkeit, in abnehmendem Sinne geordnet, folgendermaßen eingereiht werden: Kupfer, Messing, Rheotan, Konstantan. Diese vier Katalysatoren vermögen die Oxydation beträchtlich zu beeinflussen, während Zink, Zinn, Nickel, Eisen und Aluminium keinen großen Einfluß ausüben. Bei einem üblichen Isolieröl treten auch keine Metallsalzbildungen mit den obigen

Metallen und Legierungen auf. Vollständig verschieden verhalten sich die Metalle der zweiten Gruppe, zu der, wie aus obiger Versuchsreihe hervorgeht, vor allem das Blei gehört. Blei bildet schon zu Beginn der Oxydation mit den entstandenen sauren Reaktionsprodukten Bleiseifen, die ein scheinbares Konstantbleiben des Säuregehaltes vortäuschen. Dazu kommt noch, daß die gebildeten Bleiseifen in den verschiedensten Formen auftreten können. Es wurden z. B., wie aus Abb. 4 zu ersehen ist, auf dem gleichen

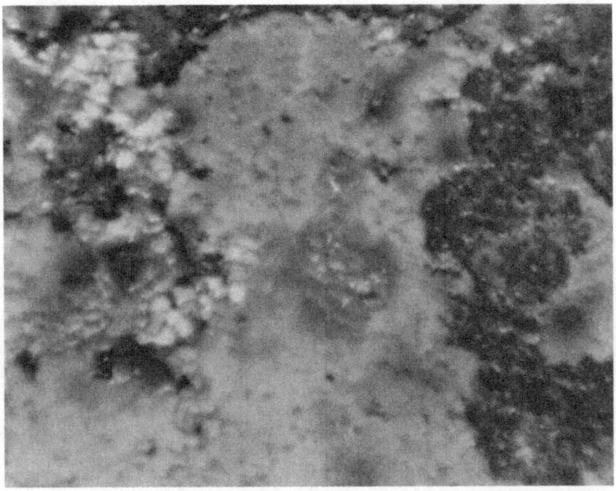

Abb. 4. Bleiseifen aus Mineralölen auf Bleiunterlage. Helle Stellen links auf dem Bild, reduziertes metallisch glänzendes Blei. Graue Stellen in der Mitte des Bildes, gelbe Bleiseifen. Dunkle Stellen rechts auf dem Bild, blau gefärbte Bleimodifikation.

Stück Blei metallisch glänzende Reaktionszentren neben gelben Bleiseifen festgestellt. Daneben konnten auch noch eigenartige Erscheinungsformen von Blei, z. B. eine blaue Bleiform, beobachtet werden (s. Abb. 4 rechts). Ein anderer interessanter Fall ist in Abb. 5 gezeigt, wo keine Bleiseifen auf der Oberfläche des Metalls festhafteten, sondern die Unterlage stark rekristallisiert war. Daß die Reaktion tatsächlich ganz anders verläuft, zeigten auch Molekulargewichtsbestimmungen der gebildeten Säuren. Unter dem Einflusse von Blei bilden sich bei der Oxydation der Mineralöle Monooxykarbonsäuren von niederem Molekulargewicht, im Gegensatz zu den anderen Metallen, unter deren Einwirkung sich höhermolekulare Dikarbonsäuren oder Dioxymonokarbonsäuren bilden. Die Bleiseifen bilden auch nicht die als Schlamm bekannten Kondensate und Polymerisate und der in Abb. 2 für Blei angegebene Schlamm besteht ausschließlich aus Bleiseife.

Für die Praxis ergibt sich aus diesen Feststellungen, daß die Metalle der erstgenannten Gruppe wohl in der Lage sind, den Oxydationsprozeß bei Mineralölen mehr oder weniger stark zu beschleunigen, ohne daß sie aber innerhalb der üblichen Temperaturgrenzen selbst angegriffen werden. Im

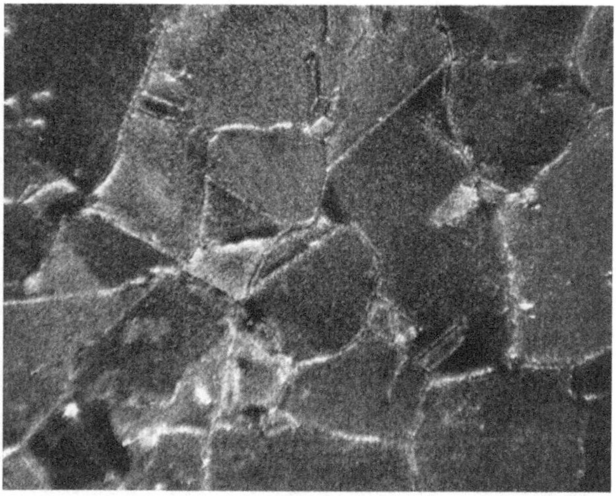

Abb. 5. Rekristallisiertes Blei nach Einwirkung von warmem Mineralöl.

Gegensatz dazu steht das Blei als Vertreter der zweiten Gruppe, das durch Mineralöle unter Bildung von Bleiseifen bei gleichen Bedingungen aufgelöst und zerstört wird; ähnlich verhält sich das Kadmin (*6*, *7*, *8*, *9*).

Auch das normale Tageslicht muß zu den Katalysatoren bei der Oxydation von Mineralölen gerechnet werden. Dabei entstehen Reaktionsprodukte, die sich in die Reihe der oben erwähnten durchaus hineinstellen lassen. Das Licht bewirkt also keinen wesentlich neuen Ablauf der Oxydation. Es liefert lediglich die Aktivierungsenergie, so daß der Vorgang schon bei gewöhnlicher Temperatur abläuft. Die Lichteinwirkung kommt nur dann zum Ausdruck, wenn das Öl gleichzeitig mit Luftsauerstoff in Berührung kommt. Wir haben es also mit einem bei gewöhnlicher Temperatur verlaufenden photochemischen Oxydationsvorgang zu tun. In der

Dunkelheit oder auch bei gedämpftem Tageslicht (nicht direkter Bestrahlung) werden die Isolieröle trotz der Anwesenheit von Sauerstoff praktisch nicht merklich oxydiert. Für die Wirksamkeit des Tageslichtes ist hauptsächlich der violette Teil des Spektrums ausschlaggebend. Die Empfindlichkeit eines Mineralöles gegen die Lichteinwirkung und die damit zusammenhängende katalytische Beschleunigung der Oxydation ist abhängig vom Raffinationsgrad. Je heller ein Mineralöl ist, um so lichtempfindlicher ist es. Die durch das Licht hervorgerufene Schlammbildung kann im Betriebe störend wirken, so z. B. bei Ölstandgläsern, die direkt von der Sonne beschienen sind. Es handelt sich bei der photochemischen Oxydation der Mineralöle nicht um eine Erscheinung, die die elektrische Festigkeit zu beeinträchtigen vermag. Es muß aber doch dafür gesorgt werden, daß die Ausscheidung von Oxydationsprodukten unterdrückt wird, da sonst vor allem die Ablesemöglichkeit in den Ölstandgläsern beeinträchtigt wird. Der Lichteinfluß kann durch folgende Maßnahme verhindert werden: 1. Die Glaszylinder, in denen Isolieröle dem Licht ausgesetzt sein können, müssen luftdicht geschlossen sein. 2. Die Belichtungsmöglichkeiten müssen durch Aufsetzen von Schirmen irgendwelcher Art mit Schlitzen, die als Fenster dienen, stark reduziert werden. 3. Die Glaszylinder werden aus einem wirksam gefärbten Glas hergestellt. 4. Das Öl wird entsprechend gefärbt oder es wird schon von Anfang an ein dunkles Öl eingefüllt (*10*, *11*, *12*.)

Neben den oben erwähnten Metallen und dem Tageslicht, die einen katalytischen Einfluß auf die Oxydationsvorgänge bei Mineralölen ausüben, sind noch verschiedene andere Stoffe erwähnt worden, die eine ähnliche Wirkung haben sollen. Es würde aber zu weit führen, alle diese Momente hier zu berücksichtigen, da sie sehr oft keine praktische Bedeutung haben. Es soll lediglich noch auf zwei Stoffe hingewiesen werden, die für die Isoliertechnik von Bedeutung sind. In den Kabelisolierölen werden sehr oft Gemische von Mineralölen oder Harzölen mit Schwefelverbindungen verwendet. Es sind nun verschiedentlich alle möglichen Behauptungen aufgestellt worden über den Einfluß dieser Stoffe auf die Zersetzung von Mineralölen. Die neuesten Untersuchungen haben aber gezeigt, daß ein Großteil der Behauptungen nicht haltbar ist. Der Einfluß der Schwefelverbindungen auf die Mineralöle liegt vor allem auf dem dielektrischen Gebiet, da wir es mit ausgesprochenen Dipolen zu tun haben. Die Oxydation der Mineralöle wird durch die Schwefelverbindungen verzögert, dagegen vermögen sie die sog. X-Wachsbildung zu befördern. Unter X-Wachs versteht man ein Polymerisat aus Mineralölkohlenwasserstoffen, das unter dem Einfluß von Glimmentladungen entsteht. Wir werden weiter unten in anderem Zusammenhange noch eingehend auf diesen Punkt zu sprechen kommen.

Neben den Schwefelverbindungen (*13*) ist oft den zur Imprägnierung verwendeten sog. Isolierlacken (*14*) ein nachteiliger Einfluß auf Isolieröle zugeschrieben worden, nämlich in dem Sinne, daß sie die oxydative Zersetzung der Mineralöle beschleunigen sollen. Vor einiger Zeit ist eine Veröffentlichung erschienen, in der nachgewiesen wird, daß Isolierlacke die Säure- und Verseifungszahl von Isolierölen beim gemeinsamen Erwärmen an der Luft zu erhöhen vermögen. Auf Grund dieser Feststellung wird der Schluß gezogen, daß es unzulässig sei, zum Schutze der Wicklungen und anderer isolierter Bestandteile Isolierlacke zu verwenden. Es ist dies jedoch absolut nicht stichhaltig. Als Isolierlacke werden gewöhnlich ofentrocknende Öllacke verwendet, die nach richtiger Trocknung ölfest sind, d. h. selbst im warmen Isolieröl nicht aufgelöst werden. Es kann jedoch möglich sein, daß geringe Mengen nicht ganz durchgetrockneter Öllackanteile gelöst werden, die dann tatsächlich die oben beschriebene Wirkung haben. Da aber weder die Säurezahl, noch die Verseifungszahl einen Anhaltspunkt über den wirklichen Alterungszustand eines Mineralöles zu geben vermögen, so ist es durchaus verfehlt, auf dieser Grundlage Schlüsse zu ziehen, wie das in der besprochenen Veröffentlichung getan worden ist. Es kann nicht richtig sein, auf Grund von ungenügenden analytischen Bestimmungen, ein Verfahren zu verwerfen, das in der Praxis ganz ausgezeichnete Dienste geleistet und sich sehr gut bewährt hat.

Neben denjenigen Stoffen, die die Oxydation der Mineralöle zu beschleunigen vermögen und die man daher als positive Katalysatoren bezeichnet, gibt es andere Körperklassen, die den gegenteiligen Effekt hervorrufen, nämlich die Oxydation verzögern oder gar verhindern können. Es sind dies die Antioxydantien oder Inhibitoren, die als negative Katalysatoren bezeichnet werden müssen. Es handelt sich dabei vor allem um organische Verbindungen, die zur Klasse der aromatischen Kohlenwasserstoffe gehören. In großen Versuchsreihen ist die Wirksamkeit derselben bestimmt worden. Im Zusammenhang mit Mineralölen hat man festgestellt, daß selbst geringe Mengen von negativen Katalysatoren genügen, um die Reaktion zwischen Öl und Sauerstoff wesentlich zu verzögern. Durch Zugabe von ganz bestimmten Antioxydantien selbst in geringer Menge soll es möglich sein, die Sauerstoffaufnahme durch das Öl vollständig zu verhindern. Die Wirksamkeit solcher Zusätze ist aber mehr oder weniger beschränkt, da sie selbst oxydiert werden und damit ihre Aktivität einbüßen. Oder es kann noch ein anderer Fall eintreten: die Zusätze können verdampfen, ohne vorher oxydiert zu werden. Trotzdem man verschiedentlich vorgeschlagen hat, Isolierölen Antioxydantien zuzusetzen, um die Oxydation zu verlangsamen, vermochte sich diese Praxis aus den eben erwähnten Gründen nicht einzubürgern. Die Lösung mußte vielmehr darin gesucht werden, für die Zwecke der Isoliertechnik möglichst oxydationsbeständige Mineralöle zu erzeugen (*15*, *16*, *17*).

Wir haben weiter oben gesehen, wie die Ausscheidung von unlöslichen Oxydationsprodukten in Form von sog. Schlamm die Wärmeableitung zu stören vermag. Man muß daher besorgt sein, Öle zu verwenden, die derart oxydationsbeständig sind, daß in einer Reihe von Betriebsjahren keine Schlammbildung entstehen kann. Neben dieser Erscheinung müssen wir hier noch auf einen weiteren Punkt aufmerksam machen, nämlich auf den Angriff der zelluloseartigen Isolierstoffe (*18*, *19*) durch die Oxydationsprodukte der Mineralöle. Die Isolationen, die unter Öl verwendet werden, bestehen zum großen Teil 1. aus Baumwollzellulose in Form von Gespinsten und Geweben, 2. aus Holzzellulose in Form von Holz als solchem oder in Form von Papier, Preßspan usw. Es ist verschiedentlich behauptet worden, daß die mehr oder weniger starke Zerstörung der zellulosehaltigen Isolierstoffe vor allem durch die bei der Oxydation der Mineralöle entstehenden sauren Reaktionsprodukte verursacht wird. Die Säurezahl sei daher ein untrüglicher Maßstab für den Zustand der Isolation nach einer bestimmten Betriebszeit. Diese Auffassung ist durchaus falsch. Es handelt sich bei diesem Angriff keineswegs um einen sog. Säurefraß. Durch systematische Versuchsreihen ist vom Verfasser gezeigt worden, daß wir es nicht mit einer Zerstörung durch Säure zu tun haben, sondern mit einem oxydativen Abbau der Zellulose durch Reaktionszwischenprodukte. Der hochmolekulare, zum Teil kolloidale Aufbau der Zellulose bedingt ein sehr kompliziertes Reaktionssystem. Das Mineralöl wird von den Isolierstoffen aufgesogen und an den Grenzflächen Flüssigkeit-Zellulose können sich sauerstoffgesättigte Lösungsbestandteile anreichern, deren Reaktionsfähigkeit unter Berücksichtigung der großoberflächigen Stoffe stark erhöht sein kann. Auf diesem Wege läßt sich die Zerstörung der Zellulose in den Isolierstoffen erklären. In Abb. 6 sind einige kennzeichnende Kurven dargestellt. Für die Versuche wurden verschiedene Säuren dem Isolieröl zugesetzt, um eine möglichst starke Wirkung hervorzurufen. Von niedermolekularen organischen Säuren wurden Essigsäure und Propionsäure gewählt; von ungesättigten Säuren kamen zur Verwendung Ölsäure und Elaeostearinsäure. Als ausgesprochen autoxydativer Stoff wurde Terpentinöl dem Isolieröl zugemischt. Wie aus der Abb. 6 zu ersehen ist, besteht absolut kein Zusammenhang zwischen der Abnahme der Baumwollfestigkeit und der Säurezahl. Das reine Isolieröl hat z. B. einen stärkeren Einfluß, d. h. es greift die Baumwolle mehr an, als Terpentinöl, das eine wesentliche Zunahme der Säurezahl aufweist, praktisch aber die Baumwollzellulose nicht anzugreifen vermag. Auch die Ölsäure, die eine sehr hohe Säurezahl verursacht, greift die Baumwolle nicht mehr an, als das gewöhnliche Mineralöl. Die niedermolekularen Säuren sind derart leichtflüchtig, daß sie nach kurzer Zeit aus dem Reaktionsgemisch verschwunden sind und damit also keinen Einfluß auf die Zellulose ausüben können. Es ergibt sich aus diesen Feststellungen, daß die Zerstörung der Isolierstoffe, die aus Zellulose aufgebaut sind, keinen sog. Säurefraß darstellt, d. h. also, daß es nicht die bei der Oxydation der Mineralöle entstehenden Säuren sind, die die Isolation verschlechtern, sonderr daß das Reaktionssystem viel komplizierter ist. Damit ist aber wiederum bewiesen, daß die Säurezahl, sowie die Verseifungszahl keine Anhaltspunkte zu geben vermögen über den Zustand der Isolation und die Beeinflussung derselben durch die Isolieröle.

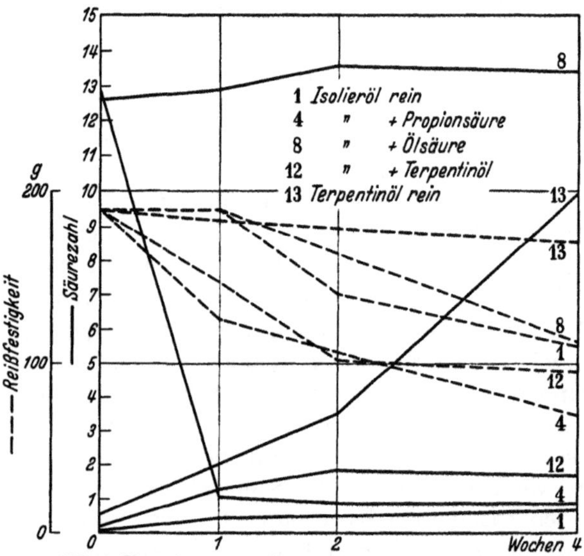

Abb. 6. Veränderung der Säurezahl bei der Oxydation von Isolierölen und Abnahme der Reißfestigkeit von Baumwollgarnen.

Im Zusammenhang mit den chemischen Veränderungen bei der Oxydation oder, wie es auch genannt wird, dem Altern von Isolierölen, stehen gewisse **Veränderungen von physikalischen Eigenschaften**, die an dieser Stelle erwähnt werden müssen, da sie für das Verhalten von Isolierölen im Betrieb von Bedeutung sind. Es soll zuerst kurz die **Oberflächen** spannung erwähnt werden (*20*, *21*, *22*, *23*, *24*). Bei den Isolierölen kommt der Oberflächenspannung eine gewisse Bedeutung zu, da sie für die Penetrationskraft und damit für die Imprägnierung der verschiedensten Isolierstoffe von maßgeblicher Bedeutung ist. Die Oberflächenspannung ist auch wiederum abhängig vom Raffinationsgrad. Je höher der Raffinationsgrad, um so größer ist die Oberflächenspannung. Die genaue systematische Untersuchung der Oberflächen- und Grenzflächenspannungen bei Mineralölen ist eigentlich erst in den letzten Jahren durchgeführt worden. Es konnte dabei festgestellt werden, daß man zwei verschiedene Gruppen von Mineralölen unterscheiden kann, wenn man die Grenzflächenspannung in Funktion der Wasserstoffionenkonzentration aufzeichnet. Bei der einen Gruppe ist die Grenzflächenspannung fast unabhängig von der Wasserstoffionenkonzentration. Bei der anderen Gruppe fällt sie für hohe Werte der Wasserstoffionenkonzentration stark ab. Mineralrohöle und ihre leichten Fraktionen gehören zur erstgenannten Gruppe, alle anderen Mineralöle dagegen zur zweiten. Die Grenzflächenspannung ist unabhängig vom Molekulargewicht der Bestandteile. Durch die bei der Oxydation entstehenden Reaktionsprodukte wird die Oberflächenspannung verringert. Es ist denn auch schon vorgeschlagen worden, den Oxydationsverlauf von Isolierölen durch die Bestimmung der Oberflächenspannung zu verfolgen. Dieses Verfahren führt aber keineswegs zu brauchbaren Ergebnissen, da im Anfange des Oxydationsvorganges wohl ein starker Rückgang der Oberflächenspannung festgestellt werden kann, der einen gewissen Zusammenhang mit der Zunahme der dielektrischen Verluste zu konstruieren erlaubt. Im weiteren Verlaufe der Oxydation aber bleibt die Oberflächenspannung dann konstant. Die Grenzflächenspannung hat ferner bei Isolierölen noch eine Bedeutung bei der Wasseraufnahme. Feuchtigkeit wird bekanntlich von Mineralölen verhältnismäßig leicht aufgenommen. Je größer die Grenzflächenspannung, desto geringer ist die Tendenz zur Mischung von Wasser und Öl in Form von Emulsionen. Durch die fortschreitende Oxydation und die damit zusammenhängende Abnahme der Oberflächenspannung nimmt die Fähigkeit zur Bildung beständiger Emulsionen bei Wasserzutritt zu.

Bei der Oxydation der Mineralöle entstehen Reaktionsprodukte mit polaren Gruppen, die zum Teil auch die Ursache der eben beschriebenen Veränderung der Oberflächen- und Grenzflächenspannung sind. Durch die Oxydation werden also auch die polaren Eigenschaften (*25*, *26*) der Mineralöle verändert. Ebenfalls erst in neuester Zeit hat man diesen

Erscheinungen die nötige Aufmerksamkeit gewidmet. Systematische Untersuchungen haben ergeben, daß Mineralöle, die aus Paraffinkohlenwasserstoffen bestehen, durch die Oxydation die stärkste Veränderung der polaren Eigenschaften erleiden, d. h. daß sich bei diesen Bedingungen am leichtesten Verbindungen mit polaren Gruppen auszubilden vermögen. Am unempfindlichsten sind die Öle, die aus Naphthenkohlenwasserstoffen bestehen. Die Veränderungen der polaren Eigenschaften durch die Oxydation der Isolieröle hat selbstverständlich auch einen bestimmten Zusammenhang mit den dielektrischen Verlusten, da ja die Drehung der Dipolmoleküle einen Teil der dielektrischen Verluste verursacht.

Für das Verhalten der Isolieröle im Betrieb, sowohl bezüglich der oxydativen Veränderung als auch hinsichtlich der elektrischen Festigkeit ist die Löslichkeit für Gase (*27*, *28*, *29*, *30*, *31*, *32*) von nicht zu unterschätzender Bedeutung. Die Messungen der Gaslöslichkeit sind allerdings zum Teil mit Schwierigkeiten verbunden, nämlich dann, wenn neben der Lösung noch eine Absorption stattfindet, wie das bei Sauerstoff der Fall ist. Über diesen Punkt wird ja im vorliegenden Buch in einem speziellen Abschnitt berichtet. Es sollen im folgenden lediglich einige allgemeine Bemerkungen über die Löslichkeit von Gasen in Isolierölen gemacht werden. Die Löslichkeit für Gase ist bei Mineralölen abhängig von der Ölart und vom Raffinationsgrad. Nach den neuesten Messungen soll Sauerstoff am besten löslich sein, wesentlich weniger dagegen Stickstoff. Luft ist im Verhältnis ihrer Zusammensetzung im Mineralöl löslich. Die Löslichkeit der Gase folgt auch bei Mineralölen den üblichen Gesetzen, d. h. mit steigendem Druck nimmt die Löslichkeit zu. Im weiteren nimmt die Gaslöslichkeit für dünnere Öle vom Flüssigkeitsgrad der Isolieröle mit steigender Temperatur zu. Eine maximale Löslichkeit soll bei 100° C festgestellt worden sein. Von dieser Regel macht jedoch Kohlensäure eine Ausnahme; sie löst sich nämlich bei höheren Temperaturen schlechter als bei tieferen. Wenn ein entgastes Öl wieder einer Gasatmosphäre ausgesetzt wird, dann erfolgt die Gasaufnahme sehr rasch. Den Einfluß der Gase auf die elektrischen Eigenschaften, sowie der Vorgang des elektrischen Durchschlages im Öl wird an anderer Stelle im Zusammenhang behandelt.

Neben den Gasen ist aber auch das Wasser in Isolierölen von größter Wichtigkeit (*22*, *23*, *27*, *28*, *29*, *30*, *31*, *32*). Auch die Löslichkeit von Wasser ist, wie diejenige von Gasen, mehr oder weniger abhängig von der Art des Öles und vor allem vom Raffinationsgrad. Es handelt sich also auch in diesem Falle keineswegs um einen konstanten Betrag von Wasser, der in den Mineralölen löslich ist, sondern die Wasserlöslichkeit kann im Zusammenhang mit den erwähnten Bedingungen sehr verschieden sein. Die Wasseraufnahme erfolgt am besten im dampfförmigen Zustande. Die Löslichkeit von tropfbar flüssigem Wasser ist bei frischen Isolierölen verhältnismäßig gering. Wie wir weiter oben gesehen haben, wird im Betrieb im Zusammenhang mit der oxydativen Veränderung der Isolieröle durch die entstehenden Reaktionsprodukte die Grenzflächenspannung Öl-Wasser erniedrigt und die Emulgierfähigkeit erhöht. Es ist unter diesen Bedingungen natürlich möglich, daß dann von den Isolierölen mehr Wasser aufgenommen wird, wobei es sich aber nicht um eine eigentliche Lösung handeln kann, sondern um eine feindisperse Emulsion. Das Wasser kann unter diesen Verhältnissen sowohl die offene als auch die geschlossene Phase darstellen, d. h. es können sich Öl-in-Wasser- oder Wasser-in-Öl-Emulsionen bilden. Das gelöste Wasser kann bei Erhöhung der Temperatur nicht kontinuierlich mit steigender Temperatur entfernt werden. Die Bestimmungen der elektrischen Festigkeit von Lösungen von Wasser in Isolierölen haben ergeben, daß im Bereiche von 20—100° C zwei Minima für die elektrische Festigkeit auftreten, die wohl im Zusammenhang stehen mit der Änderung des Lösungszustandes des Wassers, d. h. mit dem Übergang von einer dispersen Form zur anderen. Das physikalisch gelöste Wasser hat an und für sich keine so große Bedeutung und keinen so großen Einfluß auf die elektrische Festigkeit. Viel gefährlicher sind gewisse feindisperse Zerteilungen oder hygroskopische Verunreinigungen der Isolieröle.

Das flüssige Wasser, das gelegentlich in Isolierölen vorkommen kann, wird bei genügender Tropfengröße im Öl niedersinken und sich am Boden der Gefäße ansammeln. Damit wird es aber auch ungefährlich. Wesentlich anders sind die Zustände dann, wenn bei Freiluftaufstellungen die Außentemperatur stark fällt, wie das im Winter der Fall sein kann. Durch die Abkühlung nimmt die Zähflüssigkeit des Isolieröles zu, ebenso steigt das spezifische Gewicht an. Es kann nun der Fall eintreten, daß die Wassertröpfchen, die im Öl enthalten sind, gefrieren und das spezifische Gewicht des Öles höher wird, als dasjenige des gebildeten Eises, wodurch die Eisteilchen einen Auftrieb erfahren und sich im Öl nach oben bewegen oder doch zumindest sich in der Schwebe halten können. Unter diesen Bedingungen kann die elektrische Festigkeit stark herabgesetzt werden.

Wir haben schon weiter oben darauf hingewiesen, daß die Isolieröle aus verschiedenen Gründen eine gewisse Leichtflüssigkeit (*33*, *34*, *35*, *36*) aufweisen müssen: Im Transformator soll die Verlustwärme durch das leichtflüssige Öl rasch abgeführt werden, damit die isolierten Wicklungen und andere lebenswichtige Organe des Transformators sich nicht übermäßig erwärmen und schließlich zerstört werden; im Ölschalter muß das leichtflüssige Öl beim Abschaltvorgang möglichst rasch zwischen die geöffneten Kontakte fließen und den Lichtbogen löschen; in Kabeln und Kondensatoren muß das leichtflüssige Öl eine möglichst gute Imprägnierung der Isolierstoffe ermöglichen. Bei gewöhnlichen Arbeitsbedingungen ist die Temperatur derartig, daß eine genügende Leichtflüssigkeit in allen Fällen vorhanden ist. Bei Freiluftaufstellungen, wo, wie bereits in anderem Zusammenhange erwähnt, z. B. im Winter sehr starke Temperaturabsenkungen auftreten können, müssen die Isolieröle so ausgewählt werden, daß die durch die Temperatur bedingte größere Zähflüssigkeit nicht ein einwandfreies Funktionieren verhindert. Die früher erwähnten Mineralöle, die aus Paraffinkohlenwasserstoffen bestehen, waren bei diesen Bedingungen nicht brauchbar, da schon bei verhältnismäßig geringen Temperaturabnahmen die Öle in der ganzen Masse richtig zum Stocken kamen. Wenn zwar ein mit solch gestocktem Mineralöl gefüllter Transformator in Betrieb genommen wird, dann genügt die Verlustwärme verhältnismäßig bald, um das Öl wieder auf einen brauchbaren Flüssigkeitsgrad zu bringen. Anders sind die Verhältnisse aber bei Ölschaltern, wo das gestockte Öl nicht mehr genügend rasch den Lichtbogen löscht und damit die Abschaltzeit unnötig verlängert. Auch aus diesen Gründen ist man neben anderen Tatsachen, die wir oben schon erwähnt haben, immer mehr und mehr zu den Naphthenölen übergegangen, da diese eine gute Kältebeständigkeit aufweisen.

Wir müssen an dieser Stelle noch kurz das Verhalten der Mineralöle unter dem Einfluß des elektrischen Lichtbogens besprechen, da dies ebenfalls mit dem Chemismus der Isolieröle zusammenhängt. Durch den Abschaltlichtbogen werden die Isolieröle stark pyrogen zersetzt. Dabei entstehen drei Arten von Reaktionsprodukten, nämlich gasförmige, die sog. Schaltergase, flüssige, mehr oder weniger stark zersetzte Ölmoleküle und feste in Form von kohleähnlicher Ausscheidung.

Die Schaltergase bestehen zum größten Teil aus Wasserstoff. Daneben sind enthalten die verschiedensten Kohlenwasserstoffe, wie aus folgenden Zusammenstellungen hervorgeht (*37, 38, 39, 40, 41, 42*):

Wasserstoff	50,4%	65,7%
Methan	3,0%	3,7%
Schwere Kohlenwasserstoffe	23,3%	25,0%
Kohlendioxyd	1,0%	0,6%
Sauerstoff	2,4%	1,0%
Stickstoff	4,9%	4,0%

Bei den im Lichtbogen herrschenden Bedingungen kann sich auch Azetylen bilden. Dasselbe ist teilweise im Öl löslich. Bei höheren Temperaturen beginnt es dann spontan zu zerfallen und es entstehen dadurch explosionsartig verlaufende Drucksteigerungen. Durch Versuche wurde festgestellt, daß im Lichtbogen in Luft Temperaturen von über 5000 K auftreten können. Je nach dem Temperaturbereich im Lichtbogen sind auch die Bedingungen geschaffen, die den Wasserstoff zu atomisieren vermögen. Der Zerfall beginnt bei ungefähr 2500° C und ist bei 5000° C nahezu vollständig. Diese Dissoziation ist stark druckabhängig. Die Wärmeleitfähigkeit des atomaren Wasserstoffes ist bedeutend größer, als diejenige des molekularen. Es ist neuerdings versucht worden, Schalteröle dadurch zu prüfen, daß man elektrisch erhitzte Kohlefäden eingetaucht hat oder eine spezielle Anordnung mit Drähten, die ebenfalls eine Lichtbogenzersetzung herbeiführte. Es hat sich bei diesen Versuchen gezeigt, daß sich die Mineralöle schneller zersetzen und mehr Gase bilden, als z. B. Teeröle oder pflanzliche Öle. Es hängt das mit dem chemischen Aufbau dieser Körperklassen zusammen und vor allem mit dem Verhältnis Kohlenstoff : Wasserstoff.

Die flüssigen Zersetzungsprodukte sind an und für sich nicht interessant. Es handelt sich dabei um Gemische niedermolekularer, mehr oder weniger niedrig siedender Kohlenwasserstoffe.

Die festen Zersetzungsprodukte können je nach den Schaltbedingungen in verschiedenen Formen und verschiedenen Dispersitätsgraden auftreten. Auch ist die Erscheinungsform der festen Zersetzungsprodukte der Mineralöle im elektrischen Lichtbogen bis zu einem gewissen Grade abhängig von der Konstitution der Ausgangskohlenwasserstoffe. So haben z. B. Untersuchungen gezeigt, daß die Paraffinkohlenwasserstoffe gewöhnlich grobflockige, poröse und die Naphthenkohlenwasserstoffe feinflockige, dichte Zersetzungsprodukte in fester Form ausscheiden. Bei hohen Spannungen und geringen Stromstärken sollen sich hochdisperse Bildungsformen ergeben, bei niederen Spannungen und hohen Stromstärken dagegen entstehen grobdisperse Zersetzungsprodukte. Es konnte nachgewiesen werden, daß die beim Abschaltvorgang entstehenden festen Zersetzungsprodukte nicht etwa aus reinem Kohlenstoff bestehen, sondern Gemische von wasserstoffarmen, hochmolekularen Kohlenwasserstoffen darstellen, die vornehmlich eine ringförmige Struktur aufweisen und somit zu den aromatischen Kohlenwasserstoffen gehören. Diese Gruppe von Zersetzungsprodukten vermag natürlich auch infolge ihrer mehr oder weniger großen Oberfläche gewisse Abbauprodukte aus der flüssigen Phase zu adsorbieren (*43*).

Als letzter Faktor, der auf das chemische Verhalten von Isolierölen von Einfluß ist, soll noch das elektrische Feld erwähnt werden. Es ist früher von gewissen Forschern behauptet worden, daß das elektrische Feld als solches einen Einfluß haben könne auf den Verlauf der Oxydationsvorgänge von Isolierölen. Eingehende Versuche haben aber gezeigt, daß dies nicht der Fall ist, solange die Spannung unter der Koronaspannung bleibt. Es kann wohl möglich sein, daß gewisse Ausflockungsvorgänge, d. h. die Ausscheidung der unlöslichen Polymerisate unter der Wirkung des elektrischen Feldes eine gewisse Verschiebung erfahren. Der grundsätzliche Reaktionsverlauf unter dem Einfluß von Luftsauerstoff und höherer Temperatur wird aber bei normalen Bedingungen durch die Mitwirkung des elektrischen Feldes nicht verändert.

Wesentlich andere Erscheinungen sind aber beobachtet worden, wenn dünne Ölschichten hohen Feldstärken ausgesetzt werden, wie das z. B. in Kabeln und Kondensatoren der Fall ist. In Kabeln ist die sog. Wachsbildung bei Gemischen von Mineralölen mit Harzen schon längere Zeit bekannt. Neuerdings hat man aber bei der Verwendung von reinem Mineralöl ohne Zusatz auch eine ähnliche Erscheinung beobachten können. Es hat sich nämlich gezeigt, daß unter den bereits erwähnten Bedingungen nach einiger Betriebszeit gelbliche wachsartige Ausscheidungen an bestimmten Stellen im Dielektrikum festgestellt werden konnten. Der Vorgang, der zu diesem Produkt führt, konnte rein äußerlich an einer Gasentwicklung erkannt werden. Die freiwerdenden Gase bestehen hauptsächlich aus Wasserstoff. Ursprünglich wurde angenommen, daß die im Dielektrikum enthaltenen Gasreste durch Stoßionisation den Wasserstoff aus den Mineralölmolekülen teilweise herauszuschlagen vermögen, wobei sich gleichzeitig die zurückbleibenden ungesättigten Reste polymerisieren und so das bereits erwähnte sog. X-Wachs bilden. Die neuesten Untersuchungen haben nun gezeigt, daß der Vorgang als solcher bei großen Feldstärken in dünnen Schichten auch ohne Vorhandensein von Gasresten vor sich gehen kann. Die genauen Untersuchungen dieser Vorgänge, die vor allem in der letzten Zeit durchgeführt worden sind, haben im weiteren ergeben, daß die X-Wachsbildung über verschiedene Zwischenstufen verläuft. Zuerst soll sich ein kristallines Wachs bilden ähnlich dem Paraffin. Bei weiterer Beanspruchung geht diese Modifikation in den amorphen Zustand über, der durch Erhitzen wieder in den kristallinen

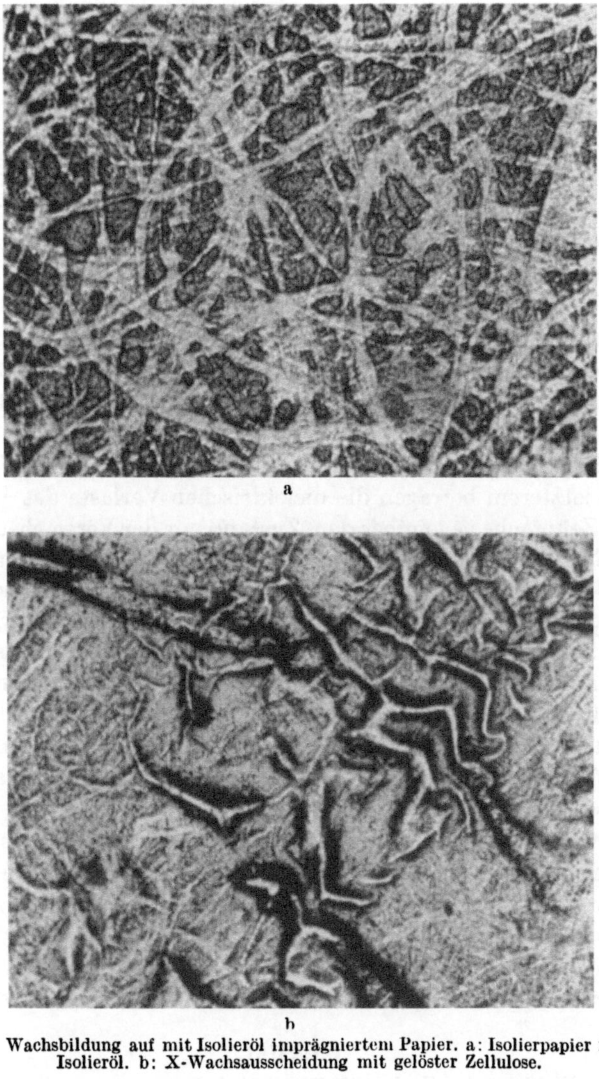

Abb. 7a und b. Wachsbildung auf mit Isolieröl imprägniertem Papier. a: Isolierpapier imprägniert mit Isolieröl. b: X-Wachsausscheidung mit gelöster Zellulose.

Zustand verwandelt werden kann. Erst jetzt bildet sich dann bei weiterer Beanspruchung das eigentliche X-Wachs. Eine Wärmespaltung durch örtliche Überhitzung kann kaum als Ursache der Veränderung angenommen werden. Das X-Wachs enthält hochpolymere Kohlenwasserstoffe, die in den üblichen Lösungsmitteln unlöslich sind und sogar gegen konzentrierte Schwefelsäure beständig sein sollen. Bevor die eigentliche Bildung der letzten Stufe des X-Wachses beginnt, müssen sich noch andere chemische Vorgänge abspielen, an denen sich die Zellulose der Papierfolien beteiligt. Die Zellulose wird nämlich vollständig aufgelöst und bildet ein kolloidales Gemisch mit den eben erwähnten unlöslichen hochpolymeren Kohlenwasserstoffen. In Abb. 7a sehen wir das Gefüge eines mit Isolieröl imprägnierten Kondensatorenpapier. Abb. 7b zeigt eine Stelle mit X-Wachs und es ist deutlich zu sehen, daß die Zellulose aufgelöst worden ist. Die genauen Zusammenhänge dieser Vorgänge sind heute noch nicht vollständig erforscht. Die Untersuchungen, die zur Aufklärung führen können, sind ziemlich schwer durchzuführen. Man hat versucht, mit Hilfe der dielektrischen Verlustmessungen die Vorgänge aufzuklären. Es zeigt sich wohl, daß Isolierpapier, das mit Mineralöl imprägniert ist, gewisse interessante Beziehungen zwischen dem noch nicht verwachsten und dem verwachsten Zustand aufweist. Bei letzterem betragen die dielektrischen Verluste das Vielfache, die bis auf das Zehnfache gegenüber dem Zustand vor der Verwachsung ansteigen können. Es gibt aber noch einen Übergangszustand, bei dem noch kein Wachs zu erkennen ist und auch die dielektrischen Verluste noch nicht erhöht sind, trotz der bereits zu beobachtenden Gasbildung. Der labile Zustand ist also auch mit dieser Meßmethode nicht zu erfassen und fällt wohl zusammen mit einem reversiblen Zustande des Wachses. Auch im Zusammenhang mit der Wachsbildung haben die Versuche gezeigt, daß die Mineralöle die Naphthenkohlenwasserstoffe enthalten, also die sog. Naphthenöle, widerstandsfähiger sind, als die Methanöle, die aus Paraffinkohlenwasserstoffen bestehen (*44*, *45*, *46*).

Die hier geschilderten Vorgänge, die mit dem Chemismus der Isolieröle zusammenhängen, beziehen sich alle auf Mineralöle, die entsprechend raffiniert worden sind und den üblichen Liefervorschriften entsprechen. Nicht berücksichtigt sind dabei die gelegentlich immer noch verwendeten sog. überraffinierten Weißöle, bei denen die verschiedenen Reaktionen im Zusammenhang mit dem extremen Raffinationszustand anders verlaufen.

Literatur.

1. Brauen: Elektrotechn. Z. Bd. 35 (1914) S. 145.
2. Stäger: Elektrotechnische Isoliermaterialien. Stuttgart 1931.
3. Schläpfer: Diss. Zürich 1925.
4. Stäger: Helv. chim. Acta Bd. 6 (1923) S. 65.

5. Ornstein, Jansen, Krygsman: Arch. Elektrotechn. Bd. 27 (1933) S. 489.
6. Stäger u. Bohnenblust: Bull. schweiz. elektrotechn. Ver. Bd. 15 (1924) S. 93.
7. Heyden, von der u. Typke: Petroleum Bd. 20 (1924) S. 954.
8. Rodman u. Maude: Trans. Amer. electrochem. Soc. Bd. 67 (1925) S. 166.
9. Baader: Elektr.-Wirtsch. 1928 Nr. 461 u. 463.
10. Norlin: Mitteilungen der Staatlichen Prüfanstalten. Stockholm 1924.
11. Heyden von der u. Typke: Petroleum Bd. 26 (1926) S. 1024.
12. Bohnenblust: Festschrift der Eidgenössischen Materialprüfungsanstalt. Zürich 1930.
13. Nowak: Petroleum Bd. 24 (1933) S. 1.
14. Pechmann: Elektr.-Wirtsch. Bd. 30 (1931) S. 29.
15. Haslam u. Frolich: Ind. Engng. Chem. Bd. 19 (1927) S. 292.
16. Brian Mead: Ind. Engng. Chem. Bd. 19 (1927) S. 1240.
17. Butkow: Erdöl u. Teer Bd. 3 (1927) S. 551.
18. Evers: Z. angew. Chem. Bd. 38 (1925) S. 659.
19. Stäger: Helv. chim. Acta Bd. 11 (1928) S. 377.
20. Nutall: World Power Bd. 2 (1924) S. 92.
21. Edwards: J. sci. Instrum. Bd. 6 (1929) S. 90.
22. Stäger u. Bohnenblust: Arch. Wärmewirtsch. Bd. 9 (1928) S. 59.
23. Vellinger: Petroleum Bd. 31 (1935) S. 17.
24. Becker: Wiss. Veröff. Siemenskonz. Bd. 8 (1929) S. 199.
25. Smurow: Elektrotechn. Z. Bd. 51 (1930) S. 1515.
26. Stoops: Physics Bd. 2 (1932) S. 322.
27. Koppelmann: Elektrotechn. Z. Bd. 52 (1931) S. 1413.
28. Edler: Arch. Elektrotechn. Bd. 25 (1931) S. 447.
29. Nikuradse: Elektrotechn. u. Maschinenb. Bd. 50 (1932) S. 465.
30. Keinath: Arch. Elektrotechn. Bd. 27 (1933) S. 254.
31. Clark: Electr. Engng. Bd. 54 (1935) S. 50.
32. Koppelmann: Z. techn. Physik Bd. 16 (1935) S. 125.
33. Brühlmann: BBC-Mitt. Bd. 9 (1922) S. 14.
34. Vogel, H.: Erdöl u. Teer Bd. 3 (1927) S. 15.
35. Woog, Ganster u. Coulon: C. R. Acad. Sci. Paris Bd. 193 (1931) S. 850.
36. Weiß: Petroleum Bd. 31 (1935) Nr. 49.
37. Bauer u. Schläpfer: 4. Bericht der Kommission für Hochspannungsapparate und Brandschutz. Schweiz. elektrotechn. Ver. Zürich 1917.
38. Stäger: Elektrotechnische Isoliermaterialien 1931.
39. Evers: Wiss. Veröff. Siemens-Konz. Bd. 4 (1925) S. 324.
40. Müller: Arch. Elektrotechn. Bd. 24 (1930) S. 646.
41. Engel, v. u. Steenbeck: Wiss. Veröff. Siemens-Konz. Bd. 10 (1931) S. 155.
42. Weiß u. Maillard: Annales de l'Office National des Combustibles Liquides, Bd. 10 (1935) S. 437.
43. Evers: Wiss. Veröff. Siemens-Konz. Bd. 4 (1925) S. 324.
44. Schöpfle u. Connell: Ind. Engng. Chem. Bd. 21 (1929) S. 529.
45. Stäger u. Imhof: Congrès International des Grands Réseaux, Paris 1933.
46. Clark u. Mogendish: Electr. Wld., N. Y. 1934.

Die Oxydationsbeständigkeit von Isolierölen.

Von **F. Evers**, Berlin-Siemensstadt/Hamburg.

Mit 11 Abbildungen.

Die Isolieröle[1] gehören bekanntlich zu den Stoffen, an deren Reinheit und Beständigkeit die größten Anforderungen gestellt werden. Im Laufe der Jahrzehnte sind für Isolieröle eine Reihe von strengen Vorschriften in Europa und Amerika entstanden, denen diese Öle Genüge leisten. Diesen Erfolg hat man aber nur erzielen können, indem man sich eifrigst bemüht hat, alle irgendwie labilen und empfindlichen Stoffe aus den Mineralölen heraus zu schaffen. Das, was in ihnen zurück bleibt, ist ein Gemisch von gesättigten Kohlenwasserstoffen. Über die Physik und Chemie dieser Kohlenwasserstoffe sei auf die betreffenden Sonderabschnitte dieses Buches verwiesen.

A. Allgemeines über Oxydation.

In dem folgenden Abschnitt soll nur das Verhalten der Isolieröle gegen Sauerstoff behandelt werden. Über diesen Vorgang macht man sich noch häufig falsche Vorstellungen. In den meisten Lehrbüchern der Chemie liest man, daß Paraffine und Naphthene kaum vom Sauerstoff angegriffen werden. Die Reaktionsfähigkeit dieser Kohlenwasserstoffe mit Sauerstoff ist in der Tat gering; aber sie ist doch nicht so gering, als daß man sie nicht feststellen könnte.

Daß die Isolieröle, z. B. mit den Halogenen reagieren, ist nicht so sehr verwunderlich. Immerhin muß man schon Katalysatoren, wie Metallhaloide, Wärme und Lichtenergie zur Hilfe nehmen, um einen einigermaßen raschen Umsatz zu erreichen. Aber auch mit Sauerstoff läßt sich Isolieröl zur Reaktion bringen. Diese Reaktion hat sogar eine erhebliche technische Bedeutung; denn die katalytische Oxydation von Paraffinen zu Fettsäuren ist eine der Rohmaterialquellen für Seifen (*1*).

[1] Unter dieser Bezeichnung sei fortan immer das handelsübliche Gemisch von gesättigten Kohlenwasserstoffen verstanden, wie es in elektrischen Geräten verwendet wird.

Solchen gewaltsamen Reaktionen, wie das Paraffin bei der künstlichen Fettsäuregewinnung, unterliegt nun das Isolieröl nicht. Es ist aber durch viele Beobachtungen erwiesen, daß die Neigung zur Oxydation so groß ist, daß sie im technischen Betrieb eine bemerkenswerte Rolle spielt. Trotz ihres gesättigten Charakters enthalten die Isolieröle noch Stellen im Molekül, die gegenüber Sauerstoff „ungesättigt“ sind. Das sind wohl keine sog. doppelten Bindungen, denn die Jodzahlen der Isolieröle liegen etwa in der Gegend von 5. Man kann solche ungesättigten Bindungen also praktisch als nicht vorhanden ansehen. Es können aber sehr wohl tertiär und quarternär gebundene Kohlenstoffatome die Orte des geringsten Widerstandes sein. Nehmen wir also die Englersche Theorie (*2*) der Moloxyde zu Hilfe, so können wir die Oxydation der Isolieröle ganz allgemein formulieren:

$$C_nH_{2n} + O_2 = C_nH_{2n}O_2.$$

Es handelt sich bei diesem Vorgang sehr wahrscheinlich um ein Gleichgewicht (*3*), so daß bei Anwendung des Massenwirkungsgesetzes folgender Ansatz gilt:

$$\frac{[C_nH_{2n}] \cdot [O_2]}{[C_nH_{2n}O_2]} = k;$$

oder da $[C_nH_{2n}]$ als konstant angesehen werden kann

$$\frac{[O_2]}{[C_nH_{2n}O_2]} = k \cdot \frac{1}{[C_nH_{2n}]} = K.$$

Diese Gleichung bedeutet aber, daß das entstehende Reaktionsprodukt die Reaktion selbst hemmt, es sei denn, daß die Konzentration des Sauerstoffes im selben Maße gesteigert wird.

Bei der Bildung dieser Moloxyde bleibt aber bestimmt die Reaktion nicht stehen. Findet man doch in gealterten Isolierölen sogar echte Karbonsäuren. Über ihre Entstehung weiß man nicht viel. Sehr wahrscheinlich werden sie nicht durch Oxydation von Aldehyden gebildet; fette Aldehyde sind im allgemeinen gegen Oxydation recht stabil. Dagegen kann das Moloxyd instabil werden und in zwei Stücke zerfallen, etwa nach folgendem Schema:

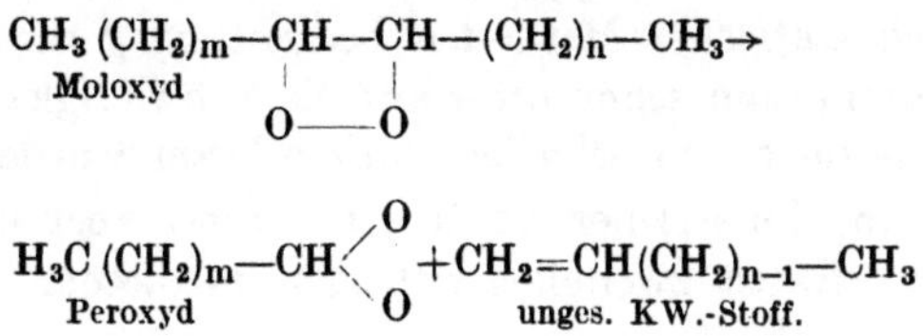

Aus dem Peroxyd entsteht durch Umlagerung eine echte Karbonsäure, während der ungesättigte Kohlenwasserstoff nach einem ähnlichen Reaktionsablauf weiter Sauerstoff aufnehmen wird. Da intermediär auch Wasserstoffsuperoxyd auftritt, ist die Bildung von Alkoholen und damit das Auftreten von Estern erklärlich (Verseifungszahl gealterter Isolieröle).

Auf diese Weise kann man zwanglos die beobachteten Reaktionsprodukte ableiten. Eine genaue Darlegung des gesamten Reaktionsverlaufes gelingt aber erst dann, wenn man 1. die genaue Zusammensetzung und Konstitution der Inhaltsstoffe des Isolieröles und 2. den Chemismus der Oxydation besser kennt.

B. Die Katalysatoren.

Bei der Betrachtung der näheren Bedingungen, unter denen die Oxydation stattfindet, darf man nicht das Wirken von Katalysatoren mannigfachster Art übersehen. Diese beschleunigen ja bekanntlich immer die Einstellung eines Gleichgewichtes. So können häufig Reaktionsfolgen, die unter normalen Umständen kaum wahrnehmbar sind, so beschleunigt werden, daß sie im Reaktionsprozeß vorherrschen. Welche Prozesse nun in jedem besonderen Falle beschleunigt werden, läßt sich nach dem augenblicklichen Stande der Erkenntnis nicht voraussagen, sondern muß experimentell erforscht werden.

Als Katalysatoren können, unter anderen, folgende Stoffe wirken:
Metalle,
ihre Oxyde und Salze,
Alterungsprodukte des Isolieröles,
Baustoffe des Gerätes.

Von allen diesen Stoffen betrachtet man die Metalle als die stärksten Katalysatoren. Ihre Wirkungen sind unverkennbar; daher macht man auch von ihnen weitgehenden Gebrauch, um die Wirkungen des Sauerstoffes auf Isolieröle — ihre Alterungsneigung — zu studieren und vorauszusagen. In den meisten Fällen verwendet man dazu blanke Metalle, z. B. Kupfer oder Eisen, indem man nur zu bestimmen versucht, welchen Alterungsgrad ein Isolieröl unter gegebenen bekannten Bedingungen erreicht. Solange man sich statischer Methoden bedient, mag dieses Verfahren zulässig sein, trotzdem man schon öfter auf die Schwierigkeit, eine definierte saubere Metalloberfläche zu schaffen, aufmerksam wurde.

Die Verwendung kinetischer Verfahren fordert aber eine andere Form des Katalysators. Es ist zweifellos richtiger, in diesem Falle Metalloxyd-

Katalysatoren bestimmter Oberfläche und Aktivität zu gebrauchen, deren Herstellung einfacher ist, als die der blanken Metallkatalysatoren selbst. Es entspricht dies auch mehr den technischen Bedingungen. Denn in Transformatoren und Schaltern werden die Metalle Kupfer und Eisen, trotz sorgfältigster Werkmannsarbeit, immer mit einer dünnen unsichtbaren Oxydschicht überzogen sein. Man entfernt sich also erheblich von der Wirklichkeit, wenn man bei einem kinetischen Prüfverfahren die Anwendung von Oxyd-Katalysatoren grundsätzlich ausschließt. Welche Katalysatoren man wählen soll, welche Katalysatoren den wirklichen Alterungsvorgang im Kurzversuch am besten wiedergeben, soll hier zunächst nicht erörtert werden. Unsere Kenntnis der ganzen Oxydationsvorgänge ist noch recht lückenhaft; daher ist man hier noch häufig auf das Probieren angewiesen[1].

C. Die mathematische Formulierung des Oxydationsvorganges.

a) Einfachster Ansatz.

Betrachtet man den Alterungsprozeß als kinetischen Prozeß, so muß man sich zunächst mit der Frage der Reaktionsgeschwindigkeit beschäftigen. Man findet nun bereits öfter in der Literatur über Isolieröle Angaben über die Zunahme der Säurezahl (abgekürzt Sz) oder Verseifungszahl (abgekürzt Vz) mit der Zeit. Die umfangreichste Sammlung derartiger Werte war dem Verfasser zugänglich in einer Arbeit der Studiengesellschaft für Höchstspannungsanlagen[2]. Aus den Ergebnissen dieser Arbeit ließ sich ableiten, daß die Zunahme der Sz und Vz proportional der Zeit ist. Man kann dieses auch durch folgende Gleichung ausdrücken:

$$\mathrm{Vz} = Z \cdot B + \mathrm{Vz}_0$$

Z = Zeit (z. B. in Jahren), B Zunahme der Vz pro Jahr.

Betrachtet man aber die Randbedingungen dieser Gleichung, so sieht man sofort, daß sie nur eine beschränkte Anwendung, und zwar nur für den Beginn der Alterung, finden kann. Denn für $Z = \infty$ wird auch $\mathrm{Vz} = \infty$, was ja selbstverständlich nicht möglich ist.

Man muß daher nach einem anderen Ansatz verfahren. Es ist nun schon früher der Gedanke aufgetaucht, daß es sich bei der Alterung der Isolieröle um Kettenreaktionen handele (*3*). Dieser Gedanke erwies sich als sehr fruchtbringend.

[1] Vgl. hierzu den Beitrag von B. Anderson (S. 177).

[2] Der Studiengesellschaft und ihrem Leiter, Herrn Prof. Matthias sei hier noch einmal herzlich gedankt für die Überlassung der Arbeit.

b) Die Kettenreaktion.

Ein Katalysator enthält ja bekanntlich eine Reihe aktiver Zentren, an denen, nach vorangegangener Adsorption der reagierenden Stoffe, die Reaktionen vor sich gehen. Solche aktiven Zentren können z. B. auch bereits Gefäßwände (Wandreaktion) aufweisen. Von der Geschwindigkeit der nachfolgenden Desorption der Reaktionsprodukte und ihrer Diffusion im Raume hängt im wesentlichen die Ausbeute der Reaktion ab. Im Falle der Isolieröle hat sich nun folgender Ansatz bewährt[1]:

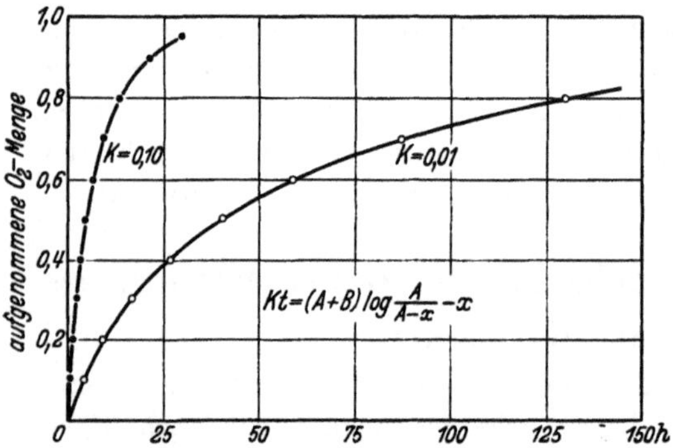

Abb. 1. Alterungskurven nach F. Evers.

$$O_2 \rightarrow 2\,O$$
$$G_2 + O \rightarrow GO + G$$
$$G + O_2 \rightarrow GO + O$$
$$G + GO \rightarrow G_2 + O$$

Die Durchrechnung dieses Ansatzes ergibt dann die Differentialgleichung:

$$\frac{dx}{dt} = k \cdot \frac{A - x}{B + x}.$$

Ihre Lösung für den Grenzwert $x = 0$ bei $t = 0$ ist:

$$k \cdot t = (A + B) \cdot \ln \frac{A}{A - x} - x.$$

Reaktion: Typus I.

Hierin bedeutet:

A die von dem zu oxydierenden Öl (1 g) aufnehmbare Menge Sauerstoff,
B eine individuelle Konstante,
t die Reaktionszeit,
x die zur Zeit t aufgenommene Menge Sauerstoff,
k Konstante der Reaktionsgeschwindigkeit.

Die dieser Gleichung entsprechende Kurve liegt konkav zur Zeitachse. In sehr vielen Fällen hat sie sich sehr gut bewährt.

Über die Größe von A kann man, da es sich ja bei Isolierölen nicht um chemische Individuen handelt, nur Annahmen machen. Nach einiger Übung gelingt es aber, ohne besondere Mühe, den passenden Wert zu finden. Die größere Bedeutung kommt nur der Konstanten k zu, worüber noch im weiteren Verlauf der Arbeit die Rede sein wird.

[1] Über die nähere Ableitung siehe E. Lederer (3).

c) Die monomolekulare Reaktion.

Von C. Janssen, Ornstein und Krygsmann (*4*) ist ebenfalls versucht worden, die Oxydation der Isolieröle quantitativ zu erfassen. Sie legten ihren Versuchen den bereits früher von Evers (*5*) geäußerten Gedanken zugrunde, nicht die Veränderungsprodukte der Isolieröle, sondern den Verbrauch des Sauerstoffes zu messen. Dieser wird in einer besonderen Apparatur, zwar etwas umständlich, aber sehr genau ermittelt. Aus ihren Versuchsdaten leiten die Verfasser eine Gleichung ab, die auf einen monomolekularen Ablauf der Oxydationsreaktion hinweist. Die Gleichung hierfür lautet:

$$k = \frac{1}{t} \cdot \ln \frac{A}{A - x}\,.$$

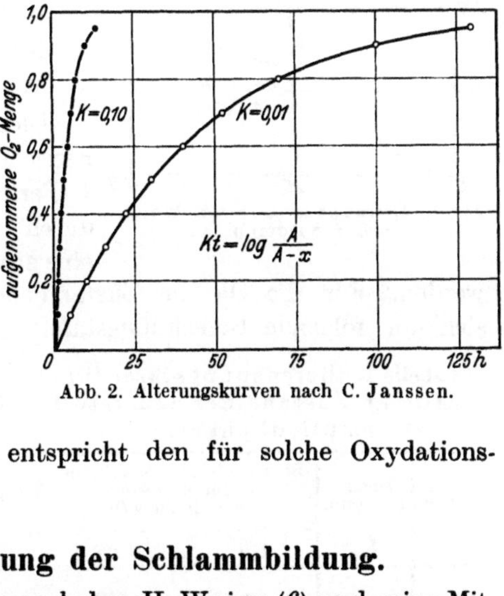

Abb. 2. Alterungskurven nach C. Janssen.

Hierin bedeutet:

k die Reaktionskonstante,
t die Reaktionszeit,
A die anfangs vorhandene Menge Sauerstoff,
x die zur Zeit t verschwundene Menge Sauerstoff.

Die nach der van't Hoffschen Gleichung

$$\frac{d \ln k}{d T} = \frac{Q}{R T^2}$$

ermittelte Aktivierungsenergie Q entspricht den für solche Oxydationsreaktionen üblichen Werten.

d) Die Parabelgleichung der Schlammbildung.

Eine andere Art der Untersuchung haben H. Weiss (*6*) und seine Mitarbeiter gewählt. Sie gingen von der Überlegung aus, daß der gebildete Schlamm das gefährlichste Alterungsprodukt der Isolieröle ist. Daher wird in ihren Versuchen die Zeit bestimmt, die nötig ist, um die ersten sichtbaren Spuren Schlamm zu bilden. Diese sog. „erste Periode" ist maßgebend für die Güte eines Isolieröles. Damit ist die Bestimmung aber nicht zu Ende, sondern man ermittelt noch den weiteren Oxydationsverlauf. Man kann im allgemeinen eine komplizierte Abhängigkeit der gebildeten Menge Schlamm von der Zeit feststellen. Nach einer Induktionsperiode steigt z. B. die Kurve der Schlammenge parabolisch an, wobei die Kurve konvex zur Zeitachse ist. Die weitere Oxydation kann dann in derselben Weise verlaufen, die Öle befinden sich noch im Zustande der Oxydationsempfindlichkeit. Verläuft die Schlammbildung von der 5. Periode ab aber proportional zur Zeit, so sind die Öle im Zustand der Stabilität. Nach folgender empirischen Formel läßt sich die gebildete Menge Schlamm berechnen:

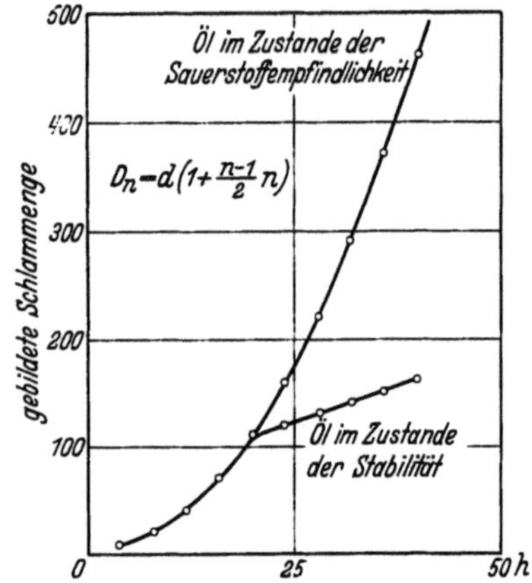

Abb. 3. Alterungskurven nach H. Weiß und T. Salomon.

$$D_n = d\left(1 + \frac{n-1}{2} \cdot n\right).$$

D_n die Menge Schlamm in mg pro g Öl nach n-Perioden,

d die Menge Schlamm in mg pro g Öl nach der 1. Periode,

n die Anzahl Perioden.

Diese „Perioden" haben nur eine rechnerische Bedeutung, mit Ausnahme der 1. Periode. Die 1. Periode kann entweder durch direkte Beobachtung oder durch eine etwas komplizierte Rechnung gefunden werden. Für die Öle im Zustand der Sauerstoffempfindlichkeit ergibt sich nun folgende Berechnungstafel:

Tabelle 1. Berechnungstafel für die Öle im Zustand der Sauerstoffempfindlichkeit.

Periode	Menge Schlamm	Berechnete Menge Schlamm für $n = 4$ h $d = 10$ mg/g Öl	
n	D_n	n h	d mg
1	1	4	10
2	2	8	20
3	4	12	40
4	7	16	70
5	11	20	110
6	16	24	160
7	22	28	220
8	29	32	290
9	37	36	370
10	46	40	460

Tabelle 2. Berechnungstafel für die Öle im Zustand der Stabilität.

Periode	Menge Schlamm	Berechnete Menge Schlamm für $n = 4$ h $d = 10$ mg/g Öl	
n	D_n	n h	d mg
1	1	4	10
2	2	8	20
3	4	12	40
4	7	16	70
5	11	20	110
6	12	24	120
7	13	28	130
8	14	32	140
9	15	36	150
10	16	40	160

Dieselbe Tafel für ein Öl im Zustande der Stabilität unter derselben Annahme weist folgende Zahlen auf (s. Tabelle 2).

Nach den Angaben der Verfasser findet man, daß diese berechneten Werte sehr genau auf den experimentellen Kurven liegen. Über weitere Schlußfolgerungen muß auf die Originalliteratur verwiesen werden.

D. Die statischen Verfahren.

Während die kinetischen Verfahren einer mathematischen Behandlung zugänglich sind, kann man dieses von den statischen Methoden nicht sagen. Diese sind ja ihrem Wesen nach einfacher im Aufbau. Das ist auch der Grund, warum sie bereits seit längeren Jahren im Gebrauch sind. Die mangelnde mathematische Bearbeitbarkeit dieser Verfahren kann aber wiederum keinen Nachteil darstellen. Denn, abgesehen von der Zwecklosigkeit eines solchen Vorwurfes, lag es, bei der Entwicklung der statischen Verfahren, nicht in der Absicht der Bearbeiter mathematische Ansätze zu liefern. Man mußte und wollte praktisch brauchbare Zahlenwerte bestimmen, was ja auch bekanntlich in hervorragender Weise erzielt wurde.

a) Die Art der Alterungsprüfung.

Die statischen Verfahren schreiben für die Prüföle eine bestimmte Behandlungsdauer, eine bestimmte Temperatur und genau festgelegte Versuchsbedingungen vor. Die erfolgte Alterung des Prüföles wird dann in verschiedener Weise ermittelt. Entweder man bestimmt

1. nur die gebildete Schlammenge oder
2. sowohl die gebildete Säure- als auch Schlammengen.

Sieht man die 9 wichtigsten offiziellen Prüfverfahren auf diese Einteilung hin durch, so findet man, daß sich folgende Verteilung ergibt. Es bestimmen

1. gebildete Schlammenge: 5 Verfahren = 55%,
2. beide Alterungsprodukte: 4 Verfahren = 45%.

b) Die einzelnen Verfahren.

In diesem Abschnitt sollen nun diese offiziellen Verfahren kurz geschildert und verglichen werden. Hinsichtlich weiterer Einzelheiten sei auf die beigegebene Originalliteratur verwiesen. Ferner gibt es zwei gute Zusammenfassungen über dieses Thema von K. Typke (*7*) und W. Obenaus (*8*) [vgl. auch Holde (*9*), S. 260].

1. Alterungsprüfung auf gebildeten Schlamm.

Belgische Vorschrift (*10*).

Ein Öl wird 5 h lang auf 170° erhitzt. In dieser so gealterten Probe bestimmt man dann mit Benzin den gebildeten Schlamm. Wird Schlamm gebildet, so wird das Öl verworfen.

Englische Vorschrift (*11*).

In einem mit Rückflußkühler versehenen Kolben wird das Öl bei Gegenwart eines polierten Kupferbleches 45 h lang auf 150° erhitzt. Die Luft saugt man mit einer Geschwindigkeit von 2 l/h hindurch. Nach dem Erkalten wird das Öl in der dreifachen Menge Normalbenzin aufgenommen und die gebildete Schlammenge gewogen.

Je nach der gefundenen Menge Schlamm werden die Öle in eine der 2 Klassen eingereiht:

Klasse A $< 0{,}1\%$ Schlamm,
Klasse B $< 0{,}8\%$ Schlamm.

Amerikanische Methode (*12*).

In einem geschlossenen Ofen rotiert ein Gestell, das die zu prüfenden Ölproben aufnimmt. Die Temperatur des Ofens wird auf 120° gehalten. Während der Prüfzeit wird ein geregelter Luftstrom 40 l Luft pro h durch den Ofen geleitet. Es wird nun die Zeit bestimmt, in der die erste Schlammbildung auftritt. Es sind keine Grenzwerte vorgeschrieben.

Französische Methode (*13*).

Das Prüföl wird im Reagenzrohr an der Luft 125 h lang auf 150° C erhitzt. Man beobachtet nur die Bildung des Schlammes. Es sollen höchstens gebildet werden

nach 5 h kein Schlamm,
nach 50 h nur Spuren,
nach 125 h nicht mehr als 0,15%.

Außerdem wird noch die Farbe gemessen.

Russische Methode (*14*).

Das Prüföl wird 70 h lang einer Oxydation bei 120° unterworfen. Die Luft wird mit einer Geschwindigkeit von 3 l pro h durch das Öl geleitet. Als Katalysator dient ein Kupferblättchen.

Nach der Oxydation darf nicht mehr als 0,2 Gew.-% benzinunlöslicher Schlamm vorhanden sein.

2. Alterungsprüfung auf gebildete Säure- und Schlammenge.

Deutsche Methode (*15*).

Das Öl wird in einem Erlenmeyer-Kolben 70 h lang auf 120° erhitzt. Während dieser Zeit wird Bombensauerstoff mit einer Geschwindigkeit von 120 Blasen/min durch das Öl geleitet. Nach beendeter Oxydation wird in dem Öl auf gravimetrischem Wege die Menge der gebildeten Säure bestimmt, indem man die Säuren in alkoholischer Lauge aufnimmt, alles Unverseifbare entfernt und die in Freiheit gesetzten Säuren wägt.

Als Höchstwert gilt eine Menge von 0,1 g Säure für 100 g Öl. Diese Zahl nennt man Verteerungszahl. Schlamm darf nicht gebildet werden.

Italienische Methode (*16*).

Das Prüföl wird in einem geschlossenen Gefäß unter Luftzutritt 300 h auf 110° erhitzt. Als Katalysator dient ein Kupfernetz. Nach beendeter Erhitzung darf höchstens 0,05% Schlamm gebildet sein, die Säurezahl des gealterten Öles soll höchstens 0,5 sein.

Werden gleichzeitig Leinenbänder mit in dem Öl gealtert, so soll die Reißfestigkeit dieser Bänder höchstens um 40% abnehmen.

Schwedische Methode (*17*).

Dieses Verfahren arbeitet bei 100° C. Das Prüföl wird mit Sauerstoff behandelt (3 l pro Stunde). Der Katalysator besteht aus einem besonders gereinigten Kupferring. Die Prüfung vollzieht sich im allgemeinen bei Anwendung einer Wechselspannung von 10 kV. Nach der Oxydation wird die gebildete Menge Säure bestimmt und als % Ölsäure angegeben. Gleichzeitig mißt man die Menge des Schlammes.

Es gibt 2 Klassen von Ölen:

Klasse I mit höchstens 0,12% Schlamm,
Klasse II mit höchstens 0,25% Schlamm.

In Norwegen ist dieselbe Methode üblich.

Schweizerische Methode (*18*).

In einem polierten Kupferbecher wird das Öl unter Luftzutritt 336 h auf 115° C erhitzt. Auf Glasdornen gibt man Baumwollfäden bestimmter Güte in das Öl. Nach 168 h wird ein Teil dieser Fäden herausgenommen und auf Festigkeit untersucht; gleichzeitig prüft man einen Teil des Öles auf die Neutralisationszahl und Schlammenge.

Nach weiteren 168 h werden die Bestimmungen mit dem Rest der weiter erhitzten Probe wiederholt.

Es gelten folgende Grenzwerte:

	Schlamm	Neutralisation	Minderung der Baumwollfestigkeit
nach 168 h	keinen	< 0,3	< 20%
nach 336 h	< 0,3 Vol.-%	< 0,4	< 34%

Überblickt man die oben geschilderten Prüfverfahren, so erkennt man deutlich, besonders bei Beachtung der älteren Vorschriften, das Bestreben, möglichst alle Alterungsprodukte zu erfassen und zu bestimmen. Daß dieses nicht immer vollständig erfüllbar ist, liegt eben an der Art der statischen Verfahren.

Weiter sieht man, daß die Prüftemperatur möglichst niedrig angesetzt wird. Die meisten Verfahren arbeiten mit Temperaturen von 100 bis 120° C. Damit soll eine Angleichung an praktisch vorkommende Betriebstemperaturen erreicht werden.

Es erscheint dem Verfasser aber, als ob die Ausbildung dieser statischen Verfahren augenblicklich zu einem Stillstand gekommen ist. Vielleicht kann man irgendwo noch die eine oder andere Verbesserung anbringen; aber sehr viel weiter kann man die Entwicklung wohl kaum noch treiben.

Daher machen sich auch bereits Bestrebungen bemerkbar, um auf neuen Wegen zu einem Fortschritt zu kommen.

E. Die kinetischen Verfahren.

Von der Beschreibung dieser Verfahren soll daher dieser Abschnitt handeln. Es besteht aber nicht die Absicht, alle Versuche zu beschreiben, sondern nur diejenigen, welche die meiste Aussicht haben, einen wirklichen Fortschritt zu bringen.

Es sind dies:

1. Das Verfahren von Baader.
2. Das Verfahren von Ch. Moureu und M. Rysselberge.
3. Das Verfahren von H. Weiss und T. Salomon.
4. Das Verfahren von C. Janssen.
5. Das Oxydatorverfahren von Evers-Schmidt.
6. Das verbesserte Asea-Verfahren von Andersson.

Den Übergang von den statischen Methoden zu den kinetischen Verfahren bildet die Prüfung der Öle in dem Alterungsgerät von Baader[1].

In diesem Gerät werden die Ölproben in Gegenwart von Katalysatoren gealtert. Diese Katalysatoren bestehen aus besonders gereinigten Drähten von Kupfer, Eisen oder Blei. Es wird dem Öl während der Alterung keine Luft oder kein Sauerstoff besonders zugeführt. Durch einen Rückflußkühler werden flüchtige Oxydationsprodukte festgehalten. Die erfolgte Alterung wird durch die Verseifungszahl gemessen, wobei man völlige Abwesenheit von Schlamm feststellen muß. Die Grenzzahlen der Verseifung für eine 48stündige Alterung bei 95° wird, auf Grund umfangreicher Erfahrung und Versuche, zu 0,30 angegeben.

Abb. 4. Alterungsgerät nach Baader.

Nun ist es ohne weiteres möglich, mehrere der bisher vorgeschriebenen Methoden so auszuführen, daß man Bestimmungen des Alterungszustandes zu verschiedenen Zeitpunkten vornimmt, was ja tatsächlich z. B. bei dem schweizerischen Verfahren auch geschieht. Aber den meisten der offiziellen Verfahren haften bekanntlich manche Mängel an, so daß die Genauigkeit der erhaltenen Werte nicht ausreichen würde, um eine gerechte Beurteilung eines Öles zu gestatten. Die von Baader in seinem Alterungsverfahren angewandten namhaften Verbesserungen erlauben dieses Verfahren zu erweitern. Der Verfasser hat diese Versuche bereits vor einigen Jahren ausgeführt und dabei festgestellt, daß die Zunahme der Verseifungszahl proportional der Zeitdauer war. Dieses Ergebnis deckt sich mit Ergebnissen

[1] Die genaue Beschreibung ist enthalten in dem Buche: Die Ölbewirtschaftung (*19*).

der Praxis, wie aus den Ausführungen (S. 129)[1] über die Zunahme der Verseifungszahl mit der Betriebsdauer hervorgeht. Was die Versuche aber so schwierig und kostspielig macht, ist die lange Versuchsdauer. Trotz aller Mühen gelingt es doch nicht immer, die Versuchsbedingungen wirklich so konstant zu halten, wie es wohl erwünscht ist. Daher ist man noch bei der von Baader vorgeschriebenen Anwendung seines Verfahrens geblieben.

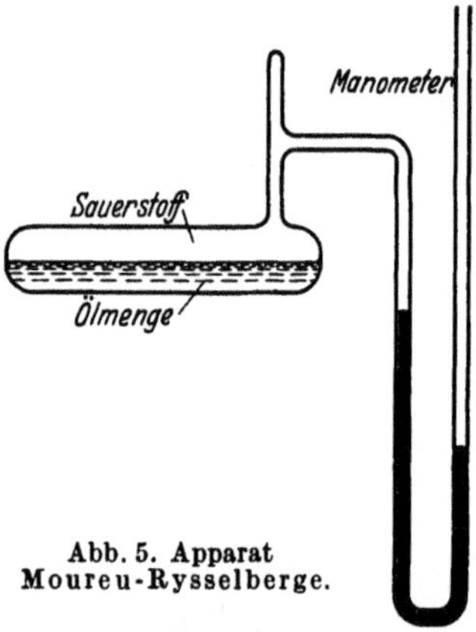

Abb. 5. Apparat Moureu-Rysselberge.

Ein anderes interessantes Verfahren hat Ch. Moureu (*20*) angegeben.

Verschiedentlich ist bereits auf das Auftreten von flüchtigen Oxydationsprodukten bei der Alterung hingewiesen worden. Um nun alle oxydierten Stoffe quantitativ zu erfassen, hat Moureu das zu untersuchende Öl zur Prüfung in ein geschlossenes Gefäß gebracht. Als Oxydationsmittel verwendet er reinen Sauerstoff. Der Verlauf der Oxydation wird durch den wachsenden Unterdruck eines offenen Quecksilbermanometers gemessen (s. Abb. 5). M. van Rysselberge (*21*) hat mit diesem Gerät einige Analysen von Ölen verschiedener Herkunft ausgeführt. Zur Untersuchung dienten ihm zwei amerikanische und ein russisches Öl.

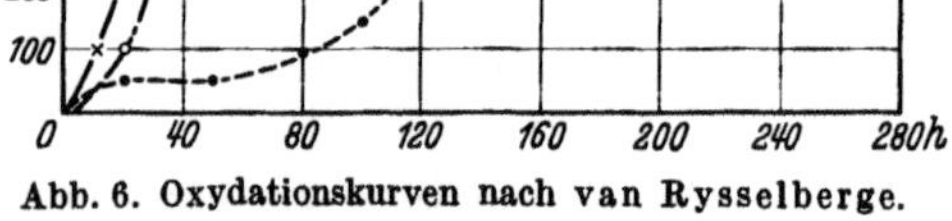

Abb. 6. Oxydationskurven nach van Rysselberge.

Wie aus der Abb. 6 zu ersehen ist, verhalten sich die amerikanischen Öle bei der Oxydation fast gleich; das russische Öl oxydiert sich dagegen bedeutend langsamer. Da die Oxydation ohne Katalysator ausgeführt wird, dauert die Reaktion natürlich ziemlich lange (etwa 180 Stunden). Zweifellos ist sie nicht zu Ende geführt, wenn auch fast aller Sauerstoff im Gefäß verbraucht wurde. Es ist aber zu bedenken, daß die Konzentration des Sauerstoffes im Öl mit sinkendem Druck im Reaktionsgefäß dauernd abnimmt. Daher muß auch die Reaktionsgeschwindigkeit bei Erreichung eines bestimmten Druckes rasch kleiner werden. Dies tritt bei den

[1] Versuche der Studiengesellschaft für Höchstspannungen.

amerikanischen Ölen offensichtlich nach 40 h, bei dem russischem Öl erst nach 160 h ein. Berücksichtigt man noch ferner, daß flüchtige Oxydationsprodukte von höherem Dampfdruck eine Verlangsamung der Oxydationsgeschwindigkeit vortäuschen können, so erkennt man, daß die erhaltenen Kurven mehrdeutig werden. Das beeinträchtigt natürlich den Wert dieses an und für sich bestechend einfachen Verfahrens. Bisher hat daher scheinbar dieses Verfahren noch keine weitere Anwendung gefunden.

Eine wesentliche Verbesserung des amerikanischen „Lifetests" stellt das Verfahren von H. Weiss und T. Salomon (*6*) vor. Während die Amerikaner bewußt auf möglichste Einfachheit ihres Verfahrens Wert legen, ist bei dem Verfahren Weiss-Salomon der entgegengesetzte Weg eingeschlagen. Durch sorgfältig gewählte Verbesserungen ist dieses Verfahren nun soweit ausgebildet, daß sich damit sehr weitgehende Voraussagungen über das Verhalten von Isolierölen machen lassen.

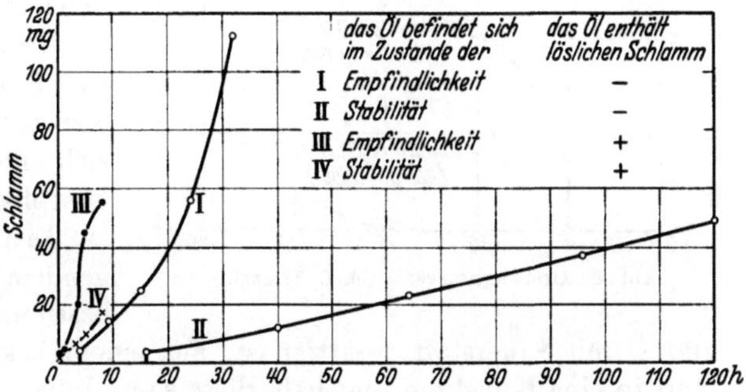

Abb. 7. Alterungskurven nach Weiss-Salomon.

Zur Prüfung wird das Öl in einem besonderen Glasgefäße bei Gegenwart eines präparierten Kupferdrahtes auf 115° C erhitzt. Das geschieht so lange, bis die erste Menge Schlamm sichtbar wird (1. Periode). Durch längeres Erhitzen (2., 3., 4. Periode) erhält man weitere Werte für den gebildeten, Schlamm. Dies wird mit Normalbenzin gefällt, ausgewaschen und gewogen (theoretische Kurven Abb. 3).

Die Abb. 7 gibt einige experimentelle Alterungskurven neuer Öle nach Weiss-Salomon wieder. Die Öle I und II enthalten noch keinen in Öl löslichen Schlamm. Von ihnen ist Öl I noch im Zustande der Empfindlichkeit, d. h. die Alterungskurve ist noch eine reine Parabel. Öl II ist dagegen ein Öl im stabilen Zustand, seine Alterungskurve ist von der 4. Periode (= 62 h) ab geradlinig. Die Öle III und IV weisen dagegen bereits in Öl löslichen Schlamm auf, ihre „1. Periode" ist also 1 h. Die Kurven verlaufen naturgemäß wesentlich steiler, so daß die Unterteilung in die beiden Klassen etwas schwieriger ist. Die Beobachtung der Öle im praktischen Betrieb und die Wiederholung der Kurven nach bestimmten Monaten

Betriebszeit ergibt nun für ein Öl eine Kurvenschar, die denen der Abb. 7 sehr ähnlich sind. Man bekommt also mit diesem Verfahren einen vorzüglichen Überblick über den augenblicklichen Zustand eines Öles während seiner Gebrauchsdauer. Beachtet man, daß mit zunehmender Alterung die 1. Periode kürzer wird und die Kurven gleichzeitig steiler werden, so sieht man, daß die Versuchsdauer sich in erträglichen Grenzen hält. Daher will es dem Verfasser scheinen, als ob diesem Verfahren für die Zukunft eine erhebliche Rolle in der Beurteilung der Isolieröle während des Betriebes zukommen wird.

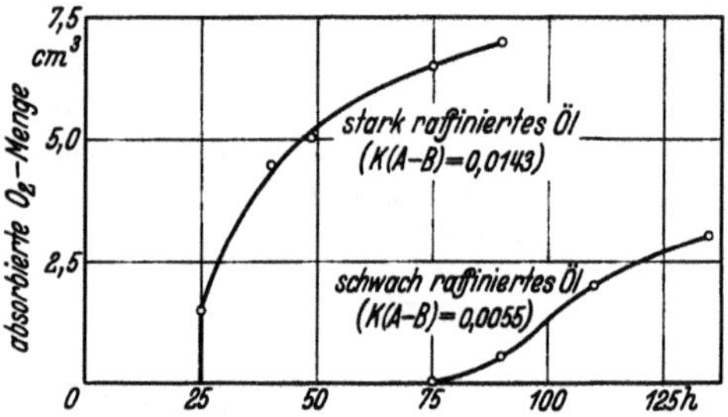

Abb. 8. Alterungskurven nach C. Janssen.

Von C. Janssen (*4*) ist eine Methode ausgearbeitet worden, die theoretisch ganz einwandfrei ist. Für laufende Untersuchungen technischer Art eignet sie sich nicht, weil sie dazu zu kompliziert ist.

Janssen arbeitet nach folgendem Prinzip: Er schließt eine bestimmte Menge Öl, das bei 100° C mit Sauerstoff gesättigt ist, mit einem bekannten Volumen Sauerstoff in eine Kugel ein und hält diese samt Inhalt in einem Thermostaten eine bestimmte Zeit auf konstante Temperatur. Danach wird der Inhalt analysiert. Das geschieht so, daß das Öl durch Erwärmen im Vakuum von Sauerstoff und flüchtigen Säuren befreit wird. Beide Stoffe werden auf gasvolumetrischem Wege gemessen; die flüchtigen Säuren durch Absorption mit Lauge, der Sauerstoff durch Absorption mit alkalischem Hydrosulfit. Auf diese völlig einwandfreie Weise wird der zur Oxydation verbrauchte Sauerstoff bekannt, da man die anfänglich vorhandene Menge Sauerstoff ja kennt. Die mathematische Behandlung der Aufgabe führt dann zur Aufstellung einer Gleichung 1. Grades, d. h. die Reaktion ist monomolekular.

Die Abb. 8 gibt zwei Alterungskurven nach C. Janssen (l. c. S. 571) wieder, allerdings in etwas umgezeichneter Form. Die Kurven beginnen nicht im Nullpunkt, sondern weisen eine „Induktionsperiode" auf, welche für die beiden Öle verschieden ist. Diese Induktionsperiode kann man durch Zusatz von Katalysatoren herabmindern.

Die beiden Öle zeigen eine erheblich verschiedene Reaktionsfähigkeit; merkwürdigerweise ist das stärker raffinierte Öl dasjenige, welches sich am schnellsten oxydiert. Ob es sich hier um ein überraffiniertes Öl handelt, wird nicht gesagt.

Der Gedanke, an Stelle der Reaktionsprodukte im gealterten Öl, den verbrauchten Sauerstoff zu messen, hat der Verfasser bereits im Jahre 1925 (*5*) geäußert und etwas später ein Verfahren angegeben (*22*), mit Hilfe dessen die Menge des verbrauchten Sauerstoffes bei der Alterung leicht und bequem gemessen werden kann. Das dazu gehörige Gerät ist der Oxydator (*23*).

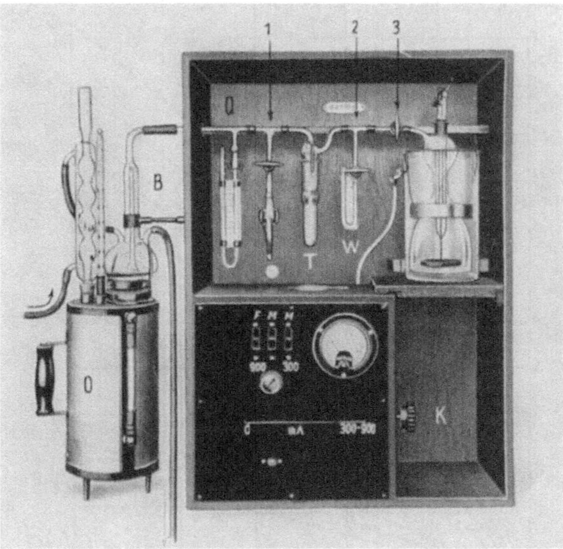

Abb. 9. Der Oxydator.

Das Prinzip des Verfahrens besteht kurz in folgendem: Das zu oxydierende Öl (15,5 g) wird auf einem großflächigen Katalysator (60 g) (z. B. Kieselgel, welches mit Kupferoxyd imprägniert ist) ausgebreitet. Das fertige Gemisch wird bei 100° C in reinen Sauerstoff von 1 Atm. gebracht; den während des Versuches absorbierten Sauerstoff ersetzt man durch Sauerstoff, der auf elektrolytischem Wege erzeugt wird. Man kann dann durch Strom- und Zeitmessung die Menge des verbrauchten Sauerstoffes direkt abwägen. Durch entsprechende Summation erhält man eine Tafel, die angibt, wieviel Sauerstoff (angegeben in Amp.min) zu den verschiedenen Zeitpunkten absorbiert war. Die Kurve, die man aus diesen Werten zeichnen kann, ähnelt bei Isolierölen einer Parabel konkav zur Zeitachse (s. auch Abb. 1, S. 130).

Die Abb. 10 enthält eine Anzahl derartiger Kurven, welche sich, entsprechend dem Raffinationsgrade der Öle, anordnen. So sind die Öle R 1, A 3, T 10 und P 1 nur schwach raffiniert, ihre Neigung, Sauerstoff zu absorbieren, ist noch groß. Die Öle P 2, T 11, R 2 und A 2, welche gut raffinierte Öle darstellen, zeigen schon bedeutend geringere Neigung zur

Absorption von Sauerstoff. Bei den Weißölen T 12, R 3, A 1 und P 3 findet man die geringste Oxydationsneigung. Die am Rande der Abb. 10 aufgeschriebenen tg δ-Werte geben einen technischen Maßstab für die Oxydationsneigung der Öle.

Da die oxydierten Öle nach dem Versuche wieder isoliert werden können, lassen sich an den, mit bestimmten bekannten Mengen Sauerstoff, gealterten Ölen einige Kennzahlen bestimmen; z. B. die Verseifungszahl. Bei der Analyse der Öle aus der Abb. 9 ergab sich, daß die Verseifungszahl der gealterten Öle proportional der aufgenommenen Menge Sauerstoff ist. Ähnlich verhielt es sich auch mit der Menge des gebildeten, in Normalbenzin unlöslichen Schlammes.

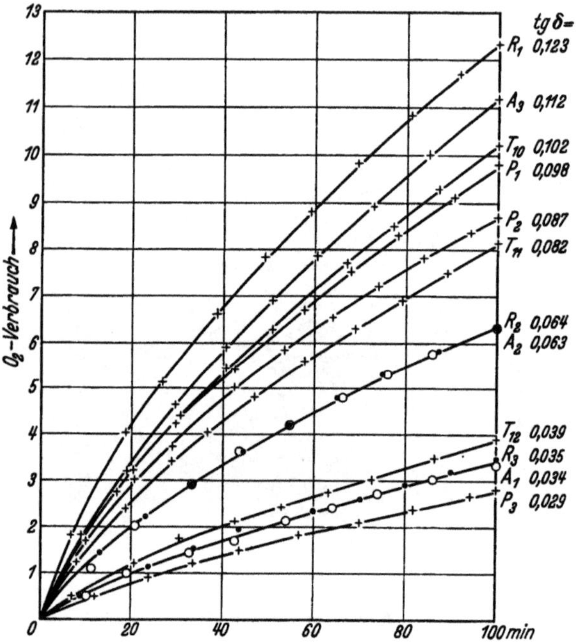

Abb. 10. Oxydatorkurven von IEC-Ölen.

Auf diese Weise erhält man äußerst wertvolle Hinweise über die kommende Alterung der Isolieröle. Dabei ist zu berücksichtigen, daß obige Versuche noch auf eine Reihe anderer Öle ausgedehnt werden müssen. Zweifellos werden die Weißöle nach der Oxydatorkurve allein zu günstig beurteilt. Die Weiterarbeit zeigte aber bereits den Weg, um eine umfassende Beurteilung von Isolierölen zu ermöglichen.

An einem Beispiel mit einer chemisch reinen Substanz, dem Eugenol, soll kurz dargelegt werden, wie genaue der Oxydationsverlauf im Oxydator den stöchiometrischen Bedingungen folgt.

Nach der Gleichung

$$C_6H_5 \cdot CH_2 \cdot CH = CH_2 + O = C_6H_5 \cdot CH_2 \cdot \underset{\diagdown O \diagup}{CH - CH_2}$$

lagert Eugenol 1 Atom Sauerstoff pro Doppelbildung an. Drückt man diese Menge O_2 für 1 g Eugenol in Amp.min aus, so muß diese Menge $O_2 = 19{,}6$ Amp.min sein. In der folgenden Tabelle 3 wird ein Oxydationsversuch mit Eugenol und der Auswertung nach der Formel für den Oxydationstypus I (S. 130) gegeben.

Tabelle 3. Oxydation von 1 g Eugenol

$$Kt = (A + B) \cdot 2{,}3 \cdot \log \frac{A}{A - x} - x;$$

$$A = 19{,}6; \quad B = 10{,}9; \quad k = 0{,}0354.$$

Beobachtet		Berechnet	
Zeit t in min	x in Amp.min	Zeit t in min	Abweichung in % des beobachteten Wertes
2	0,17	2,71	+ 35
5	0,42	6,78	+ 35,6
12	0,94	15,7	+ 30,8
23	1,58	27,1	+ 17,8
29	1,85	33,1	+ 14,1
43	2,49	46,7	+ 8,6
50	2,76	52,8	+ 5,6
55	2,95	57	+ 3,6
67	3,36	67	0
70	3,49	70,3	+ 0,4
75	3,65	74,8	— 0,3
85	3,97	82,7	— 2,7
95	4,28	91,5	— 3,7
100	4,44	93,8	— 6,2

Wie man aus dem Vergleich der berechneten mit den beobachteten Werten erkennt, weichen am Anfang die Zahlen stärker voneinander ab. Aber nach etwa 30 min bleiben die Abweichungen in erträglichen

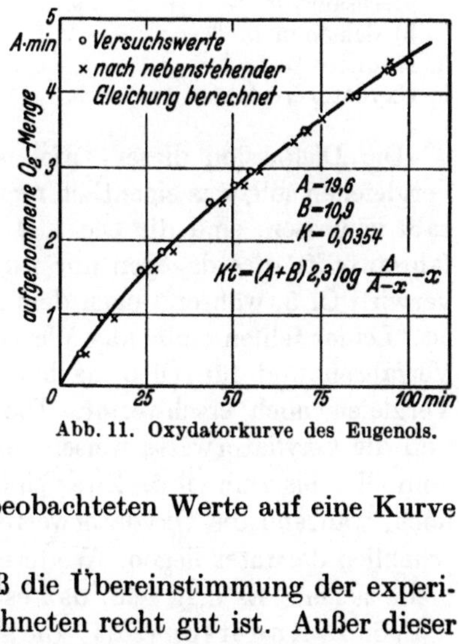

Abb. 11. Oxydatorkurve des Eugenols.

Grenzen, so daß die berechneten und beobachteten Werte auf eine Kurve fallen, wie dies Abb. 11 zeigt.

Aus der Abbildung ist ersichtlich, daß die Übereinstimmung der experimentell gefundenen Werte mit den berechneten recht gut ist. Außer dieser Oxydatorkurve gibt es bereits eine große Anzahl derartiger Kurven reiner und technischer Substanzen, von denen unter anderen E. Lederer eine große Anzahl veröffentlicht hat (*3*, *24*).

Von besonderem Interesse ist nun der Vergleich verschiedener Alterungsverfahren. Da solche Vergleichsversuche aber sehr zeitraubend und kostspielig sind, kann man sie leider nicht auf alle Verfahren ausdehnen. In der Tabelle 4 sind nun auf 5 verschiedene Öle 6 verschiedene Verfahren angewandt worden (*25*).

Tabelle 4. Vergleich verschiedener Alterungsverfahren bei fünf verschiedenen Ölen.

Methode	Öl Nr.				
	1	2	3	4	5
1. Verteerungszahl	0,12	0,06	0,06	1,6	3,0
2. Baader-Verfahren					
a) Vz Cu	0,25	0,10	0,10	0,35	0,14
b) Vz Pb	0,35	0,15	0,15	3,0	0,05
3. Schweizer Verfahren					
a) Sz	—	0,25	0,2	—	3,0
b) Gew.-% Schlamm	—	0,10	0,06	—	—
c) Abnahme der Reißfestigkeit in %	—	30	30	—	100
4. Asea-Verfahren					
a) Ölsäure in %	0,30	0,20	0,30	1,05	—
b) Schlamm in %	0,09	0,04	0,05	0,1	—
5. Michie-Test	1,6	1,3	1,1	0,5	0,07
6. Oxydator-Verfahren tg *1*	0,078	0,071	0,070	0,053	0,031

Die Diskussion dieser Tafel ist etwas schwierig, weil man hier etwas vergleichen soll, was eigentlich nicht vergleichbar ist. Nach der Verteerungszahl gemessen, sind die Öle 1, 4 und 5 schlecht, nach dem Baader-Verfahren trifft dies dagegen nur für Öl 1 und 4 zu. Das Schweizer Verfahren verwirft Öl 5, während nach dem Asea-Verfahren nur Öl 4 zu beanstanden ist. Leider fehlen einige der Werte, z. B. für Öl 1 und 3 nach dem Schweizer Verfahren und für Öl 5 nach dem Asea-Verfahren. Deswegen ist der Vergleich noch erschwerter. Die Werte nach dem englischen Verfahren und die Oxydatorwerte weisen eine merkliche Parallelität auf. Sie fallen vom Öl 1 bis zum Öl 5. Zwar sind die „sludge-Werte" für Öl 1 bis Öl 4 zu hoch, während die Oxydatorwerte für diese Öle teils an der Grenze, teils erheblich darunter liegen. Weitere Schlüsse lassen sich aber aus dieser Tafel nicht ziehen. Es mag sein, daß es später einmal gelingen wird, dies zu tun.

Von B. Anderson (*26*) ist die auf S. 135 bereits beschriebene schwedische Methode (Asea-Test) so umgebaut, daß die Messung der Geschwindigkeit der Sauerstoffaufnahme möglich ist. Er erreicht dieses durch Hinzufügen einer Gasbürette und einer Umwälzpumpe. (Vgl. auch den Beitrag von Anderson.)

Die mit diesem verbesserten Verfahren erzielten Resultate decken sich im wesentlichen mit denen anderer Verfahren. So sind z. B. die Kurven, welche den Verlauf der Sauerstoffaufnahme mit der Zeit darstellen, annähernd dieselben Parabeln, wie z. B. die Kurven nach Janssen (Abb. 8,

S. 140) und die Oxydatorkurven (Abb. 10, S. 142). Ferner sind die gebildeten Mengen Säure und Schlamm der aufgenommenen Menge Sauerstoff angenähert proportional. Dies trifft besonders für die normal ausraffinierten Öle zu. Bis jetzt liegen leider noch zu wenig Ergebnisse mit diesem verbesserten Verfahren vor. Zweifellos ist diese Methode recht genau und zuverlässig. Was stört, ist hier, wie ja bei vielen anderen Verfahren auch die lange Versuchsdauer. Es ist zu hoffen, daß trotzdem noch viele Versuche gerade mit diesem Verfahren ausgeführt werden. Besonders deswegen, weil auch in Amerika neuerdings nach einem ähnlichen Verfahren von R. W. Dornte (*27*) gearbeitet wird. Die Absorptionskurven, welche Dornte erhält, sind merkwürdigerweise Parabeln, konvex zur Zeitachse. Sie müssen also irgendwo einen Wendepunkt besitzen (autokatalytische Reaktion). Alle Versuche beziehen sich vorläufig nur auf Weißöle oder hoch ausraffinierte Öle. Dornte leitet aus seinen Versuchen die Gleichung ab:

$$k t = \sqrt{V - n}.$$

Hierin bedeutet:

k Konstante der Reaktionsgeschwindigkeit,
t Zeit in Stunden,
V aufgenommenes Volumen Sauerstoff,
n Konstante, die anscheinend mit den natürlichen Antioxydantien des Öles zusammenhängt.

Er stellt ferner fest, daß die Konstante k sich umgekehrt wie $1/T$ verhält. Damit erweist sich also die Oxydationsreaktion der Isolieröle als analog zu vielen anderen chemischen Reaktionen.

Überblickt man die Reihe der kinetischen Verfahren, so läßt sich zweifelsohne erkennen, daß bereits eine Reihe sehr brauchbarer Verfahren entwickelt worden ist. Diese eignen sich sowohl für wissenschaftliche Zwecke wie auch für technische Untersuchungen. Man könnte beinahe über ein Zuviel an Methoden erschreckt sein, wenn man nicht bedenkt, daß die zur Untersuchung stehenden technischen Vorgänge so mannigfaltig sind, daß es schwer halten wird, alle Vorgänge mit einer einzigen Methode erfassen zu wollen. Es wird sich in den Diskussionen der nächsten Jahre ganz bestimmt darum drehen, diese Frage grundsätzlich zu entscheiden. Dann ist es später aber auch von sekundärer Bedeutung, welches oder welche Verfahren man auswählt, oder welche Verfahren man als allgemein gültig vorschreiben will. Als das wichtigste erscheint es dem Verfasser, daß versucht wird, eine bestimmte Beziehung zwischen mehreren der bisher vorgeschlagenen kinetischen Verfahren aufzufinden. Dann kann man auf Grund dieser Erkenntnis zu einer allgemein gültigen Beurteilung eines Isolieröles kommen, ganz gleich, welches besondere Prüfverfahren man anwenden will.

Literatur.

1. Grün, A. u. Kelber: Ber. der deutsch. chem. Ges. Bd. 53 (1920) S. 66, 987. Z. angew. Chemie Bd. 36 (1923) S. 125.
2. Engler u. Weißberg: Kritische Studien über die Autoxydation, 1904.
3. Lederer, E.: Petroleum Bd. 31 (1935) Nr. 44.
4. Janssen, C., Ornstein u. Krygsmann: Arch. Elektrotechn. Bd. 24 (1930) S. 567, Bd. 27 (1933) S. 489.
5. Evers, F.: Z. angew. Chem. Bd. 38 (1925) S. 659.
6. Weiss, H. u. T. Salomon: Extrait de la Revue Générale de l'Electricité Bd. 28, 9. u. 12. Juli 1930.
7. Typke, K.: Elektrotechn. u. Maschinenb. Bd. 47 (1929) Heft 17.
8. Obenaus, W.: Angewandte Chemie, 1935. Beiheft Nr. 20.
9. Holde, D.: Kohlenwasserstofföle und Fette, 7. Aufl., 1933.
10. Association Belge de Standardisation, Rapport 13, Comité Electrotechnique.
11. British Standard Specification, 1933 S. 148.
12. Report of Com. D 9 (S.A.T.M.) Appendix I of 1923.
13. Union de Syndicat de l'Electricité.
14. Naphta Syndikat der U.S.S.R.
15. VDE 0370/1936 vom 1. Januar 1936. Verband Deutscher Elektrotechniker.
16. Olii minerali, olii grassi, Colori Vernice Bd. 12 (1932) S. 53.
17. International Electrotechnical Commission, Adv. Committee Nr. 10, Report 10 (Sweden) (1935, April) S. 103.
18. Bulletin des S.E.V. 1925 Nr. 4 u. 8.
19. Die Ölbewirtschaftung, 2. Aufl. Berlin 1936.
20. Moureu, Ch.: Chim. et Ind. Bd. 18 (1927) Nr. 1.
21. Rysselberge, M. van: Chim. et Ind. Bd. 21 S. 275 sf.
22. Evers, F. u. R. Schmidt: Wiss. Veröff. Siemens-Konz. Bd. 5 (1926) S. 211.
23. Evers, F. u. R. Schmidt: Erdöl u. Teer 9. Jg. S. 11—13, 27—29.
24. Lederer, E.: Öle, Fette und Wachse, Oktober 1935 Nr. 1 S. 2.
25. Evers, F. u. R. Schmidt: World Petroleum Congress, Preprint Nr. 114.
26. Anderson, B.: Int. Electr. Commission 10 (Sweden) S. 103.
27. Dornte, Ralph W.: Ind. Engng. Chem. Bd. 28 (1936) Nr. 1 S. 26.

Beziehungen zwischen den Ergebnissen von Laboratoriumsprüfmethoden für Isolieröl und der Bewährung der Öle in der Praxis.

Von **B. Anderson**, Västerås.

Mit 23 Abbildungen.

I. Grundsätzliches über die schlammbildenden Faktoren im Transformatorbetrieb.

Bei jeder Werkstoffprüfung kommt es zunächst wesentlich darauf an, festzustellen, wie weit die Ergebnisse der Prüfmethoden mit den in der Praxis gewonnenen Erfahrungen übereinstimmen.

Diese Aufgabe ist beim Transformatorenöl deswegen besonders schwer zu lösen, weil eine große Anzahl Faktoren im praktischen Betrieb die Säure- und Schlammbildung beeinflußt und diese Faktoren in vielen Richtungen veränderlich sein können.

Prüft man zwei Öle im praktischen Betrieb in zwei gleichen Transformatoren, so können z. B. die Betriebszeiten, Abkühlungsbedingungen doch sehr verschieden sein. Ferner kann die Empfindlichkeit eines der Öle gegenüber der Temperatur beispielsweise so groß sein, daß das bessere Öl höhere Schlammbildung zeigt, obwohl, oberflächlich betrachtet, die Betriebsbedingungen in beiden Aggregaten die gleichen zu sein scheinen. Erst eine genaue Kontrolle der Betriebsbedingungen, Temperatur- und Belastungsdiagramme kann zeigen, daß die Verhältnisse in beiden Transformatoren verschieden gewesen sind.

Ferner ergibt sich die Frage, wie weit bei verschiedenen Transformatorenkonstruktionen unterschiedliche Bedingungen für das Verhalten des Öles gegeben sind. Man wird zur Beantwortung dieser Frage zunächst die schlammbildenden Faktoren eines Öles zusammenstellen sowie dann untersuchen, wie weit die konstruktive Gestaltung eines Transformators diese Faktoren beeinflußt, und endlich, wie weit diese konstruktiven Momente in normalen Ausführungen voneinander abweichen.

Im folgenden wollen wir uns mit diesen Untersuchungen beschäftigen:

Wir werden uns dann mit dem unterschiedlichen Einfluß dieser Faktoren auf verschiedene Öle befassen. Schließlich wird über den Zusammenhang zwischen den Ergebnissen von Laboratoriumsprüfmethoden und entsprechender Betriebsversuche mit verschiedenen Ölen berichtet werden.

A. Säure- und Schlammbildung, abhängig von der konstruktiven Ausführung des Transformators.

Man findet häufig die Ansicht vertreten, daß in verschiedenen Transformatorenkonstruktionen das Verhältnis zwischen den einzelnen Werkstoffen so verschieden ist, daß eine Berücksichtigung der praktischen Verhältnisse bei der Ausgestaltung eines Prüfverfahrens nicht möglich wäre. Wäre dies tatsächlich der Fall, so könnte man überhaupt kein Urteil über die Qualität eines Öles abgeben, das sich auf das Verhalten des Öles im praktischen Betrieb bezöge. Tatsächlich weisen aber die einzelnen Transformatorenkonstruktionen keine nennenswerten Unterschiede in bezug auf die Verteilung der verschiedenen Werkstoffe auf.

Ebenso ist die Meinung weitverbreitet, daß die verschiedenen Isoliermaterialien sehr unterschiedliche Einflüsse auf das Verhalten der Öle ausüben. Tatsächlich sind aber heute diese Werkstoffe so ausgewählt, daß sie auf die Säure- und Schlammbildung eines Transformatorenöles keinen Einfluß haben. Dies gilt sowohl für die festen Werkstoffe wie Preßspan, Bakelitpapierprodukte, Papier und Baumwolle als auch für die verschiedenen Isolierlacke. Man verwendet nur vollständig reine Zellulosefaser und vollkommen ölbeständige Bakelite. Verunreinigungen dieser Elemente werden vor der endgültigen Verwendung durch Spülen mit Transformatorenöl entfernt. Als tatsächlich die Säure- und Schlammbildung beeinflussende Werkstoffe im Transformator bleiben also nur die Metalle übrig. Dies sind im wesentlichen Kupfer und Eisen, während andere Metalle wie Zink, Zinn, Blei nur noch in kleinem Maße verwendet werden, so daß sie kaum von Bedeutung sind. Bekanntlich hat Kupfer den größten katalytischen Einfluß auf die Säure- und Schlammbildung eines Öles. Andererseits wirkt aber die Anwesenheit von Eisen bei vielen Ölen verstärkend auf die Alterung. Dies ist von Wichtigkeit, da Eisen in großen Flächen mit dem Öl in Berührung steht (Kerne und Joche).

1. Unwirksamkeit der Kupferisolierung.

Hier ergibt sich die Frage, wie weit dem Kupfer eine katalytische Wirkung zuzuschreiben ist, wenn es auch zum großen Teil durch die Umwicklung und die Lackierung vom Öl getrennt ist. Wir haben einen Versuch durchgeführt, der zweifelsfrei zeigt, daß auch Papierumspinnung in z. B. fünf Schichten bei halber Überlappung, die zweimal mit ölfestem Lackim Vakuum imprägniert wurde, in keiner Weise die katalytische Wirkung des Kupfers unterbindet. Das rührt daher, daß solche Isolierungen nicht völlig dicht herzustellen sind, da im Lack durch das Austreten des Verdünnungsmittels feine Kanäle entstehen, die dem Öl Zutritt zum Kupfer gestatten (*1*).

Unter dem katalytischen Einfluß des warmen Kupfers bildet sich schnell Säure, die in weiterer Folge zur Entstehung von Kupferseifen führt. Diese Kupferseifen dringen durch die Isolation hindurch, setzen sich auf der Oberfläche ab oder verteilen sich im Öl, wobei die katalytische Wirkung des Kupfers sich ebenso stark geltend macht wie bei dem reinen Metall. Der Zeitpunkt, an dem diese Wirkung eintritt, ist bestimmt durch die Geschwindigkeit, mit der die Kupferseifen sich bilden und bis auf die Isolationsoberfläche gelangen.

Diese Vorgänge werden zum Teil noch dadurch unterstützt, daß man bestrebt ist, möglichst alle Hohlräume in der Isolierung einer Spule mit Transformatorenöl auszufüllen. Es hat sich nämlich gezeigt, daß man diese Hohlräume unmöglich mit Lack vollständig füllen kann, da dieser teils durch Abkühlung, teils durch Austritt des Verdünnungsmittels beim Trocknen sein Volumen verringert. Aus diesem Grunde verzichtet man entweder manchmal ganz auf die Lackierung, und zwar dann, wenn man die Hochspannungsspulen mit einer größeren Anzahl Papierlagen isoliert, oder aber man führt die Isolierung so aus, daß man durch Einwirkung eines starken Vakuums zu Anfang der Trocknungsperiode nach der Imprägnierung Kanäle in der Lackschicht entstehen läßt.

Bei der in den erwähnten Versuchen benutzten Prüfspule wurde jedoch dieses Verfahren nicht angewandt, vielmehr wurde die Lackimprägnierung so dicht wie nur irgend möglich ausgeführt, um festzustellen, wie weit der Lack überhaupt gegen Öl abzudichten imstande ist.

Aus den Darlegungen ergibt sich, daß die Meinung, das Öl eines Transformators wäre infolge seiner Isolierung vor dem Einfluß der Kupferkatalyse geschützt, nicht stichhaltig ist. Es muß infolgedessen auch bei einer Prüfmethode die Einwirkung des Kupfers berücksichtigt werden.

2. Vorbehandlung des Kupfers.

Dagegen ist die Forderung nach einer gleichförmigen und wohldefinierten Vorbehandlung berechtigt. Es kommt darauf an, in verschiedenen

Laboratorien die gleiche katalytische Wirkung pro Flächeneinheit leicht und sicher zu erzielen. Man hat lange geglaubt, daß diese Forderung nicht zu erfüllen wäre. Tatsächlich ist die Lösung dieses Problems nicht leicht gewesen. Sowohl die Reinheit der Oberfläche von Oxyden und anderen Verunreinigungen als auch der Einfluß der verschiedenen Flächenbearbeitung des Kupfers ist von entscheidender Bedeutung. Man ist leicht versucht, oxydiertes Kupfer als Katalysator zu wählen, weil natürlich das Kupfer im Transformator ebenfalls oxydiert ist. Da aber eine gleichmäßig konstante Oxydierung sehr schwer zu erzielen ist, hat man es doch vorgezogen, reine oxydfreie Kupferoberflächen zu verwenden. Es ist auf verschiedene Weise versucht worden, solche reinen Oberflächen herzustellen. Bei den mechanischen Reinigungsmethoden bestand die Hauptschwierigkeit in einer Neuoxydation der polierten Kupferoberfläche unter dem Einfluß der beim Polieren entstehenden höheren Temperatur. Außerdem ist die Einwirkung des Luftsauerstoffes vom Zeitpunkt der Reinigung bis zum Beginn der Prüfung nicht zu kontrollieren.

Der Verfasser hat in Aseas Materiallaboratorium eingehende Versuche ausgeführt und dabei besonders die chemischen Reinigungsmethoden untersucht (*2*). Es wurde festgestellt, daß verschiedene Reduktionsmittel sehr verschiedene Resultate in bezug auf die Beschaffenheit der Oberfläche und der Katalysatorwirkung zeitigten. Beispielsweise ergeben Methyl- und Äthylalkohol trotz genau gleicher Erwärmung der Proben vor der Reduktion bei der gleichen Art Kupfer völlig verschiedene Resultate. Bezeichnet man die katalytische Wirkung der Flächeneinheit des Kupfers im Verhältnis zu einem bestimmten Ölvolumen mit 100, wenn die Reduzierung mit Äthylalkohol durchgeführt wurde, so beträgt sie 150—250 bei Verwendung von Methylalkohol je nach dem Typ und der Qualität des verwendeten Öles. Beizt man mit Salpetersäure (Flächenvergrößerung) und reduziert mit Wasserstoff, so ergibt sich 40—70, ohne Beizung 25—50. Unter dem Mikroskop sieht man, daß die Verschiedenheit der katalytischen Wirkung auf einen Unterschied in der Flächenbeschaffenheit zurückzuführen ist. Bei Verwendung von Äthylalkohol gewinnt man eine Oberfläche mit verhältnismäßig niedrigen und abgerundeten Erhöhungen. Methylalkohol erzeugt eine Oberfläche mit spitzen, dichtliegenden Erhöhungen, die eine erhebliche Flächenvergrößerung bedingen. Bei Beizung mit Salpetersäure und Reduktion mit Wasserstoff erhält man eine Oberfläche, bei der die Vertiefungen und Erhöhungen der grobkristallinischen Struktur des Kupfers folgen. Hierbei ist natürlich die Flächenvergrößerung sehr gering. Ohne Beizung ist die wasserstoffbehandelte Fläche völlig eben, vorausgesetzt natürlich, daß sie vorher poliert war.

Die Art der Erwärmung ist ebenfalls von großem Einfluß. Zu starke Luftzufuhr, zu lange Erhitzungsdauer oder zu hohe Temperatur haben eine erhöhte katalytische Wirkung zur Folge, da die poröse Kupferschicht, die bei der Reduktion einer oxydierten Kupferfläche entsteht, um so dicker ist, je stärker die Oxydationsschicht war. Die Erwärmung wurde teils in einer offenen Gasflamme, teils in besonders konstruierten Öfen von verschiedenem Typ mit Gas- bzw. Spiritusheizung vorgenommen. Bei den Versuchen, bei denen mit Wasserstoff reduziert wurde, fand die Erwärmung in einer Wasserstoffatmosphäre in einem elektrischen, völlig geschlossenen Rohrofen statt. Die Abkühlung geschah ebenfalls in einer Wasserstoffatmosphäre, weshalb keine nachträgliche Oxydation auftreten konnte.

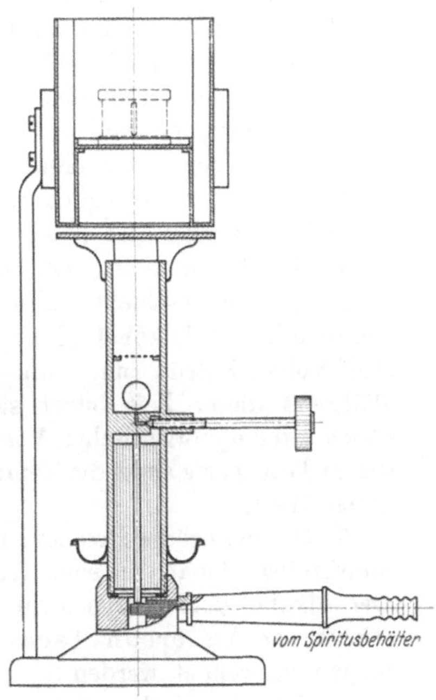

Abb. 1. Reduktionsofen nach Anderson-Asea.

Bei den Reduktionen mit Alkohol spielt neben der Stärke der Oxydschicht auch die Temperatur bei der Reduktion eine gewisse Rolle.

Die Verhältnisse sind also sehr verwickelt. Nachdem man sich über die verschiedenen Einflüsse klar geworden war, bestand die Möglichkeit, die Aufgabe befriedigend zu lösen. Der auf Grund dieser Untersuchungen konstruierte Reduktionsofen (s. Abb. 1) bildet einen wichtigen Baustein in der Entwicklung der Anderson-Asea-Methode.

Dieser Ofen und die damit zusammenhängenden Reduktionsmethoden sind auf Grund folgender Grundsätze entstanden:

1. Die Erwärmung geschieht mittels eines Brenners für denaturierten Spiritus (96%), der überall zu beschaffen ist. Dieser Brenner (System Barthels) erzeugt eine gleichmäßige und konstante Temperatur ohne zeitraubende Einstellung oder Temperaturmessungen, vorausgesetzt, daß die Betriebsanweisung befolgt wird.

2. Die im Asea-Materiallaboratorium ausgeführten Versuche haben gezeigt, daß man die gleichmäßigsten Werte findet, wenn die Kupferringe bis zu einer Temperatur von 425° C ± 10° C erwärmt werden. Die Erhitzung im Ofen wird nach einer bestimmten, im voraus festgesetzten Zeit abgebrochen, nachdem diese Temperatur erreicht ist.

3. Diese Zeit ist bedingt durch die Oberfläche und die Wärmekapazität des Kupferzylinders. Es werden also für die verschiedenen Dimensionen der Zylinder verschiedene Zeiten angegeben. Die Flamme muß schwach reduzierend sein, damit eine von der Erhitzung abhängige Oxydation des Kupfers vermieden wird. Dies ist sehr wichtig, da man andernfalls eine Oxydschicht von unbestimmter Stärke erhalten würde. Wollte man eine solche Schicht nachträglich reduzieren, so würde man Oberflächen von ebenfalls unbestimmter Flächenvergrößerung erhalten.

4. Die Verbrennung der auf den Kupferzylindern haftenden Verunreinigungen geschieht während des Transports vom Ofen bis zu dem Gefäß mit Äthylalkohol. Dieser Transport, währenddessen der Luftsauerstoff vollen Zutritt zum Kupfer hat, soll nicht länger als 1—2 s dauern. Während dieser Zeit bildet sich nur ein sehr dünner Oxydfilm, wobei gleichzeitig die organischen Verunreinigungen verbrannt werden. Während dieses Transports sinkt die Temperatur bis auf den für die Reduktion geeigneten Wert.

5. Da sich bei der Reduktion Essigsäure bildet, müssen die Kupferkörper unmittelbar danach in einer frischen Menge Äthylalkohol gespült werden. Der Alkohol darf jeweils nicht mehr als zu einer bestimmten, in der Vorschrift der Anderson-Asea-Methode festgelegten Anzahl von Behandlungen verwendet werden.

6. Um ein Nachoxydieren und Verunreinigen der Kupferkörper zu vermeiden, werden sie nach der Behandlung mit Alkohol in thiophenfreiem Benzol aufbewahrt, bis sie mit dem zu prüfenden Öl in Berührung gekommen sind.

Aus diesen Ausführungen geht hervor, daß es nunmehr möglich ist, eine vollständig definierte und gleichartige Flächenbehandlung eines Kupferkatalysators mit einer bestimmten katalytischen Wirkung in bezug auf Säure- und Schlammbildung überall vorzunehmen. Dies war eine der Hauptbedingungen, die erfüllt werden mußten, wenn man den wichtigen Faktor der Katalyse in das Prüfverfahren mit einbeziehen wollte.

Die Untersuchungen haben deutlich gezeigt, warum man früher der Verwendung eines Kupferkatalysators mißtrauisch gegenüberstehen mußte.

Es waren ja die Voraussetzungen für die Erzielung einer ganz bestimmten Katalysewirkung nicht bekannt.

Diese Schwierigkeiten können nunmehr endgültig als überwunden betrachtet werden. Während der 9 Jahre, in denen der beschriebene Ofen und die Reduktionsmethode in Verbindung mit der Verschlammungsprobe, nach der Anderson-Asea-Methode, in einer großen Anzahl von Laboratorien und Raffinerien verwendet wurde, sind immer übereinstimmende Ergebnisse erzielt worden, wenn die Vorschriften genau befolgt wurden. Selbstverständlich mußte man falsche Resultate erhalten, wenn beispielsweise mit den Erhitzungszeiten, mit der Reinigung des Brenners oder in anderen Dingen von den Vorschriften abgewichen wurde.

Es soll noch hervorgehoben werden, daß die Kupferkatalysatoren bei der Methode Anderson-Asea bis zu 40mal verwendet werden dürfen, vorausgesetzt, daß sie nicht vorzeitig durch den Gebrauch in einer Probe eines besonders schlechten, stark sauren Öles zerfressen worden sind. Die wiederholte Verwendung des gleichen Kupferkatalysators setzt größere Genauigkeit bei der Reduzierung voraus, als wenn man jedesmal von neuem Kupfer ausgehen würde, weil bei wiederholten Reduktionen evtl. Fehler addiert werden.

3. Einfluß des Eisens.

Wir hatten bereits festgestellt, daß außer Kupfer auch das Eisen zu den katalytisch wirkenden Metallen gehört. Wir wollen uns jetzt hiermit etwas eingehender beschäftigen. Es ist häufig behauptet worden, daß die katalytische Wirkung des Eisens gegenüber der des Kupfers außerordentlich gering wäre, infolgedessen das Eisen aus der Prüfung ausgeschlossen werden sollte. Man hatte jedoch dabei nicht bedacht, daß die gleichzeitige Einwirkung von Eisen und Kupfer wesentlich anders sein könne als die Wirkung eines dieser Metalle allein. Es sind im Asea-Materiallaboratorium eine ganze Reihe von Untersuchungen hierüber vorgenommen worden (*3*), von denen ein Teil und außerdem noch eine neue, bisher nicht veröffentlichte Untersuchung im folgenden besprochen werden soll.

Diese Versuche haben unzweideutig gezeigt, daß es nötig ist, auch die Wirkung des Eisens auf Öle mit in die Untersuchung einzubeziehen. Es wurde gefunden, daß die Anwesenheit von Eisen sowohl in positivem als auch negativem Sinne, je nach der Empfindlichkeit des Öles, die katalytische Wirkung des Kupfers in bezug auf Säure und Schlammbildung beeinflußt.

4. Vorbehandlung des Eisens.

Die Behandlung eines Eisenkatalysators ist bedeutend einfacher als die eines Kupferkatalysators. Aus den Versuchen geht hervor, daß Beizen in chemisch reiner Salzsäure 1 : 2 während 1 min genügt, jedoch spielt die Flächenvergrößerung bei der Beizung eine große Rolle. Die Anderson-Asea-Methode schreibt für die erste Beizung eine längere Zeitdauer, am besten 1 h, in chemisch reiner Salzsäure 1 : 2 vor. Die Qualität des Eisens ist ebenfalls von großer Bedeutung, sowohl in bezug auf die Zusammensetzung des Materials als auch in bezug auf seine Struktur. Es wurde ein weichgeglühtes weiches Eisen mit

etwa 0,1% C	etwa 0,05% S
etwa 0,1% Si	etwa 0,05% P
etwa 0,5% Mn	

gewählt, das im wesentlichen aus körnigem Perlit besteht. Dieses Material übt fast die gleiche katalytische Wirkung aus wie hoch siliziumhaltiges Transformatorenblech. Dieses Material wäre für einen Versuch weniger geeignet, weil die Kieselsäure bei der Beizung an der Oberfläche eine dünne Schicht bildet. Dieser Umstand würde die Beizung wesentlich schwieriger gestalten.

5. Wirksame Metallflächen im Transformator.

Es bleibt jetzt nur noch festzustellen, in welchem Verhältnis zueinander man die Oberflächen des Kupfers und des Eisens bei den Ölprüfmethoden verwenden soll. Die Lösung dieser Frage ist ziemlich schwierig; nicht etwa, weil die Betriebsverhältnisse der modernen Transformatoren sehr verschieden wären, sondern weil man zunächst nicht weiß, welche Kupfer- und Eisenoberfläche man eigentlich in Rechnung setzen soll. Bei Kupfer kann man ohne Zweifel die Kühlflächen der Wicklungen einsetzen, weil diese in ganz anderer Weise mit dem Öl in Berührung kommen, als die Oberfläche des Drahtes in den inneren Teilen der Wicklung.

Beim Eisen sind die Verhältnisse verwickelter, weil hier sowohl der Werkstoff des Kerns als auch der des Gehäuses berücksichtigt werden muß. Das Material des Gehäuses wird keine allzu große Wirkung haben, da es einerseits lackiert ist, andererseits keine hohe Temperatur annimmt. Das Eisen im Kern dagegen ist unlackiert und warm. Daß dieses ungeschützte Eisen wesentlich wirksamer ist, hat sich auch aus den angestellten Untersuchungen ergeben.

Überlegt man, daß nach der bekannten Regel die Reaktionsgeschwindigkeit für je 10° sich mindestens verdoppelt, eine Regel, die auch für Transformatorenöl bis zu 100—110° gültig ist, so kommt man zu dem Schluß, daß die gleiche Fläche des warmen Kerneisens etwa die viermal so große katalytische Wirkung ausüben muß wie das lackierte Eisen des Gehäuses, weil es mindestens 10—30° wärmer ist als die Wandungen. Berücksichtigt man außerdem, daß die Lackierung die katalytische Wirkung auf annähernd $^1/_4$ herabsetzt, so läßt sich schätzen, daß die Flächeneinheit des warmen unlackierten Eisens etwa 16—20mal stärker wirkt als das kalte, lackierte Eisen des Gehäuses. Zieht man ferner in Betracht, daß die katalytische Wirkung nicht mit der Oberfläche proportional zunimmt, sondern viel schwächer ist, so kommt man zu dem Schluß, daß der warme Eisenkern den größten Anteil an der katalytischen Wirkung des Eisens hat.

Aus den Darlegungen folgt, daß man bei der Berechnung des Verhältnisses der Flächen von Kupfer und Eisen in einem Transformator in erster Linie die Oberfläche der Kupferwicklung und die Oberfläche des Kernes, also des warmen Eisens, d. h. also insgesamt die kühlenden Oberflächen der wärmeabgebenden Metalle gegen das Öl in Rechnung setzen muß.

Tabelle 1. Das Verhältnis der Metalloberflächen zur Ölmenge in verschiedenen Transformatoren.

Transformatortyp	Ölgewicht	Kühloberfläche gegen das Öl für				Das Verhältnis zwischen warmer Cu-Oberfläche zu warmer Fe-Oberfläche
		warmes Kupfer (die Wicklung)		warmes Eisen (der Eisenkern)		
		dm²	dm²/kg Öl	dm²	dm²/kg Öl	
10 kVA 10000/400 V, 50 Per.	91	38	0,42	25	0,27	1,5
100 kVA 10000/400 V, 50 Per.	306	96	0,31	65	0,21	1,5
1000 kVA 10000/400 V, 50 Per.	1960	613	0,31	400	0,20	1,6
10000 kVA 3000/6200 V, 50 Per.	10500	3855	0,36	1070	0,10	3,6
10000 kVA 110000/42350 V, 50 Per.	18250	4500	0,25	1620	0,09	2,8

Die Tabelle, die einige ausgeführte Berechnungen dieser Oberflächen im Verhältnis zur Ölmenge in einer Reihe Transformatoren von 10 bis 10000 kVA und mit Spannungen von 10000 bis 110000 V enthält, zeigt, daß das Verhältnis dieser Oberflächen sehr gleichmäßig ist. Das gleiche findet man auch für das Verhältnis der Oberflächen zu den Ölmengen.

Es ergibt sich, daß das Verhältnis zwischen den Kühlflächen des Kupfers zu dem des Eisens in einem Transformator zwischen 4 : 1 und 3 : 2 liegt. Der erste Wert bezieht sich auf die größte, der letztgenannte auf die kleinere Type.

Solche Überschlagsrechnungen können nun natürlich nicht die Grundlage bilden, auf der eine Prüfmethode allein aufgebaut werden kann. Andererseits ist sie von Wert, wenn sie durch vergleichende Untersuchungen über Säure- und Schlammbildung in einer Anzahl von Transformatorenölen ergänzt wird. Solche Öluntersuchungen müssen, teils im praktischen Betrieb mit sehr sorgfältig überwachten Transformatoren bei genau gleichen Betriebsverhältnissen, teils mit künstlichen Alterungsversuchen ausgeführt werden. Dabei ist es nötig, verschiedene Verhältnisse zwischen den Kupfer- und Eisenoberflächen, sowie verschiedene Ölmengen im Verhältnis zu diesen Oberflächen zu verwenden. Voraussetzung ist dabei, daß die Flächenbeschaffenheit der Katalysatoren durch genau bestimmte und geeignete Behandlungsverfahren bei allen Versuchen die gleiche ist, was durch die oben geschilderte Behandlungsmethode zu erreichen ist. Sowohl bei den Betriebs- als auch Laboratoriumsversuchen müssen alle anderen Verhältnisse natürlich ebenfalls genau bestimmt sein, und laufend kontrolliert werden, wobei es besonders auf genaue Temperaturübereinstimmung zwischen den Transformatoren und den verschiedenen Reihen der künstlichen Proben ankommt. Solche Untersuchungen sind im Asea-Materiallaboratorium ausgeführt worden und haben gezeigt, daß zwischen den Ergebnissen der Betriebsversuche und der künstlichen Alterung nach Anderson-Asea eine sehr gute Übereinstimmung gefunden wird, wenn das Verhältnis der Oberfläche Kupfer und Eisen sich wie 4 : 1 und 2 : 1 verhalten. Diese Übereinstimmung bezog sich nicht nur auf das gegenseitige Verhältnis zwischen auf Säure- und Schlammbildung untersuchten Ölen bei den Betriebs- bzw. Laboratoriumsversuchen. Auch die absoluten Mengen Schlamm und Säure, die während einer Betriebszeit entstanden sind, die der normalen Lebensdauer eines guten Öles entspricht, waren dieselben, wie die nach einer Zeit von 100 h bei 100° nach der Methode Anderson-Asea erhaltenen.

B. Einfluß des elektrischen Feldes.

Wir kommen jetzt zu einem Faktor, der sehr umstritten worden ist, nämlich zum Einfluß des elektrischen Feldes. Es scheint so, als ob die Berechtigung zur Einführung dieses Faktors in die Alterungsprüfung jetzt mehr und mehr anerkannt wird, da sich immer mehr Beweise für seinen Einfluß finden. Wie früher schon betont wurde (*3*), fördert das elektrische Feld die Entstehung von hochmolekularen, unlöslichen oder nur in warmem Öl löslichen Oxydationsprodukten. Es erleichtert die Polymerisation und Kondensation kleiner Moleküle zu größeren Molekülverbänden. Da die molekularen Kräfte elektrischer Natur sind, so müssen offensichtlich starke elektrische Felder, wie diese in den hochbeanspruchten Teilen in der Nähe der Hochspannungsspulen eines Transformators herrschen, eine Wirkung auf die Moleküle ausüben. Untersuchungen, die im Asea - Materiallaboratorium ausgeführt wurden, beweisen, daß die Schlammbildung in Anwesenheit eines elektrischen Feldes manchmal auf das Vielfache der Werte anwächst, wie man sie ohne Feld findet. Der Einfluß des Feldes ist um so größer, je weiter ein Öl ausraffiniert ist und je höher die Oxydationstemperatur liegt. Dies hängt damit zusammen, daß bei überraffinierten Ölen, wie beispielsweise bei den englischen non-sludging-Ölen, der Schlamm in niedrigmolekulare, flüchtige Säuren zerfällt, und zwar um so mehr, je höher die Temperatur ist. Unter dem Einfluß eines elektrischen Feldes verstärkt sich die Bindung zwischen den einzelnen Bestandteilen der größeren Molekülverbände im Schlamm so sehr, daß man nach bestimmter Oxydationszeit eine wesentlich größere Menge Schlamm findet, wenn das Öl einem elektrischen Feld ausgesetzt war. Auf die Oxydation selbst hat das Feld dagegen wenig Einfluß, da, wie später gezeigt werden soll, die Menge des absorbierten Sauerstoffes bei Abwesenheit oder Anwesenheit eines Feldes meistens die gleiche ist. Da die Schlammbildung erst dann eintritt, wenn durch Oxydation ungesättigter Kohlenwasserstoffe Aldehyde, Ketone, Karbonsäuren und dgl. entstanden sind, kann sich also die Einwirkung des elektrischen Feldes erst in einem späteren Stadium der Betriebs- bzw. Probezeit bemerkbar machen, also erst dann, wenn die eigentliche Schlammbildung beginnt.

Je nach Qualität und Oxydationsgrad des zu prüfenden Öles beschleunigt das Feld die Bildung des ausfallenden Schlammes. Diese Untersuchungen widerlegen die früher von Rodman (*4*) und Michie aufgestellten Behauptungen, nach denen das elektrische Feld keinen Einfluß auf die Säure- und Schlammbildung hatte. Die Versuche dieser Autoren sind entweder bei zu niedriger Temperatur in Abwesenheit von Katalysatoren oder während einer zu kurzen Versuchszeit durchgeführt worden. Abb. 2 zeigt, in welcher Weise der Schlamm eines stark schlammbildenden Öles von einem spannungsführenden Katalysator angezogen wird. Dieses Bild gibt einen guten

Begriff davon, in welcher Weise das elektrische Feld die Vereinigung kleiner zu größeren Molekülverbänden fördert.

Aber nicht allein die Schlammbildung, sondern auch die Entstehung von im Öl gelösten Säuren wird durch die Anwesenheit des elektrischen Feldes beschleunigt. Je nach dem Raffinationsgrad und der Qualität des Öles treten molekulare Umgruppierungen und Zusammenschlüsse unter dem Einfluß des elektrischen Feldes auf. Deshalb wird bei Anwesenheit eines Feldes der Säuregehalt des im warmen Öl unlöslichen Schlammes größer, der Säuregehalt des löslichen Schlammes dagegen sinkt. Der erstere enthält nämlich die größeren Molekülverbände, an deren Entstehung das Feld beteiligt ist.

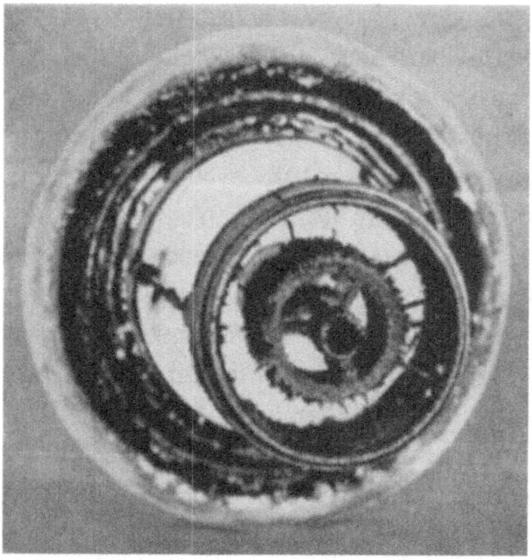

Abb. 2. Schlamm, angesetzt an den unter Spannung stehenden Katalysatorzylindern.

C. Einfluß des Sauerstoffes und der Temperatur.

Wir haben uns jetzt noch mit dem Einfluß des Sauerstoffes und der Temperatur als wichtiger Faktoren beim Betrieb von Isolierölen in Transformatoren und anderen Apparaten zu beschäftigen. Diese beiden Faktoren sind natürlich von allergrößter Bedeutung für jede Säure- und Schlammbildung. Es ist bekannt, daß bei einem neuen Öl keine Säure und kein Schlamm gebildet wird, wenn das Öl von gelöstem Sauerstoff befreit ist und die Erwärmung in einem geschlossenen Raum bei Abwesenheit von Sauerstoff geschieht. Da die Sauerstoffaufnahme zunächst an der Grenzfläche Luft/Öl stattfinden muß, ist die Größe dieser Fläche und der Sauerstoffgehalt der darüberstehenden Luft von wesentlicher Bedeutung. Die Oxydation des Öles ist natürlich nicht an der Grenzfläche Luft/Öl lokalisiert, da ja Mineralöl eine starke Löslichkeit für Gase besitzt. Nur die Aufnahme bzw. die Lösung des Sauerstoffs geschieht durch diese Grenzfläche hindurch. Durch Diffusion wird dann das im Öl gelöste Gas in der ganzen Ölmenge verteilt. Daraus erhellt, daß die Größe der Öloberfläche im

Verhältnis zum Ölvolumen von größtem Einfluß ist, ebenso die Länge und der Querschnitt des Diffusionsweges, wie auch der Umfang der Ölströmung.

Bei normalem Druck und normalen Betriebstemperaturen sind in der in Transformatorenölen gelösten Luft-Mengen von 15 bis 20 Vol.-% Sauerstoff gefunden worden.

Da diese Dinge im praktischen Betrieb eine große Rolle spielen, ist es also nötig, auch bei einer künstlichen Alterung Sauerstoffzuführung und Sauerstoffkonzentration im Öl entsprechend zu regeln.

Bezüglich der Temperatur haben im Asea-Materiallaboratorium ausgeführte Untersuchungen ergeben, daß die Säure- und Schlammbildung so stark mit der Temperatur sinkt, daß man beinahe von einer „kritischen Temperatur" sprechen kann, die bei 50° C liegt. Unterhalb dieser Temperatur verläuft die Oxydation so langsam, daß man praktisch die Lebensdauer eines guten Isolieröles bei tiefen Temperaturen in einem Transformator moderner Konstruktion als unbegrenzt annehmen kann. Man bemüht sich daher, die Ölbetriebstemperatur nicht höher als 60 bis 70° C ansteigen zu lassen. Die maximale „hot-spot"-Temperatur bei modernen Transformatoren dürfte 90 bis 100° C nicht überschreiten. Von einer großen Anzahl Untersuchungen (*5*, *6*) ist bekannt, daß bei Temperaturen über 110 bis 115° C ganz andere Reaktionen auftreten als im normalen Betrieb, bei dem nicht über 100° C gearbeitet wird. Für eine brauchbare Prüfmethode muß also die Wahl der richtigen Temperatur von größter Wichtigkeit sein, ebenso die Möglichkeit, diese Temperatur auch genau einzuhalten. Da die Oxydation, Kondensation und Polymerisation mit zunehmender Temperatur sehr stark beschleunigt werden, bedeutet eine Veränderung der Temperatur um 1° C schon eine sehr starke Veränderung der Bedingungen. Hinzu kommt, daß die Löslichkeit des Sauerstoffes im Öl ebenfalls stark mit der Temperatur wächst, daher übt die Temperatur der Öloberfläche, die mit der Luft in Berührung steht, einen großen Einfluß auf die Geschwindigkeit aus, mit der Säure und Schlamm in einem Transformator entstehen. Diese Erkenntnis hat zur Konstruktion der allgemein verwendeten Expansionsgefäße geführt, die die Lebensdauer der Öle beträchtlich verlängern. Es wird hierbei teils die Temperatur der Öloberfläche und die Größe dieser Oberfläche im Verhältnis zum gesamten Ölvolumen verringert, teils wird der Sauerstofftransport zu der Hauptmenge des Öles durch die engen Röhren erschwert, mit denen das Expansionsgefäß mit dem Transformator verbunden ist.

Wie früher schon in Zusammenhang mit der katalytischen Wirkung der Metalle besprochen wurde, ist die Temperatur an den Kontaktflächen der Katalysatoren von großem Einfluß auf ihre Wirkung.

D. Die Beschleunigung der Alterung im Laboratorium.

Wir haben jetzt alle die Schlammbildung eines Öles beeinflussenden Faktoren besprochen. Wir müssen feststellen, wie diese einzelnen Faktoren bei einer künstlichen Alterung verstärkt werden können, damit eine genügend kurze Dauer der Versuche erreicht wird. Außerdem muß festgestellt werden, wie diese einzelnen Faktoren gradmäßig aufeinander abgestimmt werden müssen.

Wie schon gezeigt wurde, darf die Temperatur des Öles nicht wesentlich über 100° C gesteigert werden. Besonders angestellte Versuche zeigen deutlich, daß die Temperatur 110° C schon einen zu hohen Wert darstellt. Da man andererseits die Temperatur möglichst hoch wählen will, um den Versuch so weit wie möglich abzukürzen, wird man tunlichst nicht unter 100° C gehen. Es erscheint deshalb diese Temperatur von 100° C als die geeignetste, um so mehr als man sie durch siedendes Wasser sehr bequem konstant halten kann.

Das elektrische Feld kann nicht beliebig gesteigert werden, da bei Entladungen und Überschlag Reaktionen eintreten, die im normalen Betrieb nicht vorkommen. Man wird daher die Feldstärke nicht wesentlich über 10 kV/cm steigern, eine Belastung, die in den Kühlkanälen eines Hochspannungstransformators als normal bezeichnet werden kann. 12 kV/cm muß als maximal anwendbare Feldstärke angesehen werden.

Die Oberfläche der Katalysatoren im Verhältnis zur Ölmenge kann man dagegen sehr groß wählen, ohne Gefahr zu laufen, daß man dadurch andere Reaktionen bzw. Reaktionsprodukte erhält als im praktischen Betrieb. Das gleiche gilt für die Zufuhr von Sauerstoff, dessen Menge lediglich die Reaktionsintensität und die Menge der gebildeten Alterungsstoffe beeinflußt. Es bestehen also keine Bedenken dagegen, reinen Sauerstoff im Überschuß zuzuführen. Der dabei erzielte innige Kontakt zwischen Sauerstoff und Öl fördert lediglich die Geschwindigkeit der aufgetretenen Reaktion. Es besteht die Gefahr, daß sich gasförmige Reaktionsprodukte oberhalb der Öloberfläche ansammeln. Aus diesem Grunde wird es richtig sein, den Sauerstoff bei gleichzeitigem Rühren des Öles durch die Probe hindurchzuleiten. Die Verwendung von Luft muß als gefährlich bezeichnet werden, da alle, besonders in der Laboratoriumsluft enthaltenen Verunreinigungen den Reaktionsverlauf in unbekannter Weise beeinflussen können.

Auf jeden Fall muß der zugeführte Sauerstoff trocken sein oder einen konstanten Feuchtigkeitsgehalt haben, da die Feuchtigkeit die Säure- und Schlammbildung eines Öles nicht unbeträchtlich ändern kann. Der Sauerstoff muß frei von Wasserstoff oder Ozon sein. Die Zufuhr des Sauerstoffes muß deshalb so geschehen, daß eine eventuelle Bildung von Ozon an Stellen, bei denen hohe Feldstärken auftreten, vermieden wird.

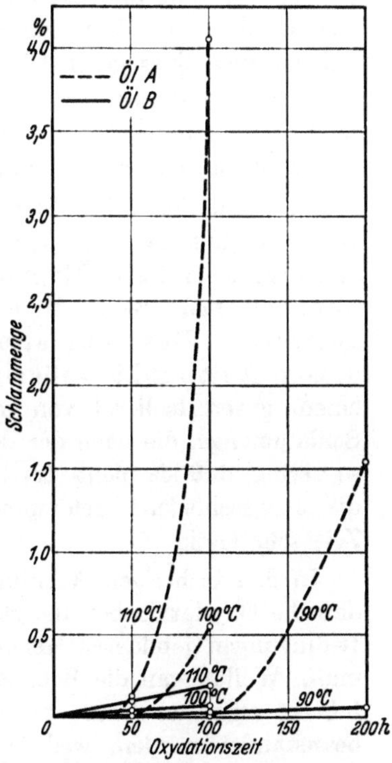

Abb. 3. Schlammzunahme in Abhängigkeit von der Oxydationszeit für Öle von verschiedenem Raffinationsgrad.

Die letzte Entscheidung in bezug auf die Verstärkung der einzelnen für die Säure- und Schlammbildung von Isolierölen verantwortlichen Faktoren kann jedoch erst dann getroffen werden, wenn man eine große Reihe vergleichender Versuche mit verschiedenen Ölen im praktischen Betrieb und im Laboratorium vorgenommen hat, die, und dies ist besonders wichtig, von verschieden langer Dauer sein müssen. Es ist nämlich bekannt, daß die Säure- und Schlammbildung eines Öles nicht der Zeit proportional ist, sondern daß in der Regel eine sog. „kritische Zeit" beobachtet werden kann, während der der Säuregehalt zunimmt, Schlamm aber noch nicht ausfällt. Danach nehmen Schlamm- und Säuremengen mit verschiedener Schnelligkeit mit der Probezeit zu.

Ein Öl A mit langer kritischer Zeit kann also eine viel schnellere Zunahme der Schlamm- und Säuremenge aufweisen als ein Öl B mit kurzer kritischer Zeit (s. Abb. 3). Das vergleichende Urteil über zwei solche Öle hängt also wesentlich von der Länge der Probezeit ab. Bei einer Versuchsdauer, die kürzer wäre als die kritische Zeit des Öles A, aber länger als des Öles B, würde man zu dem Ergebnis kommen, daß A das bessere Öl ist. Je mehr man aber die Versuchsdauer ausdehnt, um so mehr macht sich die langsame Zunahme der Schlammenge des Öles B geltend, so daß allmählich die Überlegenheit dieses Öles gegenüber A immer augenfälliger wird.

Es bleibt also nichts anderes übrig, als die Versuchsdauer so lang zu wählen, daß die Säure- und Schlammbildung bei dem besten marktgängigen Öl den für den praktischen Betrieb maximal zulässigen Wert erreicht. Dies würde also heißen, daß die Versuchsdauer der als normal angesehenen Lebensdauer eines guten Öles entspricht. Jedes Öl, das bei dieser Untersuchung und dieser Versuchsdauer weniger Säure- und Schlammbildung zeigt, muß zweifellos als besser angesehen werden, weil die Lebensdauer dieser Öle ja größer sein muß und umgekehrt.

Von amerikanischer Seite ist vorgeschlagen worden, den Wert eines Isolieröles nur nach der kritischen Zeit zu beurteilen. Dieses ist nicht richtig, weil kein Ölverbraucher der Welt das Öl schon dann wechseln läßt, wenn die ersten Anzeichen einer Schlammbildung auftreten. Das geht allein schon deshalb nicht, weil man ja diesen Zeitpunkt äußerlich nur schwer feststellen kann. Bei einem guten Isolieröl von mäßig hohem Raffinationsgrad ist auch die Schlammenge, die nach der doppelten kritischen Zeit entstanden ist, noch so gering, daß sie nicht stört. Bei zu stark ausraffiniertem Öl ist dagegen die ausgeschiedene Schlammenge schon nach der $1^1/_2$fachen kritischen Zeit sehr lästig.

In den bisherigen Ausführungen wird zum Ausdruck gekommen sein, daß die Oxydationsbeständigkeit eines Isolieröles nach den unter gewissen Bedingungen gebildeten Mengen von Säure und Schlamm beurteilt werden muß. Wollte man die Beurteilung nur auf Grund eines dieser Daten ausführen, oder nur Säure oder Schlamm bestimmen, so muß dieses aber beanstandet werden, weil ja jedes dieser beiden Alterungsprodukte für sich in einem Transformator oder sonstigen Apparat schädlich wirken wird.

II. Experimentelle Unterlagen über die Einwirkung verschiedener Faktoren auf die Säure- und Schlammbildung.

A. Der Einfluß von Metallkatalysatoren.

Bevor untersucht wird, wie die Größen der Metalloberflächen sowohl von Kupfer als auch von Eisen und beiden zugleich im Verhältnis zu der vorhandenen Ölmenge auf die Alterungsgeschwindigkeit des Öles einwirken, ist es wichtig, zu wissen, inwieweit eine Lackierung der Metalle oder auch

Umspinnung und Lackierung den katalytischen Einfluß der Metalle zu unterbinden vermag. Dies ist vor allem mit Rücksicht auf das Kupfer von Bedeutung, das im Transformator nicht blank, sondern isoliert verwendet wird. Im Asea-Laboratorium wurden Versuche durchgeführt, über die im folgenden berichtet wird:

1. Der Schutzwert lackimprägnierter Papierumspinnung.

Es wurde normales Transformatorenöl (in der Tabelle 2 mit II bezeichnet) in zwei offenen eisernen Schalen von 860 cm² Grundfläche bei einer Temperatur von 100 ± 2% gealtert. Die Temperaturen beider Proben unterschieden sich nie um mehr als 1° C. In der einen der beiden Schalen befand

Tabelle 2. Daten der bei den Versuchen 1, 2 und 3a verwendeten Öle.

	Öl IX	Öl II	Öl VI
Spezifisches Gewicht	0,883	0,869	0,892
Viskosität bei 20° C cSt	36,6	43,5	53,7
Flammpunkt nach Pensky-Martens °C.	145	184	162
Stockpunkt °C	—38	—5	—25

sich eine normale Scheibenspule, wie sie üblicherweise in Transformatoren verwendet wird, aus Bandkupfer, das mit fünf Schichten Papier (halb überlappend) und mit Baumwolle umsponnen war. Die fertig gewickelte Spule war außerdem mit ölbeständigem Isolierlack im Vakuum getränkt.

Von Zeit zu Zeit wurden Ölproben von je 50 cm³ entnommen und durch Frischöl ersetzt. Die Proben wurden auf Normalbenzinunlösliches geprüft,

Tabelle 3. Die Unwirksamkeit der Lackimprägnierung.

Zeit in Wochen	Öl allein			Öl mit lackimprägnierter Spule		
	Schlammmenge %	Ölsäure im Schlamm %	Ölsäure im filtrierten Öl %	Schlammmenge %	Ölsäure im Schlamm %	Ölsäure im filtrierten Öl %
2	0,0102	—	0,084	0,0047	—	0,136
4	0,0210	8,0	0,081	0,0121	14,05	0,122
8	0,0898	11,35	0,083	0,0475	14,25	0,0815
12	0,1185	8,57	0,084	0,062	10,95	0,083
20	0,2615	14,25	0,205	0,116	13,5	0,184
41	0,440	18,1	0,303	1,61	27,7	3,26

und es wurde nach der Methode Anderson-Asea sowohl vom Schlamm wie vom filtrierten Öl die Säurezahl ermittelt.

Die Resultate sind in Tabelle 3 zusammengestellt. Sie zeigen, daß bis zu einer Zeit von etwa 20 Wochen beide Ölproben sich im wesentlichen gleich verhalten. Die um ein geringes kleinere Schlammbildung bei Anwesenheit der Spule mag auf geringere Ölzirkulation zurückzuführen sein. Wesentlich ist, daß nach Überschreitung von 20 Wochen in der Ölprobe mit der Spule Säure- und Schlammbildung stark ansteigen. Dadurch ist erwiesen, daß die Isolation der Spule auf die Dauer nicht in der Lage ist, die Berührung zwischen Kupfer und Öl zu verhindern.

2. Der Schutzwert ölfester Lackierung.

Die Untersuchungen erstreckten sich auf mehrere handelsübliche Isolieröle. Die Ergebnisse, die an dem oben erwähnten Öl II der Tabelle 2 (S. 163) gefunden wurden, sollen kurz beschrieben werden:

Je 75 cm^3 des Öles wurden in Erlenmeyer-Kolben bei 100° C durch Einleiten von Sauerstoff über die Öloberfläche oxydiert. Die Ölproben standen hierbei unter der Einwirkung verschiedener mit Lack überzogener Katalysatoren, deren Oberflächen vor der Lackierung in verschiedener Weise, wie Tabelle 4 zeigt, behandelt wurden.

Kolben 1. Das Eisen wurde in Salzsäure gebeizt, in Wasser und Benzol abgespült und dann lackiert.

Kolben 2. Das Eisen wurde in Salzsäure gebeizt und in Wasser abgespült. Man ließ es dann im feuchten Zustand rosten. Lockere Rostteilchen wurden vor der Lackierung durch Abreiben entfernt.

Kolben 3. Über den Vorgang der Reduktion wurde in Abschnitt I bereits berichtet.

Die Metallflächen wurden zweimal lackiert, und zwar jedesmal durch Eintauchen in besten ölunlöslichen Lack, Abtropfenlassen bei Zimmertemperatur nach entgegengesetzten Richtungen und ausgiebiges Trocknen im Ofen bei 90° C.

Um den Einfluß des Lackes allein auf die Öle zu eliminieren, wurden 90 cm^2 der Innenwand eines Glaskolbens (Nr. 6) in gleicher Weise lackiert. Außerdem wurden Versuche angesetzt, wobei die gleichen Katalysatoren, jedoch unlackiert, verwendet wurden. Die Ölproben, die dem Einfluß der unlackierten Katalysatoren ausgesetzt waren, wurden 14 Tage, die anderen 1 Monat lang auf 100° C erhitzt. Die Resultate sind in Tabelle 4

Tabelle 4. Die Wirksamkeit lackierter und unlackierter Katalysatoren bei 100° C auf Öl II (nach Tabelle 2).

Kolben Nr.	Katalysatoren	Lackierte Katalysatoren: Nach 1 Monat: Schlammmenge %	% Ölsäure im Schlamm	% Ölsäure im filtrierten Öl	Gewichtsabnahme des Lackes mg	Unlackierte Katalysatoren: Nach $^1/_2$ Monat: Schlammmenge %	% Ölsäure im Schlamm	% Ölsäure im filtrierten Öl	Verhältnis der Schlammmengen
1	90 cm² geb. Fe	0,039	27,3	0,27	14,4	0,116	7,5	0,29	2,97
2	90 cm² ang. Fe	0,027	23,6	0,20	4,8	0,048	18,1	0,22	1,78
3	30 cm² red. Cu	0,088	20,7	0,27	13,2	0,196	6,6	0,22	2,20
4	90 cm² red. Cu	0,216	20,3	0,41	28,3	0,325	16,8	0,26	1,75
5	30 cm² red.Cu 90 cm² geb. Fe	0,133	20,5	0,27	49,8	0,200	2,5	0,29	1,50
6	90 cm² lack. Glas	0,020	27,3	0,10	44,7				
7	—	0,020	25,5	0,07	—				
8	—	0,002	—	0,07	—				
9	120 cm² lack. Glas	0,002	—	0,07	111,0				

zusammengestellt. Bemerkenswert ist, daß die Schlammbildung des Öles bei völliger Abwesenheit von Katalysatoren minimal war, was zum Teil damit zusammenhängt, daß der Sauerstoff nicht durch, sondern über das Öl geleitet wurde (vgl. Kolben 8 und 9, welche aus Wiegegläsern, die luftdicht abgeschlossen waren, bestanden; das Öl wurde also in diesem völlig ohne Sauerstoffzutritt erhitzt) (s. auch Abschnitt C, 1, S. 172).

In der letzten Spalte der Tabelle sind die Verhältniszahlen der in beiden Fällen gefundenen Schlammengen aufgeführt. Diese Verhältniszahlen schwanken nur wenig, woraus zu ersehen ist, daß sich die unterschiedliche Oberflächenbehandlung der Katalysatoren in gleicher Weise bemerkbar macht, ob nun die Metallflächen lackiert sind oder nicht. Der Lack selbst wirkt praktisch nicht auf die Schlamm- und Säurebildung ein, wie die Versuche mit den Kolben 6—9 zeigen. Die Verhältniszahlen lassen daher den fraglichen Schutzwert der Lackschicht erkennen, was mit den unter 1. beschriebenen Ergebnissen übereinstimmt. Es ist daher gleichgültig, ob man die Metallflächen lackiert oder blank läßt. Die Zahlen zeigen ferner, daß das untersuchte Öl verhältnismäßig unempfindlich ist gegen angerostetes Eisen.

Die gleichen Versuche ergaben für andere Öle das umgekehrte Resultat. Hier war die gebildete Schlammenge unter dem Einfluß gebeizten Eisens kleiner.

3. Vergleich der katalytischen Wirkungen einzelner und kombinierter Metalle.

Die Ergebnisse der Alterungsversuche mit 3 Ölen (II, VI und IX; Daten s. Tabelle 2, S. 163), die der kombinierten Einwirkung von Kupfer und Eisen ausgesetzt wurden, sind in Tabelle 5 zusammengestellt. Die Zahlen in

Tabelle 5.
Die von 3 Ölen unter Einwirkung verschiedener Metalle und Metallkombinationen gebildeten Schlammengen in % der unter der katalytischen Einwirkung von 30 cm² reinem Cu gebildeten Schlammenge.

Katalysator	Öl II	Öl IX	Öl VI
Gebeiztes Eisen 90 cm²	59,2	1,8	8,9
Gebeiztes Eisen 150 cm²	67,8	73,7	23,0
Gerostetes Eisen 90 cm²	24,5	3,5	70,0
Gerostetes Eisen 150 cm²	26,1	45,6	70,0
Stark oxydiertes Eisen 90 cm²	17,9	7,0	13,3
Reduziertes Kupfer 30 cm²	100	100	100
Reduziertes Kupfer 90 cm²	166,0 (100)	562,0 (100)	212,2 (100)
Schwach oxydiertes Kupfer 30 cm²	97,0	89,5	87,6
Gebeiztes Eisen 90 cm² + Reduziertes Kupfer 30 cm²	102,0	314	5,3
Gebeiztes Eisen 22,5 cm² + Reduziertes Kupfer 90 cm²	193,0 (116,2)	473 (84,3)	261,0 (123,0)
Stark oxydiertes Eisen 90 cm² + Reduziertes Kupfer 30 cm²	85,7	124,5	97,4
Stark oxydiertes Eisen 150 cm² + Reduziertes Kupfer 30 cm²	156,8	212,2	161,0
Gerostetes Eisen 90 cm² + Reduziertes Kupfer 30 cm²	105,0	275,5	163,8
Gerostetes Eisen 150 cm² + Reduziertes Kupfer 30 cm²	176,8	284,0	190,2

Tabelle 5 sind Verhältniszahlen für die Schlammenge und beziehen sich auf die unter Einwirkung von reduziertem Kupfer gebildete Schlammmenge, die bei jedem Öl = 100 gesetzt wurde. Das Öl II zeigt bei gleichzeitiger Anwesenheit gebeizten Eisens und reduzierten Kupfers eine ganz unbedeutende Zunahme der Schlammenge, während bei den beiden anderen Ölen eine starke Abhängigkeit von dem Flächenverhältnis Eisen zu Kupfer vorhanden zu sein scheint.

Die gleichzeitige Einwirkung oxydierten Eisens und reduzierten Kupfers bewirkt bei allen 3 Ölen eine stärkere Schlammbildung. Die Werte der

Tabelle 5 wurden in gleicher Weise gewonnen, wie im vorigen Abschnitt beschrieben ist.

In Abhängigkeit von der Flächengröße scheint auch die katalytische Wirksamkeit der Metalle sich einem Grenzwert zu nähern, denn, wie andere Versuche ergaben, besteht kein wesentlicher Unterschied zwischen den Ergebnissen, die mit 90 bzw. 150 cm² großer Eisenoberfläche und mit 30 bzw. 90 cm² großer Kupferoberfläche

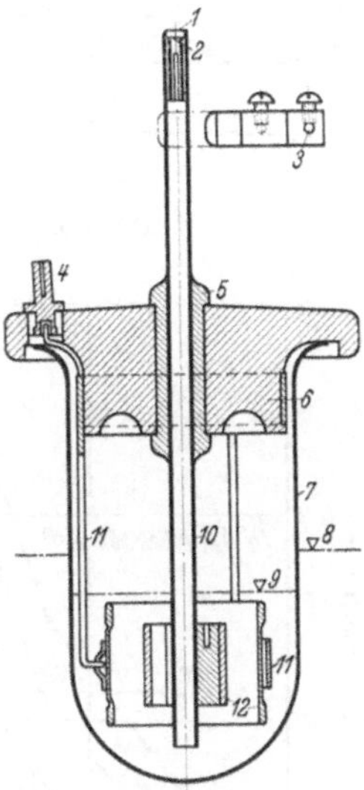

Abb. 4.

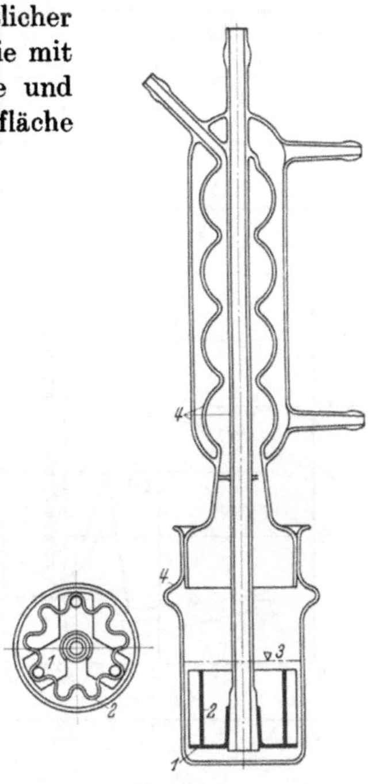

Abb. 5.

Abb. 4. Ölprüfgerät nach Anderson-Asea. *1* Sauerstoffzuführung, *2* Filter, *3* Anschlußklemme für die Hochspannung, *4* Erdungsklemme, *5* Blei, *6* Porzellan, *7* Glas, *8* Niveau des Ölbades, *9* Niveau des Probeöles, *10* Versilbertes Kupfer, *11* Flußeisen, *12* Elektrolytisches Kupfer.

Abb. 5. Ölprüfapparat nach Anderson-Asea aus Glas ohne elektrisches Feld. *1* Flußeisen 0,3% C 25 cm², *2* Elektrolytisches Kupfer 100 cm², *3* Niveau des Probeöles, *4* Neutralglas.

gewonnen wurden, so daß man annehmen darf, daß der Grenzwert der Wirksamkeit bereits bei 150 cm² Fläche je 75 g Öl erreicht war.

Mit dem Alterungsapparat nach Anderson-Asea wurden an mehreren Ölen Alterungsprüfungen durchgeführt, wobei das Verhältnis der wirksamen Kupfer- und Eisenoberflächen, die Alterungszeit und die Spannung an den Elektroden verändert wurde. In schematischer Darstellung zeigt Abb. 4 den Aufbau des verwendeten Prüfgerätes.

Die untersuchten Öle stammen alle aus dem gleichen Rohöl, waren aber verschieden weitgehend raffiniert. Die Versuche ergaben, (vgl. Abb. 6a, b, c), daß die Schlammzahlen für die mittel und wenig raffinierten Öle ziemlich

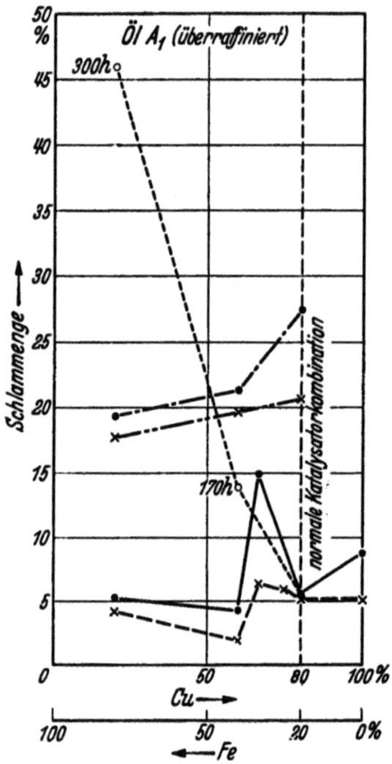

Abb. 6a.

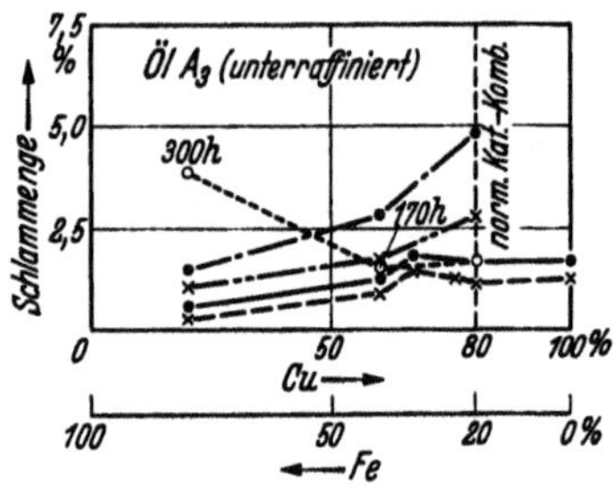

Abb. 6b.

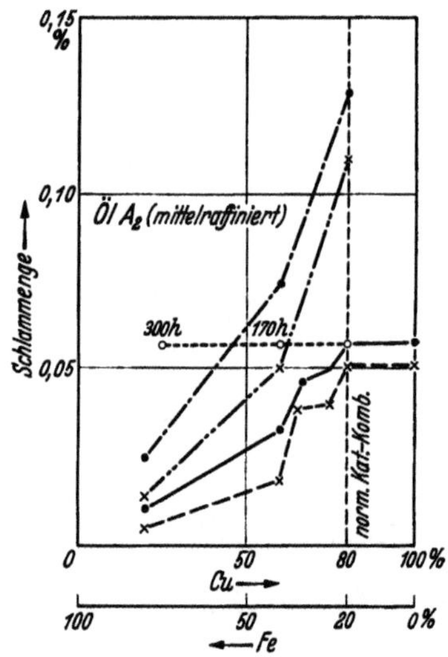

Abb. 6c.

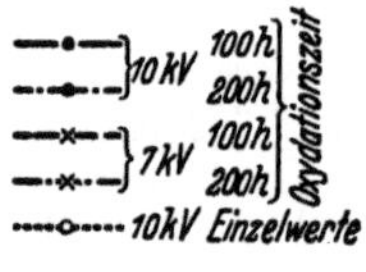

Abb. 6a, b, c. Schlammzahlen einiger verschieden weit ausraffinierter Öle in Abhängigkeit von der Katalysatorzusammensetzung; Alterungszeit 100 Stdn.

konstant blieben bei einer Änderung des Verhältnisses Kupfer- zu Eisenfläche zwischen 80:20 bis 67:33. Das am weitesten ausraffinierte Öl zeigte eine gewisse Empfindlichkeit gegen Eisen, während das mittel raffinierte Öl eine ausgeprägte Empfindlichkeit gegen Kupfer aufwies. Das wenig raffinierte Öl zeichnete sich ebenfalls durch Empfindlichkeit gegen Kupfer aus, die jedoch weniger stark ausgebildet ist, als bei dem Öl von mittlerem Raffinationsgrade.

Der Einfluß einer Spannungssteigerung von 7000 auf 10000 V macht sich bei allen Ölen um eine bis zu 100% größere Schlammbildung bemerkbar.

B. Der Einfluß des elektrischen Feldes, der Alterungszeit, der Temperatur und der Kondensation gebildeter, dampfförmiger Oxydationsprodukte.

Mit dem Anderson-Asea-Standard-Apparat wurde eine weitere Reihe von Alterungsprüfungen vorgenommen, bei denen Temperatur und Alterungszeit variiert wurden. Zum Teil wurden mittels eines aufgesetzten Kühlers die gebildeten dampfförmigen Oxydationsprodukte kondensiert und dem Öl wieder zugeleitet, zum Teil standen die Ölproben während der Alterung unter dem Einfluß des elektrischen Feldes. Für alle Versuche wurden jeweils neue Ölproben verwandt.

Die Ergebnisse sind in Tabelle 6 zusammengestellt. Es sind darin auch Werte aufgenommen, die mit einer Glasapparatur nach Abb. 5 gefunden wurden. Die Tabelle enthält die Werte für den Schlammgehalt des filtrierten Öles und Vergleichszahlen, die angeben, wieviel mal größer die Schlammwerte der Öle A_1 und A_3 sind, als die des Öles A_2. Jeder der Schlammwerte wurde aus mindestens 4 Versuchen gemittelt.

Zur besseren Veranschaulichung der Ergebnisse wurden die bemerkenswertesten Zahlen in Abb. 7a bis d in Form von Balkendiagrammen dargestellt. Es wurden durchweg die Verhältniswerte der gebildeten Schlammmenge aufgetragen. Die Abbildungen zeigen also, wie die Beurteilung eines Öles A_1 bzw. A_3 ausfällt, wenn ein anderes Öl (in diesem Falle A_2) als Vergleichsobjekt benutzt wird, und wie sich diese relative Beurteilung mit den vielen möglichen Versuchsvariabeln ändert. Den Einfluß der Alterungszeit zeigt die Abb. 7a.

Aus dem Balkendiagramm (Abb. 7b) ersieht man den Einfluß des elektrischen Feldes. Sowohl die absoluten wie die relativen Schlammwerte sind ganz wesentlich vom Vorhandensein des elektrischen Feldes abhängig. Der Einfluß des elektrischen Feldes ist für Öle verschiedenen Raffinationsgrades verschieden.

Das Diagramm (Abb. 7c), das die Auswirkung des Vorhandenseins eines Kühlers darstellt, zeigt, daß die Vergleichszahlen A_1/A_2 und A_3/A_2 durchweg bei Vorhandensein eines Kühlers etwas größer sind als ohne Kühler. Die Unterschiede sind jedoch ziemlich unbeträchtlich.

Tabelle 6. Schlammgehalte der Öle A_1, A_2 und A_3 und deren gegenseitiges Verhältnis bei verschiedenen Alterungsproben.

Nr.	Apparattyp	Katalysatoren	Kühler	Probetemperatur °C	Probezeit Stunden	Elektrisches Feld	Schlammenge % für Öl				
							A_1	A_1/A_2	A_2	A_3/A_2	A_3
1	Anderson-Asea-Standard-Apparat	Fe	ja	100	50	ja	0,048	2,2	0,022	14	0,30
2	Anderson-Asea-Standard-Apparat	Cu	ja	100	50	nein	0,15	6,5	0,020	8	0,19
3	Desgl.	Desgl.	ja	100	75	ja	1,04	30	0,035	14	0,50
4	,,	,,	ja	100	75	nein	1,46	61	0,024	28	0,68
5	,,	,,	ja	100	100	ja	5,1	93	0,055	26	1,40
6	,,	,,	ja	100	100	nein	2,1	60	0,035	23	0,80
7	,,	,,	nein	100	100	ja	4,8	83	0,058	23	1,35
8	,,	,,	nein	100	100	nein	1,9	53	0,036	21	0,76
9	Glasapparat nach Abb. 5, modifizierte Methode Anderson-Asea	,,	ja	100	100	nein	3,4	46	0,074	7	0,52
10	Anderson-Asea-Standard-Apparat	Cu	nein	110	50	ja	0,40	74	0,054	9,6	0,52
11	Anderson-Asea-Standard-Apparat	Cu	nein	110	50	nein	0,13	26	0,050	8,8	0,44
12	Glasapparat nach Abb. 5	Cu	ja	110	50	nein	2,1	19	0,11	4,4	0,48
13	Anderson-Asea-Standard-Apparat	Cu	nein	110	75	ja	15,6	98	0,16	6,6	1,05
14	Anderson-Asea-Standard-Apparat	Cu	nein	110	75	nein	1,2	8	0,15	3,5	0,52
15	Glasapparat nach Abb. 5	Cu	ja	110	75	nein	4,6	29	0,16	5,2	0,83
16	Michie-Test Standardmethode	Cu	ja	150	45	nein	0,095	0,14	0,66	2,5	1,65

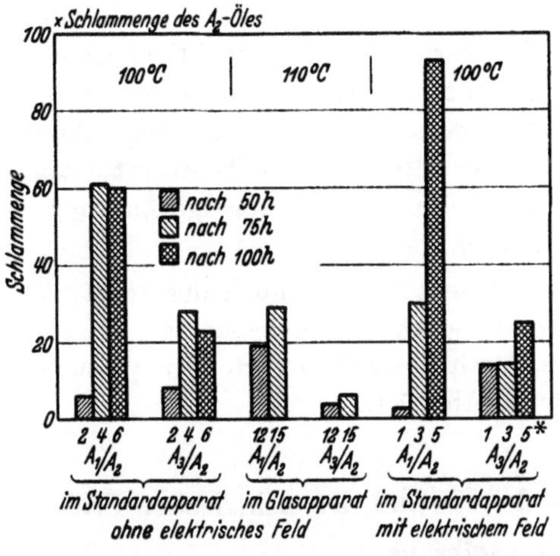

Abb. 7a. Einfluß der Probezeit auf die Schlammbildung im Glas- und Standardapparat nach Anderson-Asea mit und ohne Feld. * Die Ziffern geben die entsprechende Pos.-Nr. in Tabelle 5 an.

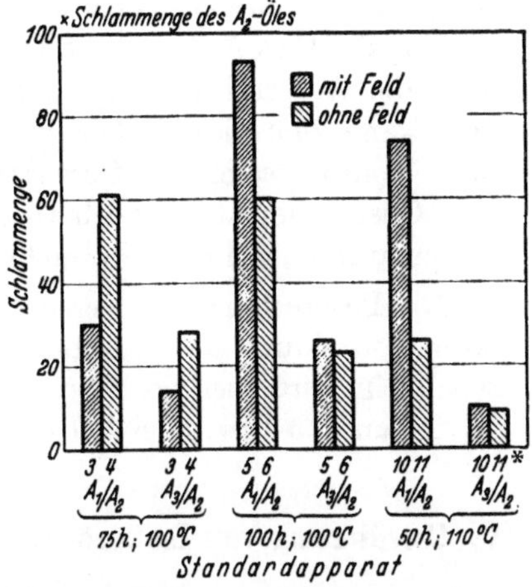

Abb. 7b. Einfluß des elektrischen Feldes bei verschiedenen Probezeiten und bei verschiedenen Temperaturen auf die Schlammbildung. * Die Ziffern beziehen sich auf die Pos.-Nr. in Tabelle 5.

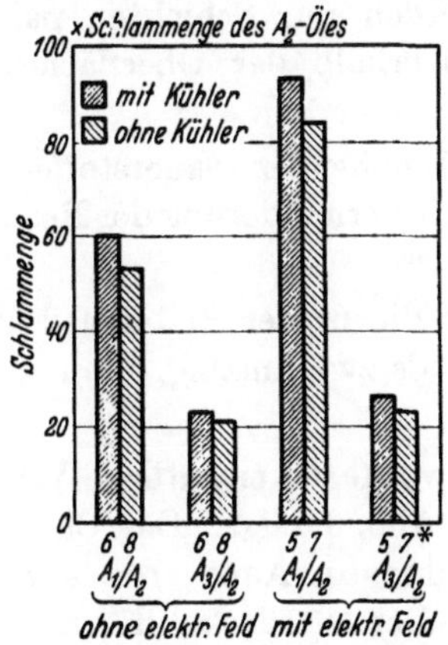

Abb. 7c. Einfluß der Kondensationsprodukte auf die Schlammbildung nach 100 Stunden bei 100° C. * Die Ziffern geben die entsprechende Pos.-Nr. in Tabelle 5 an.

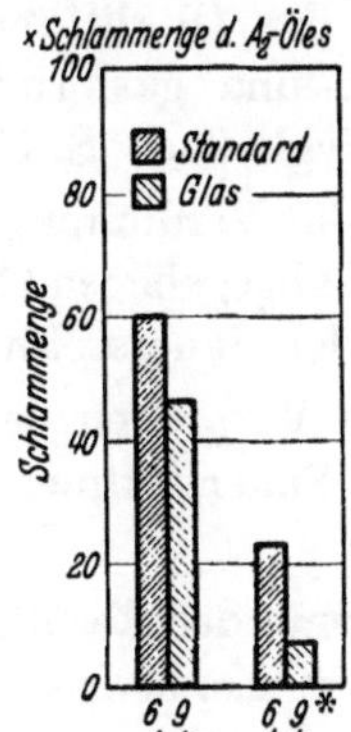

Abb. 7d. Einfluß der Apparatekonstruktion auf die Schlammbildung; Alterung ohne elektrisches Feld mit Kühler 100 Stunden bei 100°. * Die Ziffern geben die entsprechende Pos.-Nr. in Tabelle 5 an.

Die Wahl der Alterungstemperatur ist sehr wesentlich, wie die Proben 4 und 6 im Vergleich mit Probe 14 erkennen lassen. Die Alterungstemperaturen unterscheiden sich nur um 10° C, und doch ist die Schlammbildung des Öles A_2 bei der höheren Temperatur ganz beträchtlich größer; auch die Wasserabspaltung ist bei 110° C sehr viel größer als bei 100° C. Dies kann zum elektrischen Überschlag zwischen den Elektroden führen und erschwert somit die Durchführung der Alterung. Die Temperatur von 110° C ist daher als zu hoch abzulehnen. Als höchste zulässige Alterungstemperatur darf 100° C betrachtet werden.

Die Besprechung der Versuchsergebnisse zeigt, daß auch der konstruktiven Ausbildung des Gerätes große Bedeutung zuzumessen ist. Veranschaulicht wird dies noch besonders durch die Zahlenwerte der Versuche Nr. 14 und 15 bzw. 8 und 9 (vgl. auch Abb. 7d).

C. Oxydierung von Isolierölen und der Einfluß des elektrischen Feldes.

1. Versuchsausführung.

Vorproben hatten ergeben, daß es nicht genügt, den Sauerstoff nur mit der Oberfläche des Öles in Berührung zu bringen; der Sauerstoff muß vielmehr durch das Öl hindurchperlen, anderenfalls wird er nur in ungenügender Menge in das Öl diffundieren, und es werden nur Schichten nahe der Oberfläche und gasförmige Bestandteile oberhalb der Oberfläche völlig oxydiert (vgl. auch S. 165).

Auch die Verdünnung des über dem Öl stehenden Sauerstoffes durch die vom Öl abgegebenen Gase macht sich durch Verminderung der Reaktionsfähigkeit der Sauerstoffatmosphäre bemerkbar.

Andere Vorproben gaben Klarheit über die in der Zeiteinheit durchzuleitende Sauerstoffmenge. Es erwies sich als zweckmäßig, diese zu 1 l/h zu wählen.

Auf Grund der Resultate der Vorproben wurde die eigentliche Versuchsapparatur zusammengestellt, deren Aufbau Abb. 8 zeigt. Das Öl befindet sich in einem Alterungsapparat *7* nach Anderson-Asea, der seinerseits in ein Ölbad von 104 ± 1° C gestellt wurde. Der Glasdeckel des Alterungsapparates wurde gasdicht auf das Probeglas aufgesetzt. Die Dichtung erfolgte mittels einer Packung unter Zuhilfenahme ölbeständigen Lackes. Das zentrale Rohr des Alterungsapparates, wie auch der Kühler *13* wurden an ein Röhren- und Schlauchsystem angeschlossen, mit dessen Hilfe es möglich war, eine in die Apparatur eingebrachte Sauerstoffmenge im stetigen Kreislauf durch das Öl durchzublasen.

Die Gaspumpe besteht aus dem Quecksilber enthaltenden Gefäß *3*, das zur Versorgung von *6* Alterungsapparaten mit *6* Abzweigungen versehen ist. Durch den Tauchkörper *2*, der sich infolge exzentrischer Befestigung an der umlaufenden Scheibe *1* auf- und abbewegt, wird das Niveau des Quecksilbers in den Abzweigen periodisch gehoben und gesenkt. Hierdurch wird abwechselnd durch den Kühler *13* und das Saugventil *5* Sauerstoff aus dem Gasraum oberhalb des Ölspiegels im Prüfapparat angesaugt und durch das Druckventil *4* und das zentrale Rohr des Prüfapparates wieder in das Öl gedrückt.

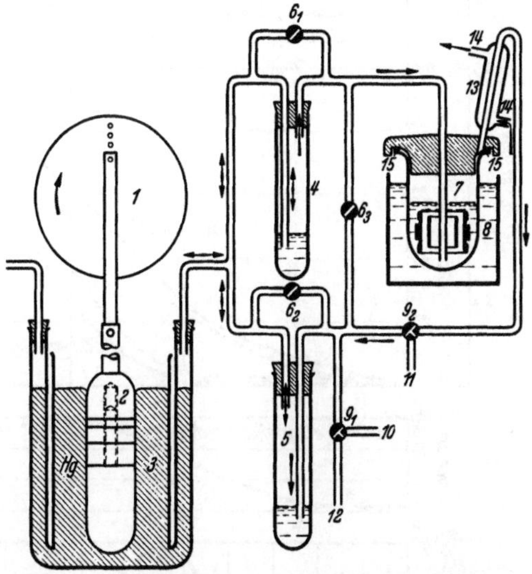

Abb. 8. Absorptionsapparat. *1* Kurbel mit veränderlichem Radius, *2* Kolben von veränderlicher Länge, *3* Quecksilberbehälter mit 6 Abzweigen, *4* Einlaßventil, *5* Saugventil, *6* Einweghahn, *7* Prüfapparat. *8* Ölbad, *9* Zweiwegehahn, *10* Zum Sauerstoffbehälter, *11* Leitung zur Entnahme von Gasproben, *12* Zur Glasbürette, *13* Kühler, *14* Kühlwasser für den Kühler, *15* Packung.

Aus der Zweigleitung *11* konnten Gasproben mit Hilfe einer Gaspipette von 50 cm³ entnommen werden, die in einem Gas-Analyse-Apparat (Orsat) untersucht wurden. An die Leitung *12* ist eine Gaspipette von 100 cm³ Fassungsvermögen angeschlossen, die mittels einer Wasserkühlung auf der konstanten Temperatur $12 \pm 2°$ C gehalten wurde. Durch einen Dreiwegehahn 9_1 konnte die Pipette mit einem Sauerstoffbehälter verbunden werden.

2. Die Inbetriebsetzung.

Zunächst wurde 12 Stunden lang die Apparatur mit Sauerstoff durchspült, wobei die Probeapparate sich noch außerhalb des Ölbades befanden, damit ihre Temperatur 30° C nicht überstieg. Danach zeigten Gasproben, aus dem Inneren des Apparates entnommen, einen Sauerstoffgehalt von 98%, der dem des Gases im Vorratsbehälter entsprach. Während der Durchspülung mit Sauerstoff war die Pipette mit 5%iger Kochsalzlösung gefüllt. Dann wurden die Probeapparate in das Ölbad gesenkt, das Leitungssystem wurde von der äußeren Luft abgesperrt und die Pipette wurde unter

Absenkung der Kochsalzlösung mit Sauerstoff gefüllt. Durch vorübergehendes Öffnen der Hähne *6* wurden vorhandene Druckdifferenzen in der Apparatur ausgeglichen. Bei geschlossenen Hähnen *6* wurde dann die Pumpe in Betrieb gesetzt. Alle Stunden wurde die Pumpe in ihrer höchsten Stellung angehalten, die Hähne *6* geöffnet und der Druck in der Pipette kontrolliert. War der Sauerstoffgehalt der Pipette verbraucht, so wurde sie aus dem Sauerstoffbehälter neu gefüllt und darauf die Apparatur wieder in Betrieb gesetzt. Nach je 9 Stunden wurden Gasproben durch die Abzweigleitung *11* entnommen und anschließend wurde, wie oben beschrieben, die Apparatur mit Sauerstoff gespült, worauf sie wieder in Betrieb gesetzt wurde. Die für die Spülung benötigte Zeit (je 1 Stunde) wurde in die gesamte Alterungszeit miteingerechnet.

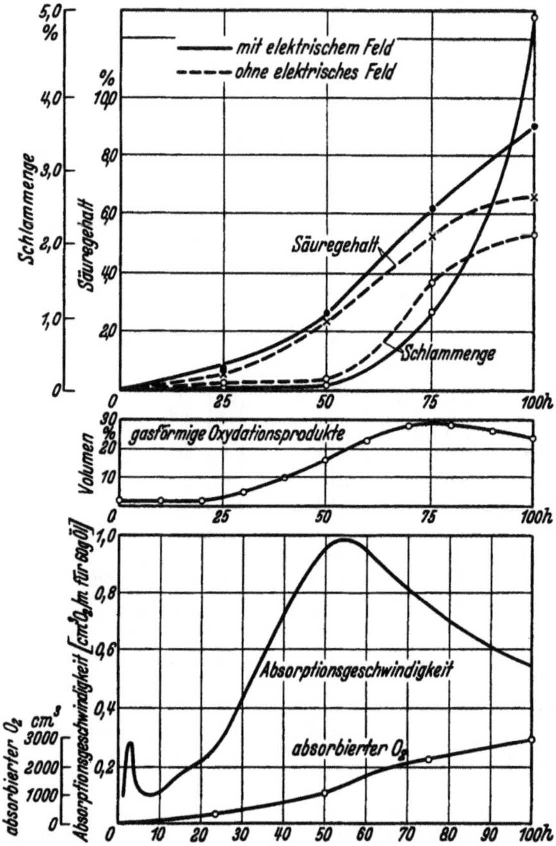

Abb. 9. Proben im Anderson-Asea-Ölprüfapparat. Vergleich zwischen absorbiertem Sauerstoff und gebildeten Oxydationsprodukten. Öl A_1 ——— mit elektrischem Feld, - - - ohne elektrisches Feld. Die gasförmigen Oxydationsprodukte wurden nach je 10 Stunden Zeitintervall analysiert.

3. Ergebnisse.

Die Untersuchungen erstreckten sich auf die Öle A_1 (überraffiniert), A_2 (mittelraffiniert) und A_3 (unterraffiniert).

Das Ergebnis der Untersuchungen zeigen die Abb. 9 bis 11. Jeder Meßpunkt ist der Mittelwert aus 6 Einzelbestimmungen. Aus den Kurven geht die Wirksamkeit des elektrischen Feldes deutlich hervor. Sie besteht darin, daß Polymerisation und andere molekulare Umgruppierungen erleichtert werden. Die Versuche ließen jedoch erkennen, daß die Oxydationsgeschwindigkeit selbst durch die Anwesenheit des elektrischen Feldes nicht beeinflußt wird. Ausnahmen kommen jedoch vor.

Beachtenswert ist der Verlauf der aufgenommenen Sauerstoffmenge. Hier treten deutliche Unterschiede zwischen den 3 Ölen zutage, die auf die verschiedenen Raffinationsgrade der Öle zurückzuführen sind. Mit dem mittelraffinierten Öl A_2 verglichen, nimmt das überraffinierte Öl A_1 10mal soviel und das wenig raffinierte Öl A_3 3mal soviel Sauerstoff auf. Dies beweist die beträchtlich größere Oxydationsbeständigkeit eines mittelraffinierten Öles, wie es den schwedischen Vorschriften entspricht, im Vergleich mit einem überraffinierten Öl, bei dem die Raffination offenbar so weit getrieben ist, daß auch schon die gesättigten Kohlenwasserstoffe angegriffen wurden.

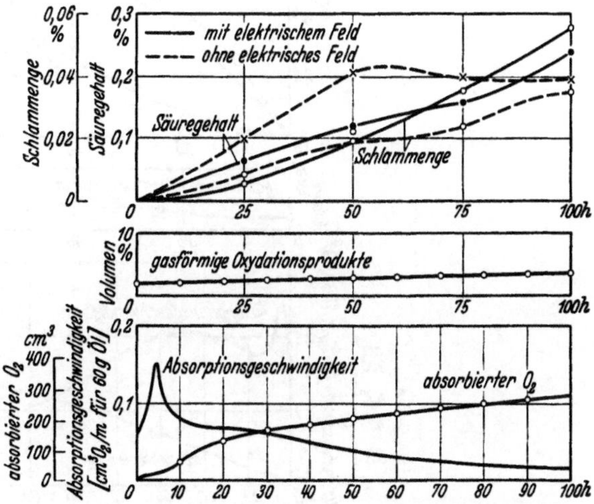

Abb. 10. Proben im Anderson-Asea-Ölprüfapparat. Vergleich zwischen absorbiertem Sauerstoff und gebildeten Oxydationsprodukten. Öl A_2 ——— mit elektrischem Feld, - - - ohne elektrisches Feld. Die gasförmigen Oxydationsprodukte wurden nach je 10 Stunden Zeitintervall analysiert.

Die Untersuchung der gebildeten gasförmigen Oxydationsprodukte erstreckte sich auf folgende Bestimmungen:

1. Messung der in KOH-Lösung absorbierbaren Gase (CO_2, Ameisensäure, Essigsäure u. a.).

2. Messung der in KOH-Lösung nicht absorbierbaren, jedoch brennbaren Gase (Kohlenwasserstoffe, Ketone, Aldehyde usw.) und Bestimmung des bei ihrer Verbrennung entstehenden Kohlendioxyds.

3. Bestimmung des Gehalts an freiem Kohlendioxyd.

Für das Öl A_1, das die meisten gasförmigen Oxydationsprodukte liefert, zeigt die Tabelle 7 die Zahlenwerte. Insgesamt bildeten sich bei diesem Öl etwa 200 cm³ gasförmige Produkte, während bei den beiden anderen Ölen die gebildete Gasmenge etwa 50 cm³ betrug.

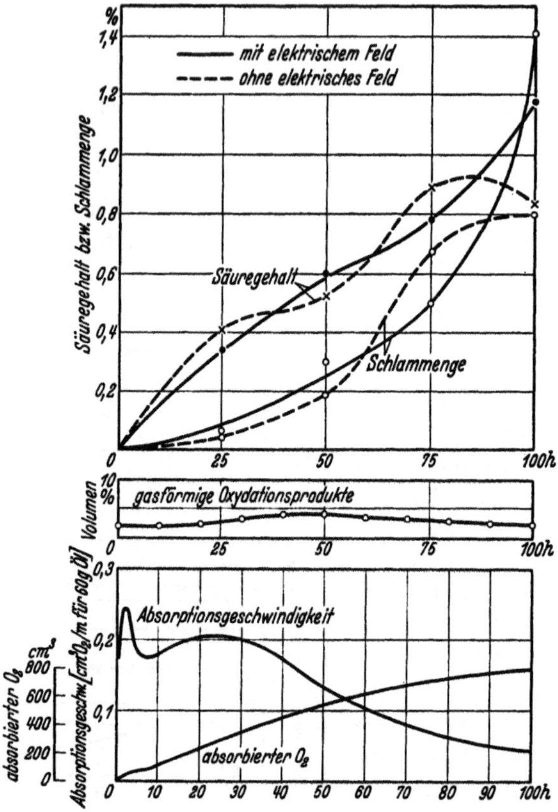

Abb. 11. Proben im Anderson-Asea-Ölprüfapparat. Vergleich zwischen absorbiertem Sauerstoff und gebildeten Oxydationsprodukten. Öl A_3 ——— mit elektrischem Feld, – – – ohne elektrisches Feld. Die gasförmigen Oxydationsprodukte wurden nach je 10 Stunden Zeitintervall analysiert.

Tabelle 7. Öl A_1. Für 60 g Öl Sauerstoffgasvolumen = 165—170 cm³.

Zeitintervall der Probezeit	Gehalt O_2 %	Gesamtmenge gasförmiger Oxydationsprodukte %	Absorbierbar in KOH (CO_2 usw.) cm³	Nicht absorbiert in KOH (Kohlenwasserstoffe usw.) cm³
1—9 Stunden	96	3	3	—
10—19 „	95	4	5	—
20—29 „	95	4	5	—
30—39 „	94	5	7	—
40—49 „	89	10	10	5
50—59 „	84	15	17	6
60—69 „	80	19	25	5
70—79 „	75	24	30	12
80—89 „	80	19	20	12
90—99 „	80	19	20	12
		Summe	142 cm³	52 cm³
			Summe	194 cm³

III. Vergleich zwischen der Alterung im Betriebe und künstlicher Alterung bei verschiedenen Ölen.

Es sollte festgestellt werden:

1. Welche Alterungsmethode am besten mit der natürlichen Alterung im Transformator übereinstimmt.
2. Welcher Raffinationsgrad für Transformatorenöl der zweckmäßigste ist.

A. Versuchsausführung. Betriebsproben in Transformatoren.

Zur Durchführung der Versuche wurden 3 genau gleiche dreiphasige 10 kVA-Transformatoren für 20/0,23 kV verwendet. Die Ölmenge in jedem Transformator betrug 110 kg. In dem Ölkanal zwischen den konzentrischen Wicklungen stand ein Zylinder aus Bakelitpapier. Die Hoch- und Niederspannungswicklungen waren baumwollisoliert und mit ölbeständigem Lack imprägniert. Die Distanzstücke und ähnliche Konstruktionsteile bestanden aus ölimprägniertem Preßspan und Eschenholz. Der Eisenkern war aus siliziumlegiertem Transformatorenblech aufgebaut. Der Kessel bestand aus weichem Eisen und war innen ölbeständig lackiert.

Das Kupfergewicht betrug 22% des Ölgewichtes; außerdem war auf dem Joch des Transformators ein kupfernes, von Kühlwasser durchflossenes Kühlrohr von $^1/_2''$ ⌀ vorgesehen, an dem das warme, aufsteigende Öl vorbeigeleitet wurde.

Die auf 1 l Öl bezogenen Metalloberflächen waren folgende:

1. Warmes Kupfer: 270 cm²/l Öl (in Rechnung gesetzt wurden nur die äußeren lackierten und isolierten Spulenflächen, die in direkter Berührung mit dem Öl stehen.)
2. Kaltes Kupfer: 23 cm²/l Öl (unlackierte Oberfläche der Kühlspirale).
3. Warmes Eisen: 68 cm²/l Öl (unlackierte Oberfläche der Kerne und der Joche).
4. Kaltes Eisen: 1450 cm²/l Öl (lackierte Innenwandung des Kessels).

Das Verhältnis der warmen Metallflächen war: Kupfer:Eisen = 80:20.

Das Verhältnis der totalen Metallflächen war: Kupfer : Eisen = 4:20.

Die Luft hatte durch eine Öffnung (25 mm Durchmesser) im Deckel Zutritt zu der Öloberfläche. Eine schematische Ansicht des Transformators zeigt Abb. 12a. Vor der Befüllung mit Öl wurden die Transformatoren sorgfältig mit Benzol gespült und bei 90° C im Ofen 1 Tag lang getrocknet.

Die 3 Transformatoren wurden mit den 3 aus den früheren Untersuchungen bekannten Ölen A_1, A_2, A_3 gefüllt. Die Daten der verwendeten Öle gehen aus der Tabelle 8 hervor. Hier sind auch die Werte

Tabelle 8.

	Öle in Lieferungszustand			Öle nach 31 Monaten Betrieb in den Transformatoren		
	A_1	A_2	A_3	A_1	A_2	A_3
Schlammzahl, % (Michie-Test)	0,095	0,66	1,65	(1,81)[1]	(0,27)[1]	(1,13)[1]
Säurezahl, mg KOH (Michie-Test)	3,73	1,49	2,17	(11,58)[1]	(1,05)[1]	(1,28)[1]
Verseifungszahl, mg KOH (Michie-Test)	8,29	4,45	4,65	(14,79)[1]	(3,17)[1]	(3,93)[1]
Schlammzahl, % (Anderson-Asea-Probe	4,8	0,058	1,35	23,9	0,23	8,9
Säuregehalt, % Ölsäure (Anderson-Asea-Probe)	13,8	0,24	0,70	10,4	0,64	1,12
Schlammenge, % (ohne Oxydationsprobe)	0	0	0	0,37	0,003	0,31
Säuregehalt, % Ölsäure (ohne Oxydationsprobe)	0	0	0,01	5,30	0,068	0,65
Zugfestigkeit bei baumwollenen Bändern nach 31 Monaten Betrieb in den Transformatoren in % der ursprünglichen Festigkeit				11,5	68,0	8,3
Zugfestigkeit bei baumwollenen Bändern nach Betrieb in den Transformatoren während des 30. und 31. Monates in % der ursprünglichen Festigkeit				49,3	97,0	26,5
Spezifisches Gewicht bei 20°, g/cm³	0,860	0,869	0,902	0,886	0,870	0,907
Viskosität bei 20° cSt	32,5	36,5	43,5	74,5	39,6	56
Flammpunkt °C (Pensky-Martens)	148	146	148	148	160	159
Dielektrische Eigenschaften bei 20° C						
$\mathrm{tg}\,\delta$ bei 60 Per./s	$10 \cdot 10^{-4}$	$10 \cdot 10^{-4}$	$10 \cdot 10^{-4}$	$776 \cdot 10^{-4}$	$9 \cdot 10^{-4}$	$1057 \cdot 10^{-4}$
ε bei 60 Per./s	2,16	2,18	2,37	2,87	2,21	2,61
$\mathrm{tg}\,\delta \cdot \varepsilon$ bei 60 Per./s	$2{,}2 \cdot 10^{-3}$	$2{,}2 \cdot 10^{-3}$	$2{,}4 \cdot 10^{-3}$	$223 \cdot 10^{-3}$	$2{,}0 \cdot 10^{-3}$	$276 \cdot 10^{-3}$

[1] Diese Werte wurden bestimmt nach nur 27 Monaten Betrieb durch eine modifizierte Michie-Probe mit 45 h Erhitzung bei 130° C.

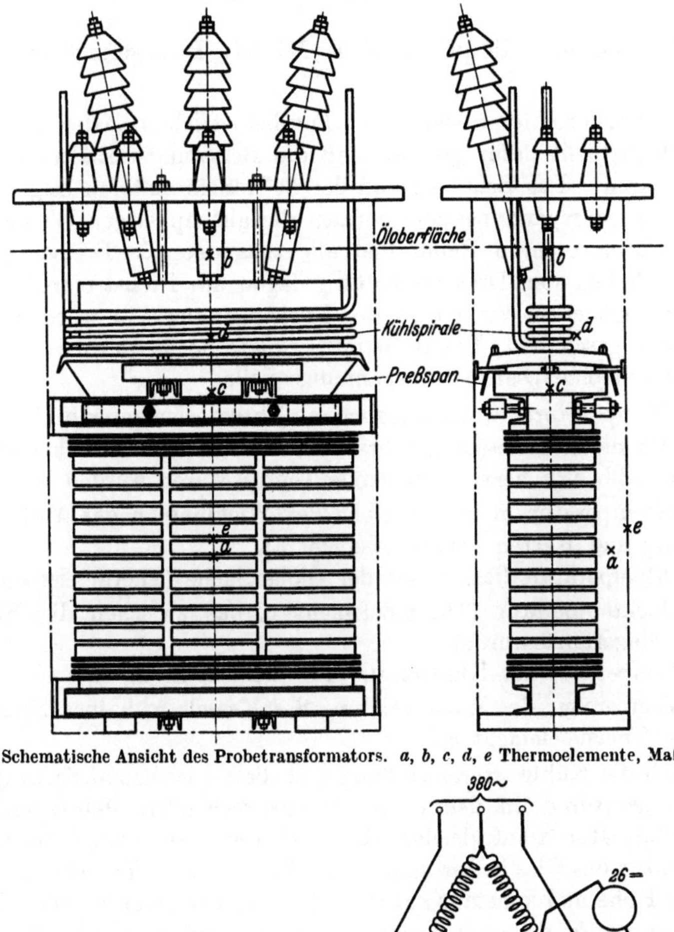

Abb. 12a. Schematische Ansicht des Probetransformators. *a*, *b*, *c*, *d*, *e* Thermoelemente, Maßstab 1 : 4.

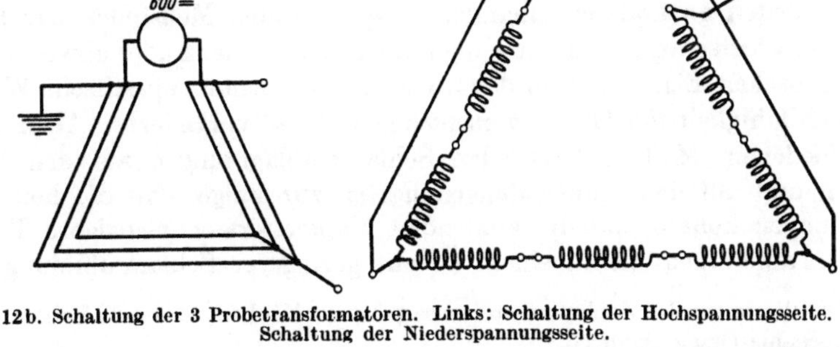

Abb. 12b. Schaltung der 3 Probetransformatoren. Links: Schaltung der Hochspannungsseite. Rechts: Schaltung der Niederspannungsseite.

der Schlammzahlen, die auf Grund des Michie-Tests gefunden wurden, aufgeführt[1].

Die Transformatoren wurden im Parallelbetriebe belastet, und es wurde nach Möglichkeit dafür gesorgt, daß die Belastungsverhältnisse bei allen gleich waren. Das Schaltschema der 3 Transformatoren zeigt Abb. 12b. Auf der Niederspannungsseite wurden die gleichphasigen Wicklungen der 3 Transformatoren in Reihe und alle zusammen in Dreieck geschaltet. Die drei Ecken der Dreieckschaltung lagen am Drehstromnetz 3 · 380 V. Die phasengleichen Wicklungen der Hochspannungsseite wurden insgesamt in Dreieck geschaltet. Die Belastung erfolgte hoch- und niederspannungsseitig durch eine Gleichstromspannungsquelle.

Die Temperaturen wurden täglich mit Thermoelementen und wöchentlich durch Widerstandsmessungen bestimmt. Die Lage der Thermoelemente geht aus Abb. 12a hervor. Folgende Temperaturen wurden beobachtet:

1. Öltemperatur in halber Höhe der Wicklung in der Mitte zwischen Wicklung und Kasten (Thermoelement a).

2. Öltemperatur dicht unter der Öloberfläche (Thermoelement b).

3. Jochtemperatur (Thermoelement c, das zwischen die Bleche des Joches eingeführt wurde).

4. Temperatur der Kühlspirale (Thermoelement d).

5. Temperatur der Innenwandung des Kessels in halber Höhe des Ölstandes (Thermoelement e).

Durch die Kühlwassereinstellung und die Gleichstrombelastung wurden die Temperaturen an den einander entsprechenden Meßstellen in allen 3 Transformatoren auf gleicher Höhe gehalten. Als maßgebend wurde die Temperatur des Öles selbst angesehen, die in allen 3 Transformatoren auf gleicher Höhe und konstant auf 60—65° C gehalten wurde. Diese Regelung hatte im Laufe der Zeit zwangsläufig das Auftreten von Temperaturunterschieden an anderen einander entsprechenden Meßstellen zur Folge, da die mit fortschreitender Alterung immer mehr voneinander abweichenden physikalischen Eigenschaften der 3 Öle, wie Viskosität, spezifische Wärme, die Kühlfähigkeit der Öle in verschiedener Weise veränderte. Auch die in verschiedenem Maße auftretenden Schlammablagerungen auf den Wicklungen und auf den Kühlschlangen hatten zur Folge, daß die heizenden Wicklungen höhere und die kühlenden Kupferspiralen niedrigere Temperaturen annahmen als in einem Öl mit geringerer Schlammbildung.

---

[1] Die Werte wurden dankenswerterweise teils von Michie, teils vom Laboratorium der Rhenania-Ossag ermittelt.

Da die Luft freien Zutritt zur Oberfläche hatte, wurden, um Fehlerquellen auszuschalten, die 3 Transformatoren nebeneinander aufgestellt.

In bestimmten Zeitabschnitten wurden die Transformatoren aus den Kesseln herausgehoben und besichtigt. Hierbei wurden unter Umrühren Durchschnittsproben der Öle mit Hilfe von Glasröhren entnommen; eine gleich große Frischölmenge wurde wieder zugesetzt. Im ganzen dauerten die Versuche 3 Jahre; hiervon standen die Transformatoren 31 Monate lang unter Last. Der Rest der Zeit entfiel auf notwendige Unterbrechungen.

Die Messungen erstreckten sich neben den Öluntersuchungen auch noch auf die Feststellung etwaiger Gewebeschädigungen durch die Oxydationsprodukte der Öle. Zu diesem Zweck hatte man die mit Bakelitröhren isolierten Zuleitungen zu den Hochspannungswicklungen halb überlappend mit Baumwollband umwickelt, das nach gewissen Zeitintervallen auf Zugfestigkeit und Dehnung untersucht wurde. Es wurde hierzu vom Öl und Schlamm durch Waschen in Benzin und Benzol gesäubert, getrocknet und nach 2tätigem Aufbewahren in Luftatmosphäre von 65% relativer Feuchtigkeit auf Festigkeitsprüfmaschinen zerrissen. Die ermittelte Festigkeit wurde verglichen mit der Festigkeit des ursprünglichen Bandes.

An den entnommenen Ölproben wurden im Asea-Materiallaboratorium[1] folgende Feststellungen gemacht:

1. Ermittlung des Schlammgehaltes im erkalteten Öl durch Filtrieren des unverdünnten Öles nach vorherigem gründlichem Umschütteln.

2. Bestimmung des benzinunlöslichen Schlammes in dem kalten, filtrierten Öl.

3. Bestimmung der Schlammenge in 5 h lang auf 90° C erhitztem Öl durch Filtrieren des Öles bei 80 bis 85° C. Ermittlung des Säuregehaltes, des Schlammes und des filtrierten Öles.

4. Bestimmung des Säuregehaltes der schlammhaltigen Öle.

5. Durchführung der Verschlammungsprobe nach Anderson-Asea, und Bestimmung der Teerbildungszahl nach Kießling.

6. Bestimmung des spezifischen Gewichtes, des Flammpunktes nach Pensky-Martens, der Engler-Viskosität, der Farbe, des allgemeinen Aussehens, der dielektrischen Verluste und der Dielektrizitätskonstante.

[1] Die Bestimmung der Schlammenge und des Säuregehaltes haben freundlicherweise die Herren Michie und G. Dalbäck — der letzte bei der Kungl. Vattenfallsstyrelsens (K.V.S.) Provningsanstalt bei Älvkarleby Kraftverk — übernommen, wofür ich auch an dieser Stelle meinen besten Dank ausspreche. Auch das Laboratorium der Rhenania-Ossag hat die Arbeiten gefördert, indem es die Durchführung des Michie-Tests an den Ölproben übernahm. Ich danke der Firma bestens für die geleistete Hilfe.

B. Die Versuchsergebnisse.

a) Benzinunlöslicher Schlamm. Die Ergebnisse des Versuches sind in Abb. 13 niedergelegt. Es wurde in der Abbildung die mit Benzin gefällte Schlammenge in Abhängigkeit von der Betriebszeit aufgetragen. Die Schlammbildung ist beim Öl A_3 am größten; sie setzt bei diesem Öl auch zuerst ein. Den nächst steileren Verlauf der Schlammbildungskurve weist das Öl A_1 auf, bei dem die Schlammbildung auch etwas später beginnt. Bemerkenswert ist, daß bei diesem Öl die Steilheit der Schlammbildungskurve gegen den Schluß des Versuches so stark anwächst, daß gegen den 31. Monat zwischen den Ölen A_1 und A_3 bezüglich der gebildeten Schlammengen kein Unterschied mehr besteht.

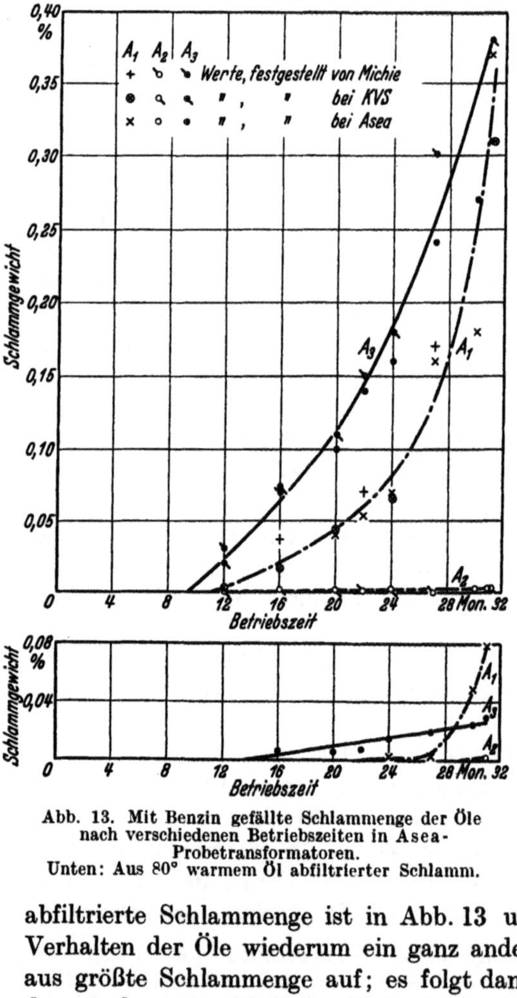

Abb. 13. Mit Benzin gefällte Schlammenge der Öle nach verschiedenen Betriebszeiten in Asea-Probetransformatoren.
Unten: Aus 80° warmem Öl abfiltrierter Schlamm.

b) Kalt abfiltrierter Schlamm. Abb. 14 zeigt die aus dem kalten Öl abfiltrierte Schlammenge. In dieser Beziehung erweist sich das Öl A_1 auch zum Schluß der Versuchszeit als wesentlich besser im Vergleich mit dem Öl A_3.

c) Warm abfiltrierter Schlamm. Die aus warmem Öl bei der Temperatur 80° C abfiltrierte Schlammenge ist in Abb. 13 unten dargestellt. Hier ist das Verhalten der Öle wiederum ein ganz anderes. Das Öl A_1 weist die weitaus größte Schlammenge auf; es folgt dann A_3 und schließlich A_2. Auch der stark unterschiedliche Verlauf der 3 Kurven verdient Beachtung.

d) Die Säurebildung der 3 Öle zeigt Abb. 15. Anfänglich weisen die Öle keinen bemerkenswerten Unterschied bezüglich der Säurebildung auf.

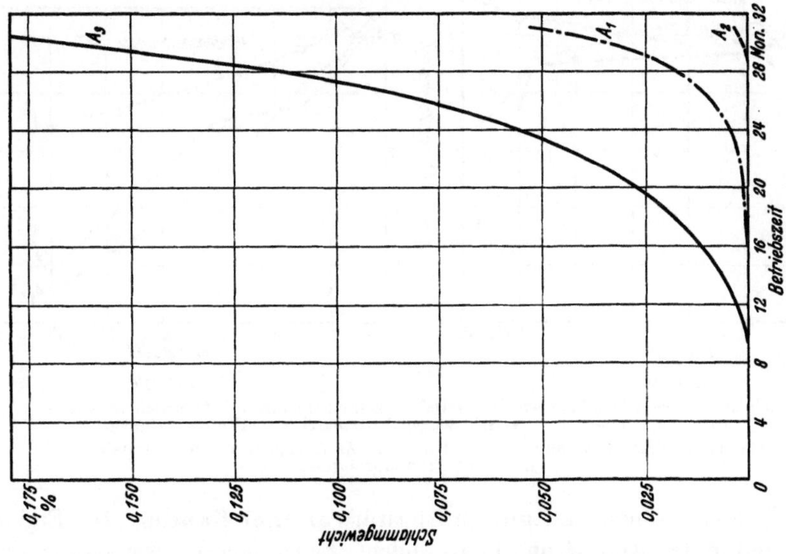

Abb. 14. Aus kaltem Öl filtrierte Schlammenge nach verschiedenen Betriebszeiten in Asea-Probetransformatoren.

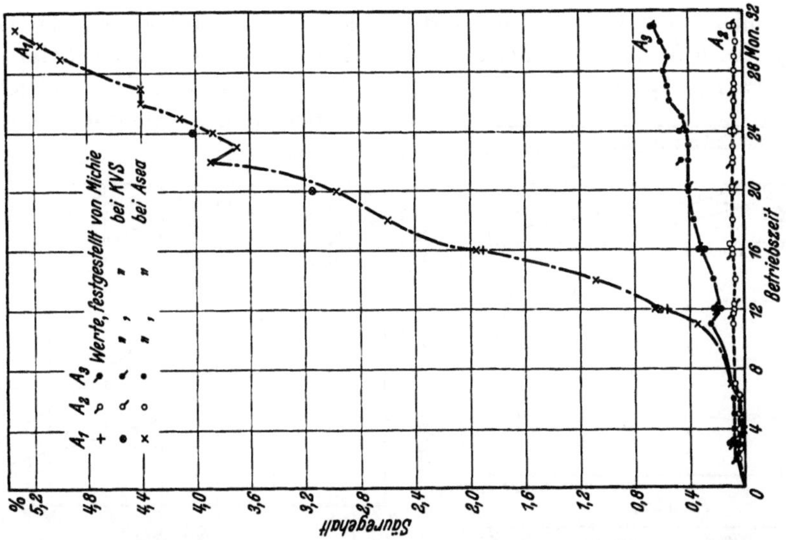

Abb. 15. Säuregehalt des unfiltrierten Öles in Abhängigkeit von der Betriebszeit in den Probetransformatoren.

Die Kurven verlaufen bis zum 8. Monat ungefähr gleich. Von dieser Zeit an streben sie jedoch auseinander. Die bei weitem größte Säurebildung zeigt das Öl A_1. Dann folgt mit wesentlich flacherem Verlauf das Öl A_3

und schließlich mit praktisch konstant bleibendem Säureprozentsatz das Öl A_2. Nach 31 Monaten Betriebszeit verhalten sich die Säuregehalte in den Ölen A_1, A_3 und A_2 wie 100:12,3:1,3. Zu beachten ist, daß alle Öle zu Beginn des Versuches säurefrei waren.

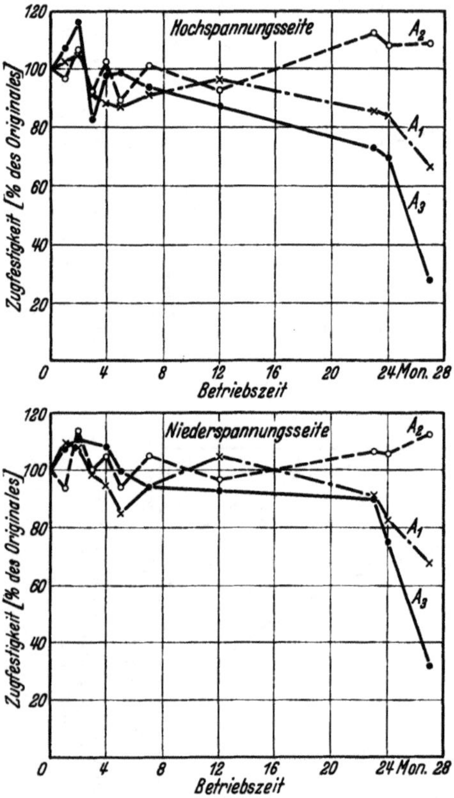

Abb. 16.

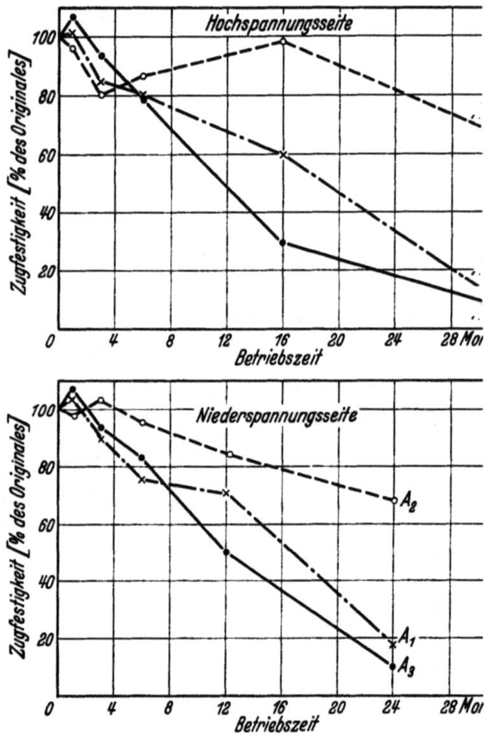

Abb. 17.

Abb. 16. Zugfestigkeit baumwollener Bänder nach einmonatiger Betriebszeit in Aseas Probetransformatoren zu verschiedenen Zeitpunkten der Alterungsprüfung.

Abb. 17. Zugfestigkeit baumwollener Bänder in Abhängigkeit von der Betriebszeit in Aseas Probetransformatoren.

e) Die Gewebeschädigungen baumwollener Bänder. Die Ergebnisse sind in den Abb. 16 und 17 zu finden. Es wurden die Festigkeiten der Bänder in Prozent der ursprünglichen Festigkeit aufgetragen. Abb. 16 zeigt die Festigkeitsabnahme, die ein nur einmonatiges Verweilen der Bänder in dem Öl zu verschiedenen Zeitpunkten der Betriebszeit zur Folge hatte. Die Abbildung läßt deutlich eine beträchtliche Überlegenheit des Öles A_2 erkennen, unter dessen Einfluß auch in gealtertem Zustand nach einer Einwirkungsdauer von 1 Monat die Festigkeit der Bänder in geringem Maße zunimmt, während die beiden anderen Öle, vor allem A_3, eine starke Festigkeitsverminderung verursachen. Die Messungen, die sich auch auf die Dehnungen erstreckten, zeigten ferner, daß im Öl A_2 die Dehnungen nur in unbedeutender Weise abnahmen. Die oben erwähnte kleine Zunahme der Festigkeit ist eine Folge des ersten Angriffs der Ölalterungsprodukte auf das Gewebe und ist durch die Entstehung hydrolysierten Zellstoffes zu erklären, der die Festigkeit des Baumwollfadens vergrößert. Sind die gebildeten Oxydationsprodukte jedoch aktiver, so geht diese erste Phase der chemischen Wirksamkeit in verhältnismäßig kurzer Zeit vorüber und die Festigkeit des Baumwollgewebes wird in beträchtlichem Maße vermindert.

Aus Abb. 16 ist zu ersehen, daß dies bei den Ölen A_1 und A_3 schon im Verlaufe der ersten 6 Monate der Fall ist. Da in dieser Zeit die Menge der gebildeten Oxydationsprodukte nur gering war, so ist daraus zu schließen, daß sie chemisch ganz besonders aktiv sind. Ähnlich zeigt die Kurve der Abb. 17, wie sich die Festigkeit der zu Beginn des Versuches in die Transformatoren eingebrachten Bänder im Laufe der Zeit vermindert. Die Einwirkungsdauer der Öle auf die Bänder ist in diesem Falle also gleich der gesamten Alterungszeit der Öle.

f) Stabilität der Öle. In den Abb. 18 und 19 sind die Ergebnisse der an den Ölproben nach der Alterungsmethode Anderson-Asea durchgeführten Untersuchungen in Abhängigkeit von der Betriebszeit im Transformator aufgezeichnet. Die Kurven zeigen, wie sich die Stabilität der Öle im Laufe der Betriebszeit verändert. Man sieht, daß die Öle sich zwar sehr verschieden verhalten, daß aber von einem klaren Kurvenbild keine Rede sein kann. Wenn auch die Oxydationsneigung der Öle A_1 und A_3 mit fortschreitender Betriebszeit periodische starke Schwankungen zeigt, so ist doch im großen und ganzen deutlich eine zeitliche Zunahme der Oxydationsneigung zu erkennen. Anders verhält sich das Öl A_2. Auch hier treten kleine Schwankungen auf, doch erfolgen diese wesentlich langsamer. Die Schlammbildung ist seit dem 24. Betriebsmonat in langsamer Abnahme begriffen und zeigt bis zum 31. Monat noch keine Neigung, wieder anzusteigen. Die Erklärung für die lange Periode ist offenbar in dem besonders hohen Grade der Oxydationsbeständigkeit des Öles A_2 zu suchen.

Die Säurebildung zeigt einen ganz ähnlichen Verlauf der Kurven, die in Abb. 19 wiedergegeben sind. Kennzeichnend sind auch hier die periodischen Schwankungen, die ähnlichen Verlauf zeigen, wie die der Schlammbildung. Zu beachten ist aber, daß die Schwankungen der Säurebildung gegenüber denen der Schlammbildung phasenverschoben sind, derart daß mit einiger Annäherung bei abnehmender Schlammbildung die Säurebildung in Zunahme begriffen ist und umgekehrt. Diese abwechselnd auftretende Neigung zur Schlamm- bzw. Säurebildung ist auch schon aus früheren Untersuchungen bekannt und ist dadurch zu erklären, daß in einem Öl durch die Sauerstoffaufnahme ungesättigter Kohlenwasserstoffverbindungen sich zunächst Aldehyde und Ketone und danach Säuren bilden und daß diese Säuren sich durch weitere Sauerstoffaufnahme zu den mehr oder weniger schwer löslichen Harzen und Asphaltstoffen — dem Schlamm — polymerisieren und kondensieren. Der gebildete Schlamm ist aber nicht stabil, sondern spaltet sich leicht unter dem Einfluß von Wärme auf unter Bildung niedermolekularer, saurer Produkte.

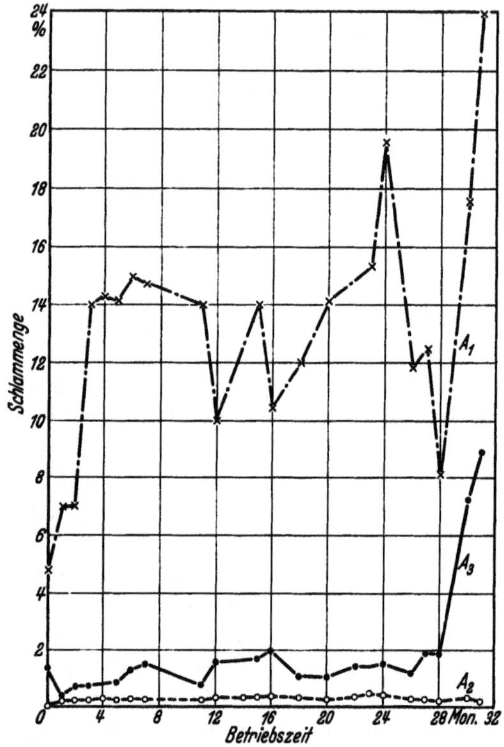

Abb. 18. Schlammzahl, ermittelt auf Grund der Anderson-Asea-Alterungsprobe nach verschiedenen Betriebszeiten in den Probetransformatoren.

Bei überraffiniertem Öl können diese Produkte so niedermolekular sein, daß sie leicht flüchtig sind. Die Folge dieser Umwandlungen ist, daß die Schlammbildung gelegentlich einen Rückgang zeigt, obwohl natürlich die Menge der Oxydationsprodukte stetig steigt und sogar beschleunigt zunimmt.

In ähnlicher Weise kann auch die Säurebildung hin und wieder zurückgehen, wenn die Säuren so weit oxydiert sind, daß sie in besonders großer Menge in Harz und Asphaltstoffe übergehen, doch auch die Säureneubildung nimmt nicht ab. Sie kann nur zeitweise kleiner sein durch die Säuremengen, die in neutrale Stoffe übergehen, so daß der Säuregehalt abnimmt.

g) Dielektrische Eigenschaften. Die im Laufe der Betriebszeit fortschreitende Oxydation und die Bildung der Oxydationsprodukte können auch an Hand des Verlustwinkels und der Dielektrizitätskonstanten verfolgt werden; denn die Oxydationsprodukte eines Öles bestehen teils aus Stoffen guter Leitfähigkeit, teils möglicherweise auch aus Molekülen mit polarem Charakter, die nach Debyes Theorie im elektrischen Wechselfelde hin und her schwingen. Die Verluste, die hierbei durch die innere Reibung der Flüssigkeit entstehen und die Leitfähigkeitsverluste haben eine Vergrößerung des Verlustwinkels zur Folge. Auf die Abhängigkeit der polaren Verluste von der Frequenz und der Temperatur soll hier nicht eingegangen werden. Es sei nur erwähnt, daß bei üblichen technischen Frequenzen und Temperaturen, wie sie für Transformatorenöle in Betracht kommen, die polaren Verluste zurücktreten gegenüber den Leitfähigkeitsverlusten. Die Versuche ergaben, daß die Stoffe, die die dielektrischen Verluste verursachen, Oxydationsprodukte des Öles sind. Sie kommen auch in neuem Öl in geringen Mengen vor und nehmen im Laufe der Betriebszeit zu. Zahlreiche Messungen des Verlustwinkels haben gezeigt, daß die Größe des Verlustwinkels, der Dielektrizitätskonstanten und der Leitfähigkeit Rückschlüsse auf die Menge der im Öl vorhandenen Oxydations-

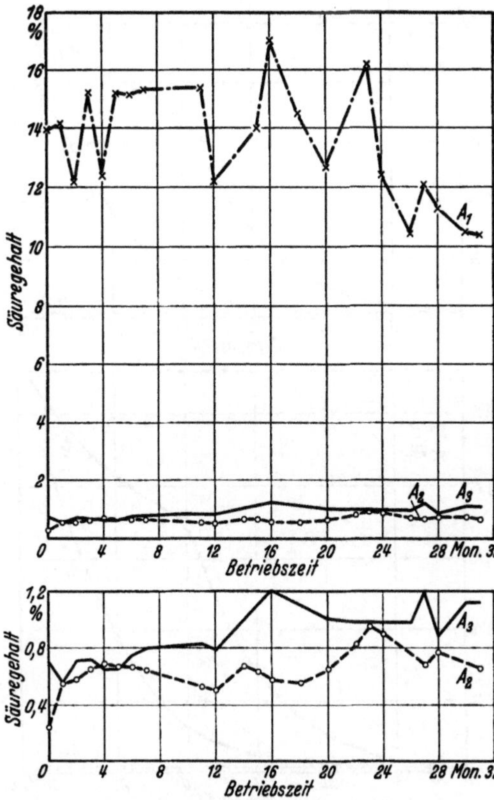

Abb. 19. Säuregehalt, ermittelt auf Grund der Anderson-Asea-Alterungsprobe nach verschiedenen Betriebszeiten in den Probetransformatoren.

produkte zulassen[1]. Wieweit jedoch diese Messungen die früheren Prüfmethoden zu ersetzen vermögen, steht heute noch offen, da die Abhängigkeit der genannten Größen von abgesetztem Schlamm und löslichen hochmolekularen Verbindungen noch ungeklärt ist. Im übrigen ist für eine etwaige neue Methode, die Oxydationsneigung eines Öles durch Messung des Verlustwinkels, der Dielektrizitätskonstanten und der Leitfähigkeit vorherzusagen, der wesentliche Punkt die Art und Weise der künstlichen Alterung; denn hiervon hängt es ab, ob sich genau die gleichen Oxydationsprodukte bilden wie im praktischen Betrieb. Es ist schon verschiedentlich vorgebracht worden, die Messungen der dielektrischen Eigenschaften würden infolge ihrer höheren Empfindlichkeit eine wesentliche Abkürzung der Alterungs- und Prüfzeit gestatten. Es ist aber hierbei zu bedenken, daß die Reaktionen, die zur Entstehung der Alterungsprodukte führen, mit einer im Verlaufe der Zeit veränderlichen Geschwindigkeit ablaufen.

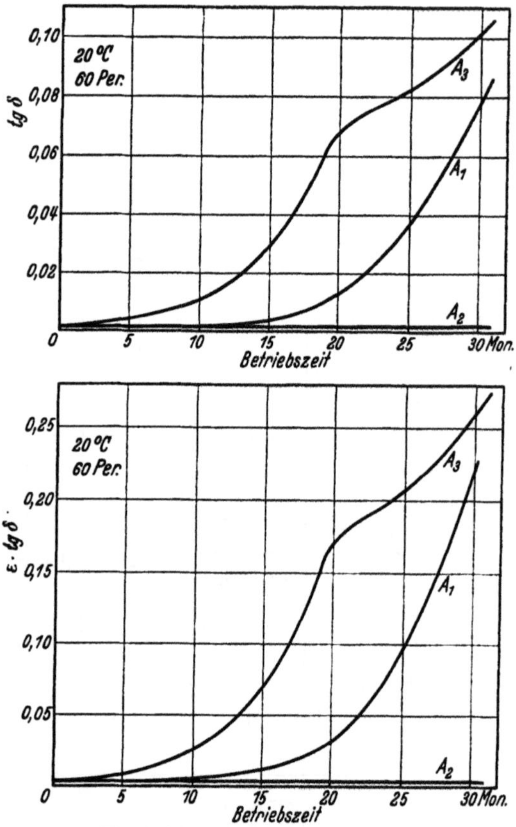

Abb. 20. Verlustfaktor tg δ und Verlustzahl ε · tg δ in Abhängigkeit von der Betriebszeit in den Probetransformatoren.

Die Abb. 20 und 21 zeigen die Veränderung des Verlustfaktors und der Dielektrizitätskonstanten als Funktion der Betriebszeit. In Abb. 20 ist außerdem noch das Produkt $\varepsilon \cdot \operatorname{tg} \delta$ aufgetragen. Die Messungen wurden mit 60 Hz durchgeführt. Es zeigt sich, daß für das Öl A_2 die Verluste und die Dielektrizitätskonstanten im Laufe der 31 Monate unverändert bleiben, während die Öle A_2 und A_3 in dieser Hinsicht beträchtliche Veränderungen erleiden.

Das Öl A_2 erweist sich also auch hiernach als das beste der 3 Öle.

[1] Vgl. hierzu auch den Beitrag von Keinath im vorliegenden Buch.

h) Viskosität, spezifisches Gewicht und Flammpunkt. In Abb. 22 sind die Werte für die Viskosität und das spezifische Gewicht als Funktion der Betriebszeit aufgetragen. Die Kurven zeigen in Übereinstimmung mit allen vorhergehenden Messungen deutlich die Überlegenheit des Öles A_2, dessen spezifisches Gewicht und Viskosität praktisch unverändert bleiben, während besonders das Öl A_1 im Laufe der Zeit zäher und spezifisch schwerer wird. Der Flammpunkt der Öle wurde nicht aufgetragen. Er erwies sich für das Öl A_1 als konstant, wohl infolge von Neubildung leicht flüchtiger Stoffe, die die anfänglich vorhandenen, im Laufe der Zeit verdampften, leicht entflammbaren Anteile zersetzt haben. Der Flammpunkt der Öle A_2 und A_3 stieg hingegen im Laufe der Betriebszeit durch Verdampfung der flüchtigen Bestandteile an. Eine Neubildung fand bei diesen beiden Ölen offenbar nicht oder nur in geringem Maße statt.

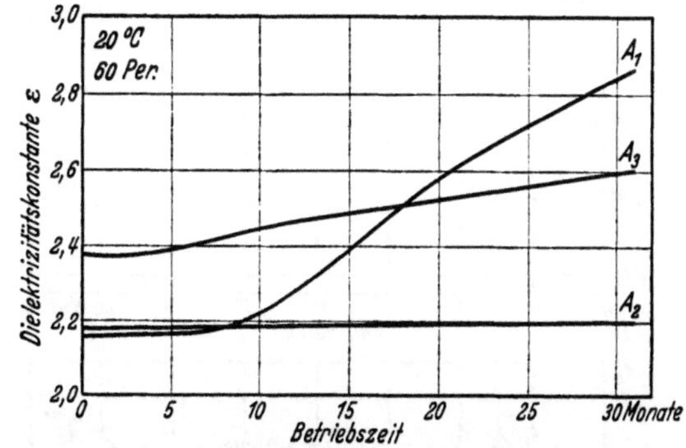

Abb. 21. Dielektrizitätskonstante in Abhängigkeit von der Betriebszeit in den Probetransformatoren bei 20° C und 60 Hz.

i) Verteerungszahl. Die Ermittlung der Verteerungszahl nach Kießling ergab folgendes Bild (Abb. 23):

Das Öl A_2 bildete während der Betriebszeit und der anschließenden 70 h dauernden Oxydation bei 120° C unter Durchleiten von Sauerstoff die geringste Menge der sog. Teerstoffe, d. h. saurer und verseifbarer Oxydationsprodukte. Das Öl A_1 zeigte, wie es für solche überraffinierten Öle normal ist, die größte Teerbildung. Es ergab sich, daß dieses Öl außer Wasser auch beachtliche Mengen halbfester und fester Oxydationsprodukte bildete. Der stark saure Geruch ließ auf gebildete leicht flüchtige Alterungsprodukte schließen. Als beständiger erwies sich das Öl A_3 und am besten verhielt sich das Öl A_2. Von besonderem Interesse ist es, daß das Öl A_2 nach 2 Monaten Betriebszeit im Asea-Prüftransformator eine Teerbildungszahl von nur 0,07% zeigt, ein Wert, der auch für neues Transformatorenöl als sehr gut anzusehen ist. Nach weiteren 3 Monaten, also nach insgesamt 5monatigem Betrieb, erreichte es gerade erst den nach den VDE-Vorschriften für neues Öl gültigen Grenzwert der Teerbildungszahl von 0,10%.

Ein Vergleich dieser Werte mit der Schlammzahl (s. Abb. 18), die nach Anderson-Asea ermittelt wurde, zeigt, daß diese wesentlich empfindlicher ist als die Teerbildungszahl, denn schon nach 2 Monaten hat die Schlammzahl für das Öl A_2, das sich durch besondere Stabilität auszeichnete, von 0,058% = auf 0,25% zugenommen, ist also schon nach 2 Monaten um 212% größer, als die schwedischen Normen (SEN 14) zulassen. Dies ist ein guter Beweis für die Güte der Methode und dafür, daß sie die verschiedenen Öle in bezug auf ihre Oxydationsbeständigkeit scharf zu unterscheiden gestattet.

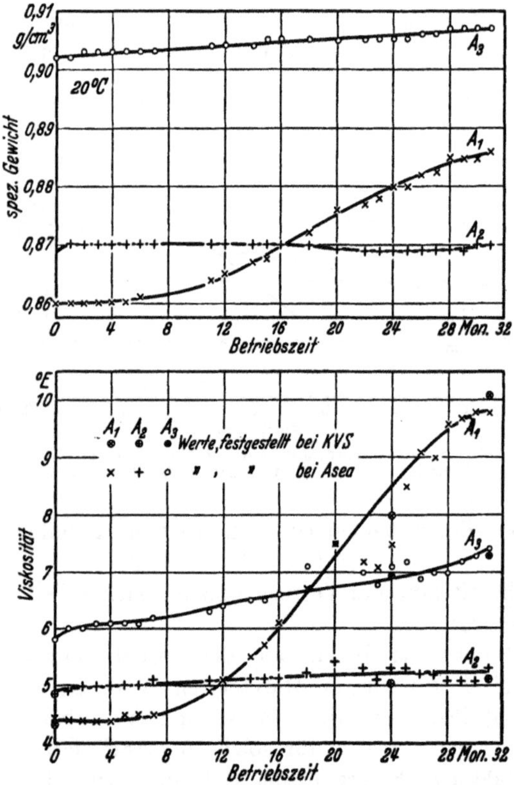

Abb. 22. Oben spez. Gewicht bei 20° C, unten Viskosität bei 20° C in Abhängigkeit von der Betriebszeit in den Probetransformatoren.

k) Farbstabilität. Es zeigte sich, daß sich die Farbe beim Öl A_2 am wenigsten und beim Öl A_3 am stärksten änderte. Dies stimmt überein mit der Schlammbildung der Öle, die beim Öl A_3 am frühesten einsetzte, während das Öl A_2 merkbaren Schlamm bis zum Schluß der Prüfung nicht bildete.

l) Zusammenfassung. In der Tabelle 8 sind die Anfangs- und Endwerte aller gemessenen Größen übersichtlich zusammengestellt.

Die Resultate zeigen, daß sowohl zu starke wie auch zu schwache Raffinierung zu einem Öl mit zu geringer Oxydationsbeständigkeit führt. Ein mittlerer Raffinationsgrad aber, wie ihn z. B. die schwedischen Normen vorschreiben, liefert ein Öl, dessen Oxydationsbeständigkeit die beste ist. Die Tabelle 8 läßt auch Rückschlüsse darüber zu, ob die verschiedenen gebräuchlichen künstlichen Alterungsmethoden einen brauchbaren Gütemaßstab abgeben, d. h. inwieweit die künstliche Alterung nach verschiedenen Vorschriften ein getreues Abbild der im Betrieb auftretenden Veränderungen gibt. Es zeigt sich, daß der Michie-Test, auf die Frischöle angewendet, das Öl A_1 als das beste und A_3 als das schlechteste charakterisiert, während das Öl A_2 zwischen diese beiden zu liegen kommt, jedoch deutlich näher dem schlechteren. Dies ist jedoch falsch, wie die vorhergehenden Messungen deutlich gezeigt haben. Die Proben in den Asea-Prüftransformatoren haben das Öl A_3 zwar auch als das schlechteste gekennzeichnet, konnten aber im Hinblick auf die schnell wachsende Schlammbildung des Öles A_1 nicht darüber hinwegtäuschen, daß bei weiter fortgesetzter Prüfung dieses sich als das schlechteste Öl erwiesen haben würde. Durch die Bestimmung des Säuregehaltes und der Verseifungszahl erfährt zwar die Michie-Probe eine Verbesserung. Es bleibt aber die Tatsache bestehen, daß bei der Michie-Probe die Oxydation infolge der die übliche Betriebstemperatur überschreitenden Alterungstemperatur und wegen des Fehlens des Eisenkatalysators und des elektrischen Feldes in anderer Weise verläuft, wie im Transformator. Die Folge ist eine Verschiebung in dem Verhältnis der gebildeten Säuremengen, das sich z. B. für die Öle A_1 und A_2 nach dem Michie-Test zu 2,5, nach den Betriebsproben aber zu 77 ergibt. Ähnlich steht es mit der Verteerungsprobe. Auf Grund der aus ihr gewonnenen

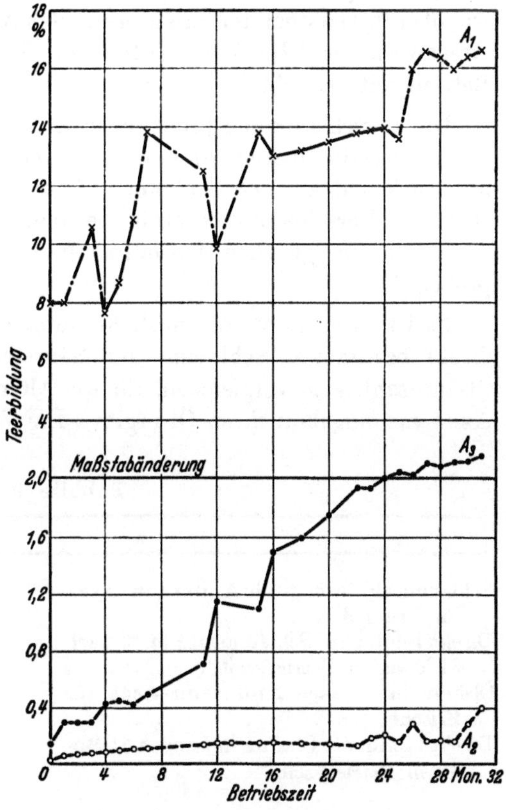

Abb. 23. Teerbildungszahlen in Abhängigkeit von der Betriebszeit in den Probetransformatoren.

Resultate werden die 3 Öle A_1, A_2 und A_3 zwar in richtiger Reihenfolge bewertet, doch besteht besonders bei den Ölen A_1 und A_2 ein Mißverhältnis zwischen den gewonnenen Verteerungszahlen einerseits und den Ergebnissen der Betriebsproben andererseits; außerdem ist die Methode zu unempfindlich, wie oben bereits bei der Erläuterung der Abb. 23 erwähnt wurde; denn der Grenzwert der VDE-Vorschriften von 0,10% wird erst nach 5 Monaten Betriebszeit erreicht.

Die Verschlammungsprobe nach Anderson-Asea ordnet die Öle hingegen ganz in Übereinstimmung mit der Betriebsprobe, und zwar sowohl mit Rücksicht auf den Schlamm, wie auch auf die Säurebildung. Die mit Hilfe der Verschlammungsprobe bei den 3 Ölen gefundenen Werte stehen annähernd im gleichen Verhältnis untereinander wie bei den Betriebsproben.

Es ist interessant, die nach 31 Monaten Betriebszeit in den Ölproben direkt bestimmten Schlamm- und Säuremengen mit den Schlamm- und Ölsäurezahlen zu vergleichen, die die Alterungsmethode nach Anderson-Asea am ungebrauchten Öl ergibt. Die Zahlen sind folgende:

Tabelle 9.

	A_1	A_2	A_3
Schlammzahl in % nach Anderson-Asea für Frischöl	4,8	0,058	1,35
Direkt bestimmte Schlammenge in % nach 31 Monaten Betriebszeit	0,37	0,003	0,31
Ölsäure in % nach Anderson-Asea für Frischöl	13,8	0,24	0,70
Direkt bestimmte Ölsäure in % nach 31 Monaten Betriebszeit	5,30	0,068	0,65

Die Tabelle zeigt, daß die während der 31 Monate dauernde Betriebszeit die Reaktionsprodukte noch bei weitem nicht die Menge erreicht haben, die nach 100 h im Alterungsapparat nach Anderson-Asea erzielt werden. Nach dem Öl A_2 zu urteilen, für das die Alterungsprodukte praktisch proportional der Zeit zunehmen, würde eine beträchtliche weitere Betriebszeit erforderlich sein, damit sich die gleichen Mengen Alterungsprodukte bilden wie bei der Alterungsmethode nach Anderson-Asea. Der Zweck dieser Alterungsmethode ist es, das Öl in ähnlicher Weise zu beanspruchen, als wenn es sich 10—12 Jahre bei 70—80° C in einem Transformator mit Ölkonservator befindet.

Berücksichtigt man, daß am Versuchstransformator kein Ölkonservator vorgesehen war und daher das Öl bei der Alterung dem Einfluß der Luft ausgesetzt war, andererseits aber eine durchschnittliche Temperatur von nur 65° C im Öl herrschte, so darf man schließen, daß die Alterungsmethode nach Anderson-Asea im wesentlichen ihre Aufgabe erfüllt.

Literatur.

1. Anderson, B.: Aseas Tidn. 1925; Asea-J. 1926.
2. Anderson, B.: Tekn. T. 1928; Asea-J. 1929 Nr. 9—10.
3. Anderson, B.: Aseas Tidn. 1924 u. 1925; I.E.C. Report 10 (Sweden) Bd. 22 S. 101 u. 102; Tekn. T. 1928; Asea-J. 1926, 1929.
4. Rodman: Electr. J. 1923.
5. I.E.C. Report 10 (Sweden) S. 103.
6. Stäger: Elektrische Isoliermaterialien, S. 27.

Die gegenwärtig geltenden und anzustrebenden deutschen Vereinbarungen für die Bewertung von Isolierölen.

Von **A. Baader**, Köln.

Mit 6 Abbildungen.

I. Werdegang der Vereinbarungen.

Die Öle für Transformatoren, Schalter und andere elektrische Apparate werden unter dem Namen „Isolieröle" zusammengefaßt. Sie gehören zu den wichtigsten Hilfsstoffen in der Elektrizitätswirtschaft. Die größten Elektrizitätswerke haben Tausende von solchen ölführenden Apparaten aller Größen aufgestellt. Die Summe ihrer Ölfüllungen stellt einen ganz erheblichen Vermögenswert dar. So faßt beispielsweise ein 100-MVA-Transformator etwa 30 t Öl, ein dreiteiliger 220-kV-Schalter 60 bis 65 t. Neben diesen Riesen der modernen Stromerzeugung und -verteilung stehen aber in den elektrischen Betrieben auch viele kleinere und kleinste Transformatoren und Schalter mit Ölfüllungen bis herab zu 50 kg und weniger.

Schon die Kosten für diese große Ölmenge zwingen zur Vorsicht bei dem Einkauf und zur größtmöglichen Schonung während des Betriebes. Noch mehr aber erfordert dies die Betriebssicherheit; denn fällt durch mangelhaftes Öl ein Apparat aus, dann können daraus dem betreffenden Elektrizitätswerk nicht nur Kosten für die Wiederherstellung, sondern auch Schäden durch Verminderung der Stromerzeugung und durch Beschwerden der Stromverbraucher in Verbindung mit einer Schädigung des Ansehens erwachsen. Diese Ansehensminderung ist besonders dann sehr unangenehm, wenn ein Apparat in Mitleidenschaft gezogen wird, auf dem die Stromversorgung eines größeren Gebietes beruht.

Es ist daher verständlich, wenn die Elektrizitätswerke schon sehr frühzeitig Vereinbarungen über die Beschaffenheit von Isolierölen getroffen haben und wenn sie dauernd bestrebt sind, die einmal getroffenen Vereinbarungen zu verbessern und der fortschreitenden Technik anzupassen.

Die Anfänge dieser Bewegung können in den „Technischen Bedingungen für die Lieferung von Transformatoren- und Schalterölen“ erblickt werden, die 1911 von der „Vereinigung der Elektrizitätswerke (VDEW)[1] herausgegeben worden sind (*1*). Die Kriegs- und Nachkriegsjahre mit ihren großen Schwierigkeiten in der Beschaffung geeigneter Öle machten in rascher Folge neue Bearbeitungen dieser technischen Bedingungen notwendig. Sie erschienen 1914, 1918, 1921 und 1923. Im Jahre 1924 wurden sie von dem „Verband Deutscher Elektrotechniker“ (VDE) unter neuerlicher Anpassung an die geänderten Verhältnisse zu Vorschriften erhoben, die 1927 und 1935 nochmals überarbeitet worden sind (*2*, *3*). Auch die Richtlinien (*4*) haben in allen bisherigen Auflagen die jeweils geltenden Vereinbarungen für Isolieröle, teilweise mit geringen Änderungen, aufgenommen.

Alle bisher besprochenen Vereinbarungen befassen sich nur mit neuen, für die Einfüllung in elektrische Apparate bestimmten Ölen. Aber mit zunehmender Spannung, Größe und Leistung der Apparate machte sich die infolge verschiedener Ursachen im Betrieb eintretende Wertminderung der Öle immer stärker bemerkbar. Die Unterschiede in den Ölsorten gaben sich sehr anschaulich dadurch zu erkennen, daß das eine Öl 10 bis 20 Jahre seine Aufgaben erfüllen konnte, während ein anderes schon nach 2 bis 5 Jahren ausgewechselt werden mußte. Dies veranlaßte eine regelmäßige Untersuchung der bereits eingefüllten Öle (Betriebsölkontrolle). In weiterer Folge lernte man die Einflüsse der Ölpflege, der Ölüberwachung und anderer Maßnahmen auf die gesamte betriebliche Ölbewirtschaftung richtig einschätzen.

So drängte die Entwicklung schließlich zu Vereinbarungen bezüglich der in Gebrauch befindlichen Öle. Ihr Anfang erschien 1924 unter dem Titel „Richtlinien für die Reinigung und Wiederverwendung gebrauchter Isolieröle“. Auch hier zeichnete wiederum die VDEW als Herausgeberin und bewies damit erneut ihre Führerrolle auf dem Gebiet der Isolieröle. Als die größeren Elektrizitätswerke mehr und mehr dazu übergingen, für die Prüfung und Überwachung der Öle und der sonstigen Hilfsstoffe Chemiker zu verpflichten, schritt auch die wissenschaftliche Erkenntnis der Öleigenschaften und die Ursachen ihrer Veränderung im Betriebe rasch voran. Von 1926 bis 1929 arbeiteten Chemiker und Ingenieure, wiederum unter Führung der VDEW, in einer groß angelegten Gemeinschaftsarbeit an der Schaffung von Betriebsanweisungen für die Prüfung, Überwachung und Pflege der im elektrischen Betriebe verwendeten Öle. Die Ergebnisse wurden

[1] Seit 1933 „Wirtschaftsgruppe Elektrizitätsversorgung“ (WEV) genannt.

in dem Büchlein „Die Ölbewirtschaftung“ zusammengefaßt (*5*). Es behandelt neue und gebrauchte Öle und weckt im Betriebsmann das Verständnis für die Ölpflege. Eine zweite Auflage ist in Vorbereitung.

II. Allgemeine Vorbemerkungen.

Nachdem im vorstehenden der Werdegang der Isolierölfrage geschildert worden ist, sollen die gegenwärtig geltenden und die anzustrebenden Vereinbarungen für die Bewertung der Isolieröle dargestellt werden. Dabei finden die allgemein anerkannten Vereinbarungen die knappeste Darstellung, um den noch strittigen Punkten mehr Raum widmen zu können. Auch die für die Prüfung der Isolieröle gebräuchlichen Prüfgeräte und Prüfvorschriften sollen nur dann eingehender beschrieben werden, wenn Normen des Deutschen Verbandes für die Materialprüfungen der Technik (DVM) oder Vereinbarungen anderer Verbände noch nicht vorliegen. Um Wiederholungen zu vermeiden, werden die neuen und gebrauchten Öle nicht getrennt, sondern im Zusammenhang behandelt. Der zur Verfügung stehende Raum gestattet nur deutsche Verhältnisse und deutsches Schrifttum zu berücksichtigen. Da ein ausführliches Verzeichnis des einschlägigen Schrifttums in dem bereits erwähnten Büchlein „Die Ölbewirtschaftung“ enthalten ist, werden hier Veröffentlichungen nur dann angeführt, wenn besondere Gründe dies zweckmäßig erscheinen lassen.

Auch die scharfsinnigsten, mit den teuersten Hilfsmitteln arbeitenden Prüfverfahren haben nur sehr beschränkten Wert, ja sie können sogar falsche Maßnahmen verursachen, wenn sie an mangelhaft entnommenen Proben ausgeführt werden. Daher haben die an der Schaffung der einschlägigen Vereinbarungen beteiligten Kreise von Anfang an die große Bedeutung einer richtigen Probenahme klar erkannt und eingehend behandelt. Nennenswerte Meinungsverschiedenheiten bestehen hier kaum mehr. Es mag daher der Hinweis genügen, daß man zwischen Bodenproben und Durchschnittsproben unterscheidet. Erstere dienen der Ermittlung abgesetzter Verunreinigungen, wie Wasser, fester Fremdkörper, Ölruß und ausgefällter Ölalterungsprodukte. An den Durchschnittsproben werden die nachstehend behandelten Prüfungen ausgeführt. Über die bei der Probenahme anzuwendenden Hilfsmittel und Handgriffe unterrichten: Das DIN-DVM-Normblatt 3651 und „Die Ölbewirtschaftung“, S. 7—13.

Um die geltenden Vereinbarungen bezüglich der Isolieröle richtig würdigen zu können, muß man berücksichtigen, daß sie zwei Aufgaben zu erfüllen haben, nämlich spannungführende Teile zu isolieren und die entstehende Wärme abzuleiten. Dies bedingt drei Isolierölgruppen.

1. Gruppe Normalöle: Sie werden in Apparaten verwendet, die der Kälte nicht ausgesetzt sind.

2. Gruppe Kälteöle: Sie können wenigstens zeitweise dem Einfluß der Kälte ausgesetzt sein.

3. Gruppe Öle für ölarme Schalter: Auch hier handelt es sich um Kälteöle. Da aber in ölarmen Schaltern die Öle in engen Kanälen rasch bewegt werden müssen, ist eine Versteifung durch die Kälte besonders sorgfältig zu vermeiden, was durch besonders scharfe Anforderungen erreicht wird.

III. Qualitative Vorprüfungen.

Für die Bewertung der Isolieröle werden einige Prüfverfahren herangezogen, deren Ergebnisse nicht durch einen Zahlenwert, sondern auf andere Weise ausgedrückt werden. Diese Prüfverfahren, die man als qualitative bezeichnet, sind jedoch nicht zu entbehren. Ihre zahlenmäßige Erfassung ist teils auf einfache Weise nicht möglich, teils nicht zweckmäßig. Es handelt sich um die Feststellung des Aussehens, des Geruches, der chemischen Reaktion, der festen Fremdstoffe, des Wassers, des Ölrußes und der in Normalbenzin unlöslichen Anteile.

Das Aussehen hat bei gebrauchten Ölen insofern einige praktische Bedeutung, als abweichendes Aussehen ein Öl verdächtig erscheinen läßt und daher besonders sorgfältige Untersuchung veranlaßt. Das Aussehen der gebrauchten Öle kann dem erfahrenen Prüfer bereits Winke für die Art der durchzuführenden Prüfung geben.

Die gelbe Farbe des neuen Öles wandelt sich im Laufe der Betriebszeit gegen orange oder rotbraun um. Wenn sich auch bei exakten Messungen gewisse Zusammenhänge zwischen Farbe, Ölreinheit und Ölalterung feststellen lassen, so genügt doch für die Bedürfnisse der Praxis im allgemeinen der Vergleich der Farbe mit einer Farbtafel, wie sie dem bereits erwähnten Büchlein „Die Ölbewirtschaftung" beigegeben ist[1].

Das Aussehen eines Öles wird auch durch den Grad seiner Durchsichtigkeit und Klarheit bestimmt. Eine Trübung kann in neuen und gebrauchten Ölen durch vorhandenes Paraffin verursacht werden, das bei Abkühlung unter eine bestimmte Temperatur, den sog. Trübungspunkt, auskristallisiert. In gebrauchten Ölen kann eine Trübung auch in ausgeschiedenen Ölalterungs-

[1] Weitere Ausführungen und Literaturangaben zu dieser Frage siehe (*6, 7*).

stoffen begründet sein. Schlecht raffinierte und schlecht regenerierte[1] Öle geben sich vielfach durch eine merkwürdige Trübung, hervorgerufen durch abgebeugtes Licht nach Art des Tyndall-Effektes, zu erkennen. Solche Öle haben meist auch einen höheren Aschengehalt und lassen sich schlecht filtern.

In den letzten Jahren wurden durch Fr. Frank (*8*), Evers (*9*) u. a. die Aufmerksamkeit auf die sog. Aufsichtsfarben, auch Beugungs- oder Fluoreszenzfarben genannt, gelenkt. Wenn auch diese im ultravioletten Licht durchgeführten Prüfungen gewisse Zusammenhänge erkennen lassen, so haben sie sich doch bis jetzt nicht zu Vereinbarungen verdichtet.

Der Geruch nach schwefliger Säure im neuen Öl verrät Mängel in der Herstellung. Bei gebrauchten Ölen kann der Geruch Anhaltspunkte für eingetretene Entladungen unter Öl, über stattgefundene teilweise Ölverbrennungen, über zufällige Verunreinigungen mit riechenden Stoffen und dgl. geben.

Eine nicht neutrale chemische Reaktion kann bei neuen Ölen sowohl auf Mängel der Herstellung als auch auf Verunreinigungen der Ölbehälter (Kesselwagen, Fässer) hindeuten. Bei gebrauchten Ölen kann die nicht neutrale Reaktion auf die Verwendung unzweckmäßiger Hilfsmittel bei der Reinigung von Apparaten aufmerksam machen. Saure Reaktion ist in gebrauchten Ölen vielfach durch Überalterung bedingt, denn bei der Ölalterung können auch wasserlösliche organische Säuren entstehen.

Feste Fremdstoffe sind, wie in allen Ölen, so auch in Isolierölen aus mannigfachen Gründen sehr unerwünscht. Sie können zwischen die spannungführenden Teile gelangen und so eine Ursache für den elektrischen Überschlag werden. Enthalten sie auch nur Spuren von Feuchtigkeit, dann verringern sie, ebenso wie Gasbläschen und gelöstes Wasser, die Isolierfähigkeit des Öles. Feste Fremdstoffe können aber auch als Katalyte die Ölalterung fördern, ferner werden sie sich an einzelnen Stellen des Apparates in störender Weise ablagern. Solche Ablagerungen, besonders, wenn sie Feuchtigkeit enthalten, können die gefürchteten „Kriechwege“ für den elektrischen Strom bilden und so unerwünschte Überschläge hervorrufen. Die festen Fremdstoffe lassen sich vielfach schon durch Beobachtung des

---

[1] Da nach einer Entscheidung der Überwachungsstelle für Mineralöle Regenerate in allen Eigenschaften den Anforderungen an Neuöle desselben Verwendungszweckes genügen müssen, erscheint es im folgenden nicht notwendig, auf die Eigenschaften der Regenerate einzugehen. Was für Neuöl gilt, gilt in gleicher Weise auch für die Regenerate.

Flaschenbodens nachweisen. Durch Verdünnen mit Benzol kann dieses Absetzen beschleunigt werden.

Wasser kommt im Isolieröl in drei Formen vor. Ist es in feinsten Tröpfchen im Öl verteilt, so setzt es sich am Boden ab, wenn man das Öl lange genug der Ruhe überläßt. Dieses Wasser wird als „abgesetztes Wasser" bezeichnet und nachgewiesen. Die zum annähernd vollständigen Absetzen erforderliche Ruhezeit kann dem Öl in den meisten Fällen nicht geboten werden, so daß neben abgesetztem Wasser auch noch fein verteiltes übrigbleibt, das man als „gelöstes Wasser" bezeichnet. Bei der Erhitzung im Reagierglas gibt es sich durch knackende oder knisternde Geräusche zu erkennen (Spratz-Prüfung). Das Wasser kann aber auch, ähnlich wie das Hydratwasser, zum Molekülverband gehören, aus dem es durch Erhitzen frei wird und dann als gelöstes Wasser erscheint. Diese dritte Form nennt man „gebundenes Wasser".

Wasser aller drei Formen ist im Isolieröl unerwünscht und muß daher entfernt werden. Abgesetztes Wasser kommt leicht dann vor, wenn ein Öl in nicht ganz gefülltem Behälter Temperaturunterschieden ausgesetzt ist. Dann kann nämlich die über dem Öl stehende Luft ihren überflüssigen Feuchtigkeitsgehalt durch Kondensation ausscheiden. Die gebildeten Wassertropfen sinken durch das Öl und sammeln sich am Boden des Gefäßes an. Bei Neuölen ist ein Gehalt an Wasser bis 0,01% für Faßlieferungen und 10 Liter (= 1 Eimer) für Kesselwagen zugelassen.

Da es sich bei gelöstem Wasser immer nur um sehr geringe Mengen handeln kann und da jedes Isolieröl vor der Einfüllung einer Trocknung unterzogen werden muß, hat eine Begrenzung des Gehaltes an gelöstem Wasser wenig Wert. Aus dem gleichen Grunde konnten sich außer der Spratz-Prüfung die vorgeschlagenen Verfahren zur Bestimmung des gelösten Wassers nicht durchsetzen. Mengen, die mit dieser Prüfung nicht mehr erfaßt werden können, wirken sich immer noch bei der Prüfung der Durchschlagfestigkeit aus. Genügt diese den Anforderungen, dann ist ausreichende Trockenheit des Öles gewährleistet.

Abgesetztes Wasser kann aus Behältern mit einer Entleerungsöffnung an der tiefsten Stelle abgezogen werden. In allen anderen Fällen wird es ebenso wie das gelöste Wasser durch Filtern oder Schleudern beseitigt. Diese Art der Trocknung wird durch Wärme oder Unterdruck oder beides gefördert.

Gebundenes Wasser ist in der Regel eine Folge der im Betriebe sich abspielenden Öloxydation, die auch Ölalterung genannt wird. Die Alterungsprodukte können in ihrem Molekül Wasser enthalten, das zwar durch Auskochen beseitigt wird. Allein schon nach kurzer Betriebszeit tritt gebundenes Wasser erneut auf. Solche Öle sind auszuwechseln und zu regenerieren, wobei mit chemischen Mitteln die Oxydationsprodukte und damit auch das gebundene Wasser entfernt wird.

Ölruß ist in den Schalterölen eine normale Erscheinung und wird bei den Schaltvorgängen durch den zwischen den Elektroden auftretenden Lichtbogen, der Teile des Öles unter Luftabschluß stark erhitzt, hervorgerufen. In Transformatoren läßt das Auftreten von Ölruß auf unerwünschte Entladungen schließen und macht eine Untersuchung des betreffenden Apparates notwendig. In neuen Ölen (Regeneraten) darf Ölruß auch in kleinsten Mengen nicht auftreten. Die Anwesenheit von Ölruß gibt sich durch eine besonders deutlich ausgeprägte bläuliche Fluoreszenz des Öles am Glasrande und durch dunkle Färbung des Öles zu erkennen.

Die Prüfung mit Normalbenzin hat bei neuen Ölen kaum je eine praktische Bedeutung. Dagegen kann sie bei gebrauchten Ölen Auflösung von Imprägniermitteln aus den Isolierstoffen, starke Alterung, Verunreinigungen durch Harzöle und dgl. anzeigen.

IV. Physikalische Messungen.

Während früher das spezifische Gewicht von Isolierölen je nach der geologischen Herkunft und der Raffinationsart zwischen 0,850 und 0,950 schwankte und somit neben anderen als Kennzahl für die einzelnen Ölsorten gewertet werden konnte, sind heute die Unterschiede viel geringer. Insbesondere durch die selektiven Raffinationsverfahren, unter denen in erster Linie das Edeleanu-Verfahren zu nennen ist, können aus Rohölen beliebiger geologischer Herkunft Isolieröle fast gleicher Eigenschaften hergestellt werden. Deshalb bedeutet heute das spezifische Gewicht nur noch ein Maß für die Ergiebigkeit des Öles. Wenn es in den Lieferungsbedingungen für Normalöle auf 0,920 begrenzt ist, so hat dies seinen Grund in dem Wunsche, weit genug vom spezifischen Gewicht des Wassers fernzubleiben, um dessen Absetzen zu erleichtern. In Kälteölen geht man durch die Beschränkung des spezifischen Gewichtes auf 0,895 noch weiter, um mit Sicherheit das Schwimmen von Eiskristallen zu verhindern. Es muß allerdings berücksichtigt werden, daß auf die Abscheidung von Wasser und insbesondere von Eis nicht nur das spezifische Gewicht, sondern vor allem auch die Zähigkeit des Öles bei niedriger Temperatur von Einfluß ist. Hier liegt einer der Gründe für die scharfen Anforderungen, die bezüglich der Zähigkeit von Kälteölen gestellt werden.

Die Zähigkeit der Öle im allgemeinen wurde im letzten Jahrzehnt lebhaft erörtert. Bei den Isolierölen kann diese Erörterung im wesentlichen als abgeschlossen betrachtet werden, während bei den übrigen Ölen noch viel Kleinarbeit zu leisten ist.

Hauptstreitpunkte waren: die Maßeinheit, die Prüfgeräte, die Viskositäts-Temperaturkurven, die Zähigkeitsänderung unter dem Einfluß der Kälte und der Trübungspunkt.

In Deutschland war als Maßeinheit der Engler-Grad, eine relative Maßeinheit, allgemein eingebürgert. In Verbraucherkreisen herrscht diese Einheit auch heute noch fast unbeschränkt, weil für die Betriebspersonen, die sich nicht so eingehend mit derartigen Einzelheiten befassen können, der Übergang mit Schwierigkeiten und Unbequemlichkeiten verbunden ist. In mehr wissenschaftlich eingestellten Kreisen und bei der Ölindustrie hat sich weitgehend bereits die internationale absolute Maßeinheit durchgesetzt, nämlich die Poise (P) bzw. die Centipoise (cP) für die dynamische Zähigkeit, sowie das Stok (St) bzw. das Centistok (cSt) für die kinematische Zähigkeit. Es ist zu hoffen, daß die neuen Einheiten im Laufe der Zeit auch bei den Ölverbrauchern mehr und mehr in Gebrauch kommen werden.

Bekanntlich ändert sich die Zähigkeit der Mineralöle erheblich mit der Temperatur, was für viele Verwendungszwecke von großer Bedeutung ist. Seit langem geht das Streben dahin, in den Öllieferungsbedingungen nicht nur bei einer, sondern bei mehreren Temperaturen die Zähigkeit festzulegen, so daß eine Temperatur-Viskositätskurve gezeichnet werden kann. Je flacher eine solche Kurve ist, desto unempfindlicher ist das Öl gegen Temperaturschwankungen. Man strebt daher allgemein nach flachen Kurven. Allerdings ist die Flachheit bzw. Steilheit einer solchen Kurve schwer zu erkennen, wenn man sie auf gewöhnliches Millimeterpapier aufträgt. Dies zeigt Abb. 1, in der Kurven verschiedenartiger Öle nach dieser Art aufgetragen sind. Die Öle A_1, A_2 und A_3 sind Isolieröle. Es wurden daher die Bemühungen von C. Walther (*10, 11*) um eine für die praktischen Bedürfnisse geeignetere Darstellung der Temperatur-Viskositätskurven als sehr wertvoll empfunden. Er bediente sich eines Koordinatensystems, in dem die Abszissenachse einfach-logarithmisch, die Ordinate aber doppel-logarithmisch eingeteilt ist. Auf diesem Blatt lassen sich die Kurven als gerade Linien zeichnen, die nun leicht miteinander hinsichtlich ihrer Steilheit verglichen werden können. Außerdem genügen bei diesem Verfahren zwei Meßpunkte zur Zeichnung des ganzen Kurvenastes oberhalb des Trübungspunktes. Ein solches Blatt mit eingetragenen Geraden zeigt Abb. 2. Die Öle sind dieselben wie bei Abb. 1. Eine ausgezeichnete Darstellung der wissenschaftlichen Grundlagen und der notwendigen Hilfsmittel gibt Ubbelohde (*12*). Diese Darstellung der Temperatur-Viskositätskurven hat die Vereinbarungen bezüglich der Viskosität sehr erleichtert.

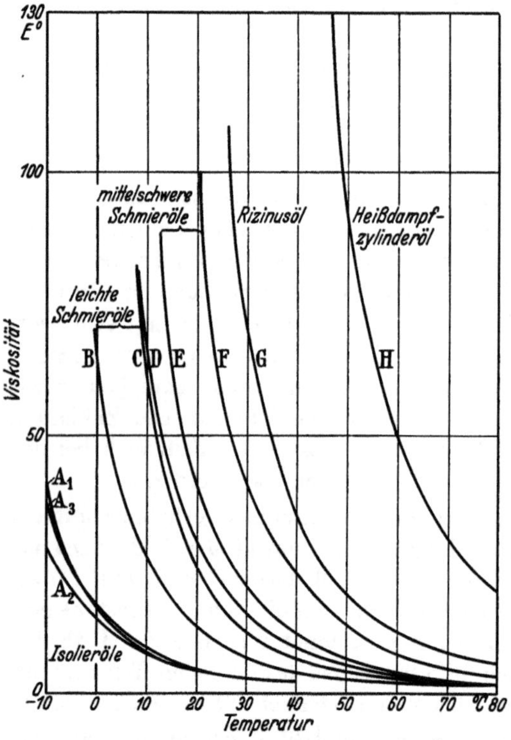

Abb. 1. Viskositätskurven verschiedenartiger Öle. Gewöhnliche Darstellung.

Hinsichtlich der Prüfgeräte liegt die Schwierigkeit in der großen Anzahl vorhandener Viskosimeter, von denen die meisten gut brauchbar sind, soweit es sich um Messungen über 0° C handelt. Daher wurde im Normblatt DIN DVM 3655 zwar die Prüfung der Viskosität im allgemeinen genormt, aber bezüglich der anzuwendenden Prüfgeräte keine Entscheidung getroffen. In neuerer Zeit hat aber gerade die Zähigkeitsbestimmung unter 0° C eine große Bedeutung gewonnen. Doch sind dafür nur zwei der bekannten Viskosimeter ausreichend eingerichtet, nämlich das Vogel-Ossag-Viskosimeter und das bei der Deutschen Reichsbahn eingeführte Vogel-U-Rohr[1]. Es bleibt somit praktisch nur die Wahl zwischen diesen beiden Geräten. Bei angestellten Vergleichsprüfungen in einem unparteiischen Kreise erwies sich das Vogel-Ossag-Viskosimeter als zweckmäßiger.

Die Bestimmung der Zähigkeit in der Kälte wird vor allem als Ersatz für die bisherige Stockpunktprüfung mit Nachdruck gefordert. Denn in der weitaus größten Zahl der praktischen Fälle lautet die Frage nicht:

[1] Beide Geräte werden von Sommer & Runge, Berlin-Friedenau, hergestellt und sind beschrieben in (*13*) und (*14*).

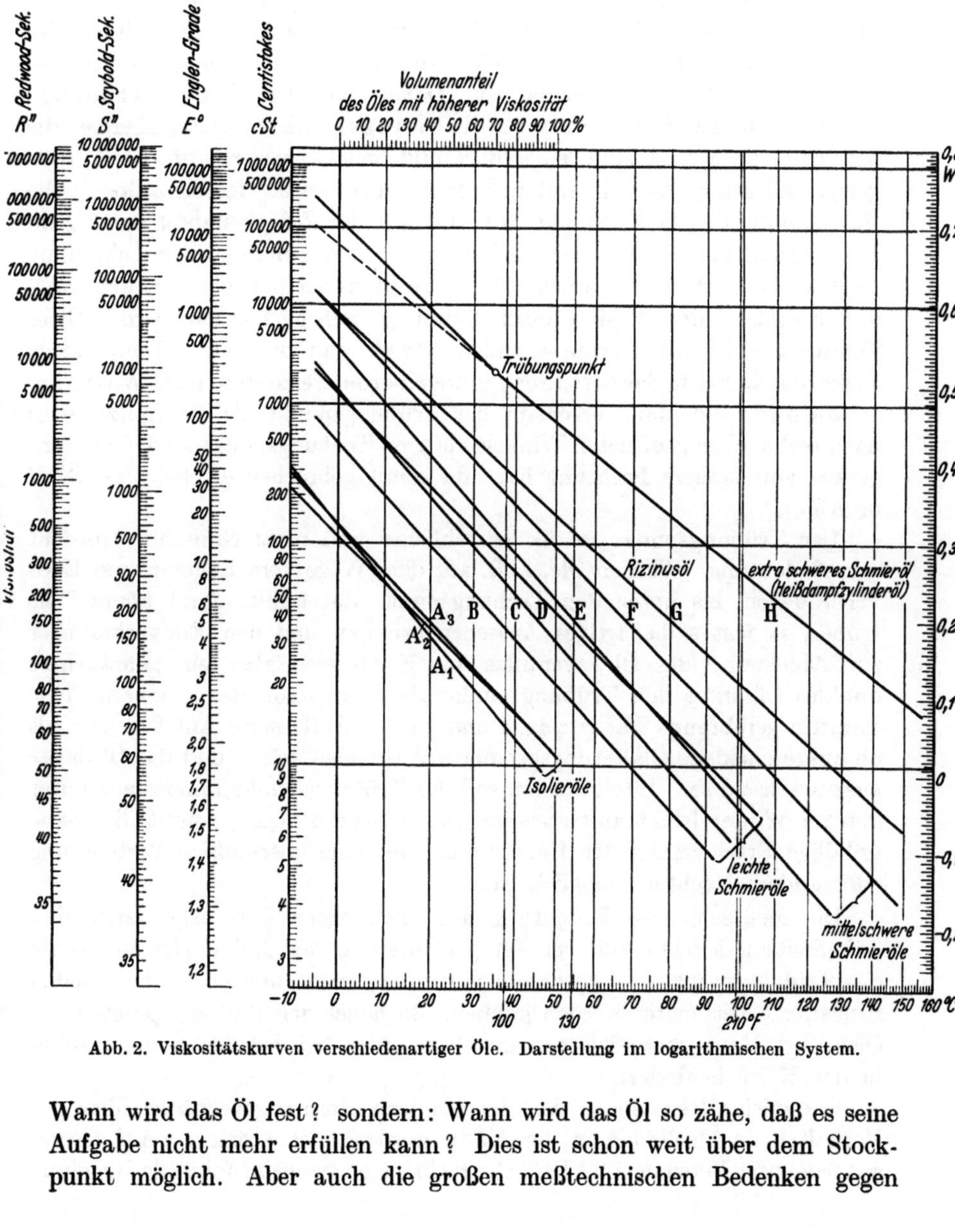

Abb. 2. Viskositätskurven verschiedenartiger Öle. Darstellung im logarithmischen System.

Wann wird das Öl fest? sondern: Wann wird das Öl so zähe, daß es seine Aufgabe nicht mehr erfüllen kann? Dies ist schon weit über dem Stockpunkt möglich. Aber auch die großen meßtechnischen Bedenken gegen die Stockpunktprüfung veranlaßten die Forderung nach Bestimmung der Zähigkeit in der Kälte. Erhebliche Schwierigkeiten bereitet dabei der Paraffingehalt der Öle, der besonders für Öle, die aus deutschen Rohölen hergestellt sind, kennzeichnend ist. Daher hat „Die Ölbewirtschaftung" bereits 1930 die Bestimmung des Trübungspunktes für Isolieröle, die der Kälte ausgesetzt sind, eingeführt und den Grenzwert auf —5° C festgelegt, allerdings nur als ersten Schritt, dem weitere folgen sollten. Die Bestimmung des Trübungspunktes wird mit der Zähigkeitsbestimmung im Vogel-Ossag-Viskosimeter verbunden, in dem man während der Abkühlung des Öles beobachtet, bei welcher Temperatur in der bauchigen Erweiterung der Kapillare der Beginn einer Trübung wahrgenommen wird. Diese Temperatur ist der Trübungspunkt. Trägt man die ganze Temperatur-Viskositätskurve in das bereits erwähnte Koordinatensystem nach Walther-Ubbelohde ein, dann erscheint der Trübungspunkt als die Spitze eines nach rechts oben geöffneten Winkels, da vom Trübungspunkt an die Kurvengerade eine steilere Richtung hat und somit gebrochen erscheint (s. Öl *H* in Abb. 2).

Der Trübungspunkt ist in betrieblicher und meßtechnischer Hinsicht von Bedeutung. Werden Öle, z. B. auf dem Wege vom Lieferer zum Endverbraucher, bis unter den Trübungspunkt abgekühlt, dann können sie trübes, ja fast salbenartiges Aussehen erhalten und den Endverbraucher zur Ablehnung des Öles veranlassen. Kühlt sich aber ein gebrauchtes dunkles Öl unter den Trübungspunkt ab, dann kann das ausgeschiedene Paraffin gelbbraune Farbe zeigen und zu der Auffassung Anlaß geben, als ob ausgeschiedene Ölalterungsprodukte vorhanden wären und das Öl daher auszuwechseln sei. Infolgedessen soll der Trübungspunkt mindestens unter den im Winter leicht auftretenden Temperaturen liegen, soweit dies ohne unbillige Erschwerung der Herstellung und ohne übermäßige Verteuerung oder andere Nachteile möglich ist.

Die meßtechnische Bedeutung des Trübungspunktes liegt darin, daß Zähigkeitsmessungen, die bei Temperaturen in der Nähe oder unterhalb des Trübungspunktes vorgenommen werden, meist nur noch als Annäherungswerte betrachtet werden können. Je höher der Trübungspunkt eines Öles liegt, desto mehr ist man im allgemeinen bei der Zähigkeitsmessung in der Kälte behindert.

Endgültige Regelungen der einschlägigen Normungsverbände über das Verhalten der Isolieröle in der Kälte werden noch erörtert. Auf Grund ausgedehnter Versuche und Betriebserfahrungen erscheint folgende Regelung als die zweckmäßigste und dürfte im großen und ganzen als Endlösung angenommen werden.

Tabelle 1.

Temperatur °C	Normalöle Engler-Grad	Normalöle cSt	Kälteöle Engler-Grad	Kälteöle cSt	Öle für ölarme Schalter Engler-Grad	Öle für ölarme Schalter cSt
20	8	61	6	45	5,5	41
0	33	250	21,5	163	20	152
—30	(rd. 900)[1]	(rd. 6820)[1]	500	3788	400	3030
Trübungspunkt	n. ü. 0		n. ü. —10		n. ü. —15	

Der Flammpunkt war im Laufe des letzten Jahrzehntes eines der am heftigsten umkämpften Ölmerkmale (*16*). Doch kann der Streit als im wesentlichen beigelegt betrachtet werden.

Die Meinungsverschiedenheiten setzten schon bei dem Begriff „Flammpunkt" ein. Gestützt auf theoretische Erwägungen und Laboratoriumsversuche wurde von Baader die Existenz eines wahren Flammpunktes behauptet, während man bis dahin allgemein der Auffassung war, daß die Höhe des Flammpunktes nur von der Wahl der Prüfanordnung abhänge und somit ein wahrer Wert nicht existiere[2]. Im Gegensatz zu anderen Ölen, z. B. den Dampfzylinderölen, ist nun bei Isolierölen der Unterschied zwischen dem wahren, im geschlossenen Tiegel und bei Zufuhr von reinem Sauerstoff bestimmten und dem im offenen Tiegel auf bekannte Art ermittelten Flammpunkt so gering, daß eine Umstellung der Lieferungsbedingungen auf den wahren Flammpunkt nicht notwendig erscheint.

Der zweite Streitpunkt war die Prüfeinrichtung zur Bestimmung des Flammpunktes. Sie bildete seit langer Zeit ein Sorgenkind der einschlägigen Normungsausschüsse. Ihre anerkannte Mangelhaftigkeit war wohl ein Hauptgrund für die Auffassung, daß ein wahrer Flammpunkt nicht existiere. Nach der alten Prüfung wird eine Probe Öl gleichmäßig steigend erhitzt, die sich dabei bildenden Öldämpfe werden durch eine angenäherte Gasflamme bis weit über die Zündtemperatur erhitzt. Die Temperatur, bei der ein Flämmchen über das Öl huscht, ist der Flammpunkt. Die Heizung erfolgte ebenso wie die Zündung mit Gas. Die verschiedenartige Zusammensetzung der Gase, das Fehlen von geeignetem Gas in einzelnen Prüfstellen,

[1] Nicht als Lieferungsbedingung, sondern als Angabe der ungefähren Höhe aufzufassen.

[2] Über die erwähnten Ausführungen s. (*16* bis *19*).

vor allem aber die mit der Verwendung von Gas verbundenen Fehlerquellen (*17*) waren die Veranlassung zur Entwicklung eines Prüfgerätes, das an Stelle des Gases den elektrischen Strom zur Heizung und Zündung benutzt (*18, 20*) (Abb. 3). Die elektrische Heizung war vorher schon bekannt gewesen. Auch die Zündung durch elektrischen Funken war von Baader u. a. schon vorher versucht worden, allerdings ohne befriedigendes Ergebnis. Erst in der Einführung einer elektrisch bis zur Weißglut beheizbaren Platin- bzw. Platin-Iridiumspule in den Weg der Öldämpfe fand man die erhoffte Lösung ebenso wie früher schon Hassenbach (*21*) für einen ähnlichen Zweck.

Abb. 3. Flammpunktprüfer mit elektrischer Heizung und Zündung. (Nach Baader.)

Da der gasbeheizte und gasgezündete Flammpunktprüfer unterdessen in Normblatt DIN/DVM 3661 genormt worden ist, und das von Baader herausgebrachte Gerät nur von einer Stelle[1] hergestellt werden kann, ist anzunehmen, daß allmählich die Vielheit der im Handel befindlichen Prüfgeräte verschwindet und so bessere Übereinstimmung bei Flammpunktprüfungen in verschiedenen Laboratorien erreicht wird.

Ein dritter Streitgrund lag in der Einschätzung des Flammpunktes bezüglich seines praktischen Wertes. Während Erk (*19*) u. a. die Meinung vertraten, der Flammpunkt habe überhaupt keinen praktischen Wert und solle daher aus den Lieferungsbedingungen gestrichen werden, arbeiteten andere Kreise an der Verschärfung der Anforderungen, indem sie den Übergang zu dem geschlossenen Prüfgerät oder, noch weitgehender, den Zündpunkt nach Jentzsch statt oder neben dem Flammpunkt forderten. Die Anhänger des Flammpunktes, wie auch diejenigen, die seine

[1] Ströhlein & Co., Düsseldorf 39.

Verschärfung befürworteten, sahen im Flammpunkt vor allem ein Sicherheitsmerkmal, das zusammen mit anderen Vorsichtsmaßnahmen geeignet ist, Ölbrände zu verhüten. Die Gegner sahen dagegen vor allem die Mängel des Prüfverfahrens und waren wohl auch mit den Verhältnissen der einschlägigen Verbraucherbetriebe zu wenig vertraut. Es ist daher notwendig, zur Klarstellung folgendes hervorzuheben: Die Öle entwickeln beim Erwärmen schon unterhalb des Siedebeginns an der Oberfläche geringe Mengen brennbarer Dämpfe, die sich ohne Entzündung und ohne Zerknall verflüchtigen, solange sie nicht die Temperatur erreichen, bei der sie sich entzünden (Zündtemperatur). Diese liegt für jeden einzelnen im Öl enthaltenen Kohlenwasserstoff oberhalb seines Siedepunktes. Die Zündtemperatur des Öles fällt annähernd zusammen mit der Zündtemperatur der am frühesten aus dem Öl entweichenden Kohlenwasserstoffe. Kommen die Öldämpfe mit einem Körper in Berührung, dessen Temperatur über der Zündtemperatur des Öles liegt, dann tritt Entflammung mit oder ohne Zerknall ein. Als Zündkörper kommen im Betrieb in Frage: Flammen, z. B. Karbidlampen, Funken von elektrischen Apparaten, Schweißbrennern oder reibenden Teilen, glühende Körper, z. B. Glut unter den Dampfkesseln, ferner heiße Dampfleitungen, Auspuffleitungen von Verbrennungsmaschinen und dgl. mehr. Ein Ölbrand kann somit nur dann entstehen, wenn folgende zwei Bedingungen erfüllt sind:

1. Das Öl muß mindestens stellenweise so weit erwärmt werden, daß sich brennbare Dämpfe entwickeln können. Die Temperatur, bei der diese Öldampfbildung so stark wird, daß bei Annäherung einer Flamme Zündung eintritt, bezeichnet man als Flammpunkt.

2. Die gebildeten Dämpfe müssen noch weiter erhitzt werden bis zu derjenigen Temperatur, bei der sie sich in Anwesenheit von Luft von selbst entzünden. Diese Temperatur heißt Zündtemperatur.

Es gibt daher zwei Wege, um Ölbrände zu vermeiden, nämlich die Temperatur des Öles unterhalb des Flammpunktes zu halten, oder bei Überschreitung des Flammpunktes zu verhindern, daß die gebildeten Öldämpfe sich an einer heißen Stelle bis zur Zündtemperatur erhitzen können. Der erste Weg ist sicherer und daher der einzig richtige. Daraus folgt, daß der Betriebsmann den Flammpunkt der von ihm verwendeten Öle kennen muß, während es für ihn unwichtig ist, die Zündtemperatur zu kennen, da mit der Anwesenheit von heißen Teilen im Betrieb immer gerechnet werden muß, ohne daß diese Stellen und ihre Temperatur immer dem betreffenden Betriebsmann bekannt sind. Das Bestreben, den Flammpunkt als unwesentlich hinzustellen und seine Streichung aus den Lieferungsbedingungen zu fordern, muß daher als ebenso abwegig betrachtet werden wie die Auffassung, daß allein durch die Auswahl von Ölen mit übertrieben hohen Flammpunkten Ölbrände vermieden werden können. Ebensowenig kann man durch die Festlegung von Zündtemperaturen Ölbrände vermeiden, zumal die Zündtemperaturen der einschlägigen Mineralöle auf annähernd gleicher Höhe liegen.

Zur Erläuterung der Zusammenhänge diene folgendes Beispiel: Der Flammpunkt von Benzol beträgt etwa —15° C, sein Zündpunkt etwa 500° C. Würde der Zündpunkt für die Beurteilung der Brandgefahr maßgebend sein, dann dürfte man Benzol, sowie Benzol-Luftgemische auf mindestens 450° C erhitzen, was keinem erfahrenen Betriebsmann einfallen wird. Es wären dann auch die behördlichen Vorschriften über die Lagerung von Benzol und ähnlichen flüssigen Brennstoffen sinnlos.

Der Flammpunkt darf bei Isolierölen nicht unter 145° C liegen und ist im offenen Tiegel zu bestimmen.

Durchschlagfestigkeit. Darunter versteht man die elektrische Spannung in kV, die notwendig ist, um eine Ölschicht von 10 mm Dicke zu durchschlagen. Dieser Wert ist abhängig von der Art und Menge der störenden Fremdkörper, wie Staubteilchen, Fasern, mikroskopische Wassertröpfchen, Gasbläschen usw., die im Öl vorhanden sind. Diese Fremdstoffe werden vom elektrischen Kraftfeld, das zwischen den spannungführenden Teilen herrscht, angezogen und ordnen sich kettenförmig an, bilden also eine Brücke für den elektrischen Strom. Diese Wirkung ist besonders stark, wenn die erwähnten Fremdstoffe Feuchtigkeit enthalten. Die Durchschlagfestigkeit ist somit scharf zu unterscheiden von der elektrischen Leitfähigkeit des Öles, die durch die chemische Struktur der in ihm enthaltenen Kohlenwasserstoffe bedingt ist. Es sind auch keine gesetzmäßigen Beziehungen zwischen der Durchschlagfestigkeit und der Leitfähigkeit zu erwarten. Die Isolierfähigkeit eines Öles hängt somit nicht nur von der Leitfähigkeit, sondern auch von der Durchschlagfestigkeit ab. Besonders erwähnenswert ist, daß die Prüfung der Durchschlagfestigkeit starke Streuung (bis zu 30%) aufweist, weshalb 6 Messungen vorgeschrieben sind. Aus den Ergebnissen der zweiten bis sechsten Prüfung wird der Mittelwert errechnet. Die starke Streuung ist verständlich, da es vom Zufall abhängt, wieviel Fremdstoffteilchen bei einer Messung vom Kraftfeld zwischen die Elektroden gezogen werden.

Die Durchschlagfestigkeit wird geprüft, indem man zwei kalottenförmige Elektroden aus Kupfer in das Öl bringt, denen eine hochgespannte Wechselspannung zugeführt wird. Aus der Entfernung, welche die Kalottenscheitelpunkte im Augenblick des Durchschlags voneinander haben, und der Durchschlagspannung ergibt sich die Durchschlagfestigkeit in kV/cm. Man kann dabei mit konstantem Elektrodenabstand und veränderlicher Spannung oder mit konstanter Spannung und veränderlichem Elektrodenabstand arbeiten. Von den Ölverbrauchern werden mit Rücksicht auf die ausgedehnten Stromnetze tragbare Prüfgeräte gewünscht, weshalb die Herstellung solcher Geräte nicht durch die Ausschaltung von Elektrodenabständen zwischen 1,5 und 2,5 mm unmöglich gemacht werden darf (*22*). Vorarbeiten für eine Normung des Prüfgerätes und des Prüfverfahrens sind im Gange.

Ein frisch mit Öl gefüllter Apparat darf erst dann zugeschaltet werden, wenn sein Öl eine Durchschlagfestigkeit von 125 kV/cm hat. Dieser Zustand muß durch Filtern oder Schleudern unter Zuhilfenahme von Unterdruck oder Wärme hergestellt werden. Während des Betriebes darf die Durchschlagfestigkeit nicht unter 80 kV/cm sinken.

V. Chemische Messungen.

Neben diesen physikalischen Prüfungen sind auch einige chemische Prüfungen für die Bewertung von Isolierölen maßgebend, nämlich die Neutralisationszahl, die Verseifungszahl, die Alterungsneigung, das Verhalten gegen konzentrierte Schwefelsäure und der Aschegehalt. Sie hängen alle mehr oder weniger mit der Ölalterung (Öloxydation) zusammen, weshalb darüber zunächst einiges zu sagen ist.

Die Beseitigung der Oxydationsprodukte, die in geringem Maße auch in den einschlägigen Destillaten noch vorkommen, ist Aufgabe der Raffination. Sie kann für Isolieröle als beendet angesehen werden, wenn die genannten Stoffe nicht mehr nachweisbar sind und wenn die Neigung des Öles zur Neubildung solcher Stoffe sehr gering geworden ist. Da aber die so hergestellten Isolieröle jahrelang, wenn möglich jahrzehntelang in Gebrauch bleiben sollen, wirkt sich auch eine kaum meßbare Oxydationsneigung doch im Laufe der Zeit durch Neubildung saurer und verseifbarer organischer Stoffe aus. Je rascher dieses geschieht, desto kürzer ist im allgemeinen die Lebensdauer des Öles. Ein Ölwechsel bedeutet aber nicht nur Kosten für das Ersatzöl, sondern auch Produktionsausfall oder Sicherheitsverminderung während der für die Neufüllung erforderlichen Zeit, die

Wochen in Anspruch nehmen kann. Es ist deshalb verständlich, daß von den Elektrizitätswerken seit Jahrzehnten auf die Messung und Verringerung der Alterungsneigung größtes Gewicht gelegt worden ist. Voraussetzung für ein brauchbares Verfahren zur Bestimmung der Alterungsneigung sind Prüfverfahren zur ausreichend scharfen Bestimmung der im Öl enthaltenen, in der Regel außerordentlich geringen Mengen saurer und verseifbarer Stoffe.

Die sauren Stoffe wurden von jeher grundsätzlich nach dem gleichen Verfahren bestimmt, das bei der Prüfung von Fettsäuren angewendet wurde, weshalb für die Gesamtheit dieser sauren Stoffe früher der Ausdruck „Säurezahl" gebräuchlich war. Heute wird dafür der Ausdruck „Neutralisationszahl" gebraucht. Es handelt sich bei der Prüfung um die ohne vorherige Erwärmung vorgenommene Titration des in Benzolalkohol gelösten Öles gegen alkoholische Natronlauge. Verschiedene Verbesserungen, die teilweise auch bei der Bestimmung der verseifbaren Stoffe Anwendung finden, wurden von Baader (*23*) eingeführt, nämlich ein besonderes Titriergefäß, das die Beobachtung des Farbumschlages in 3 mm dicker Schicht gestattet, ferner eine besondere Titrierbürette, mit der abtropfende Mengen von 0,01 cm^3 noch abgelesen werden können, und dgl. mehr. Das Prüfverfahren ist genormt in DIN DVM 3658. Maßeinheit ist ebenso wie bei der Verseifungszahl mg KOH/g Öl. Die früher üblichen Berechnungen auf Ölsäure oder Schwefelsäure sind verlassen worden. Die Neutralisationszahl darf in neuen Isolierölen nicht über 0,05, in gebrauchten nicht über 1,5 liegen.

Die verseifbaren Stoffe wurden früher durch die sog. „Teerzahl" gewichtsanalytisch erfaßt, d. h. eine Probe des zu prüfenden Öles wurde mit alkoholischer Natronlauge heiß verseift, ein Teil der vom Öl getrennten Lauge angesäuert, die dabei freiwerdenden organischen Stoffe mit Benzol ausgezogen, vom Lösungsmittel getrennt, ausgewogen und in Hundertteilen berechnet. Neuerdings werden die verseifbaren Stoffe in einfacherer Weise nach einem von mir nachgeprüften und verbesserten Verfahren (*23*), das dann in DIN DVM 3659 genormt worden ist, maßanalytisch als „Verseifungszahl" in ähnlicher Weise wie bei fetten Ölen bestimmt.

Durch zahlreiche Laboratoriums- und Betriebsversuche ist erwiesen, daß die Verseifungszahl das geeignetste Maß für die Beobachtung der fortschreitenden Ölalterung darstellt, weshalb sie auch in die Betriebsanweisungen der WEV eingegangen ist. Sie darf bei neuen Ölen nicht mehr als 0,15 betragen und in gebrauchten Ölen nicht über 3,0 steigen.

Für die Bestimmung der Alterungsneigung eines Öles sind im In- und Ausland verschiedene Verfahren entwickelt worden. Eine übersichtliche

Darstellung derselben gibt C. Walther (*24*). Hier sei nur auf die deutschen Verfahren näher eingegangen. Bis zum Jahre 1936 wurde in Deutschland gemäß den damals geltenden VDE-Vorschriften die Alterungsneigung nach dem Verteerungszahlverfahren gemessen. Die „Verteerungszahl" ist nichts weiter als die Teerzahl des 70 h lang bei 120° C unter Zuleitung von Sauerstoff erhitzten Öles. Gegen dieses Verfahren ist jahrelang von verschiedenen Seiten mit Recht ein zäher Kampf geführt worden. Die Hauptbedenken liegen einerseits in der Anwendung von Beschleunigungsmitteln, die im Betrieb nicht einwirken, wie reiner Sauerstoff an Stelle von Luft und eine Temperatur von 120° C, während der Betrieb höchstens 95° C zuläßt. Beide Beschleunigungsmittel führen aber zu Oxydationsprodukten, die qualitativ und quantitativ von den im Betrieb erhaltenen verschieden sind. Man braucht nur zu berücksichtigen, daß zwischen 105° C und 125° C chemische Umwandlungspunkte für die meisten einschlägigen Öle liegen. Tatsächlich gestattet dieses Verfahren keine auch nur einigermaßen einwandfreie Kennzeichnung der Alterungsneigung. Es sind Fälle nachgewiesen worden, in denen durch dieses Prüfverfahren unzweifelhaft minderwertiges Öl als einwandfrei dargestellt worden ist. Wenn heute Neuöle mit guter Verteerungszahl auch wirklich als gut angesehen werden können, so hat dies seinen Grund darin, daß wohl keine deutsche Raffinerie die Verteerungszahl allein als maßgebend betrachtet, sondern ihre Öle so raffiniert, daß sie zugleich auch den Anforderungen anderer in- oder ausländischer Prüfverfahren genügen. Etwas sicherer ist schon die nach einer Erhitzung von 600 h durchgeführte Verteerungszahl (*25—27*). Allein mit dieser langen Versuchsdauer scheidet das Verfahren für die Verbraucher, die nicht so lange auf die Prüfergebnisse warten können, aus.

Um diesen Übelständen abzuhelfen, ist nach langwierigen Vorarbeiten ein Prüfverfahren geschaffen worden, das im Jahre 1928 auf der damaligen Hauptversammlung des Vereins Deutscher Chemiker den Öl-Fachleuten vorgelegt wurde (*28—30*) und das nach gemeinsamer Durchprüfung in 7 Prüfstellen sich im Laufe der folgenden Jahre durchgesetzt hat (Baader-Verfahren). 1930 wurde es bereits in die Betriebsanweisungen der WEV aufgenommen. Nach diesem Verfahren werden heute wohl alle in Deutschland hergestellten Isolieröle geprüft. Das zugehörige Prüfgerät ist in Abb. 4 dargestellt, und zwar in der Ausführung für 4 Proben. Auch bei diesem Prüfverfahren wird eine Ölprobe unter bestimmten Bedingungen eine Zeitlang erhitzt und dann die eingetretene Alterung gemessen. Die hauptsächlichsten Unterschiede gegenüber der Verteerungszahl sind folgende: statt reinem Sauerstoff tritt in Anpassung an die Betriebsverhältnisse Luft zu. Die Erhitzungstemperatur von 120° C wird durch die im Betriebe zugelassene Höchsttemperatur von 95° C ersetzt. Die Vorerhitzung dauert nicht 70 h, sondern nur 48. Die im Betriebe vorhandene Ölbewegung wird durch Rühren (25 Hubbewegungen/min) nachgeahmt. Da nach theoretischen Erwägungen und nach ausgedehnten vom Verfasser durchgeführten Versuchen die Oxydation in der Dampfphase am stärksten ist, werden die entstehenden Öldämpfe unter Vermeidung des berüchtigten Korkstopfens durch Rückflußkühler dem Öl wieder zugeführt. In Nachahmung der katalytischen Wirkungen der Metalle im Betrieb werden Kupfer und Blei, die Vertreter der zwei in dieser Hinsicht zu unterscheidenden Metallgruppen, während der ganzen Erhitzung mit dem Öl in Berührung gehalten. Es können aber auch andere Metalle in dieser Weise geprüft werden, ebenso Isolierstoffe. Die bei der Erhitzung eintretenden Veränderungen werden nicht durch die Teerzahl, sondern durch die Verseifungszahl bestimmt. Es kann nicht nur die Gesamtwirkung der Ölalterung, sondern auch die Wirkung der einzelnen Ölalterungseinflüsse, wie Temperatur, Luft, Metalle, Isolierstoffe und dgl. geprüft werden.

Abb. 4. Prüfgerät zur Bestimmung der Alterungsneigung. (Nach Baader.)

Auf das von Evers (*31—32*) herausgebrachte (1930) Oxydatorverfahren, sowie auf die mannigfachen Versuche, durch Verwendung von Natriumsuperoxyd zu einer beschleunigten Kurzprüfung zu gelangen, brauche ich hier nicht einzugehen, da diese Prüfverfahren nicht in die Lieferungsbedingungen eingegangen sind und das Oxydatorverfahren in diesem Buch ausführlich besprochen wird.

Bezüglich der Alterungsneigung lassen die neuen VDE-Vorschriften Wahlfreiheit, während die Betriebsanweisungen der WEV die Verteerungszahl nicht behandeln. Wird die Verteerungszahl gewählt, dann darf sie 0,10% nicht überschreiten, und das erkaltete Öl muß vollkommen klar sein, darf keinen benzinunlöslichen Schlamm enthalten, und beim Erhitzen mit der alkoholisch-wäßrigen Natronlauge dürfen keine asphaltartigen Ausscheidungen entstehen. Bei Anwendung des Baader-Verfahrens darf die Kupfer- und Bleiverseifungszahl nicht über 0,30 liegen. Für Öle, die in elektrischen Apparaten gebrauchsfertig angeliefert werden, dürfen Neutralisations- und Verseifungszahlen um 0,05, die Kupfer- und Bleiverseifungszahlen um 0,10 die angegebenen Beträge übersteigen.

Das Verhalten gegen konzentrierte Schwefelsäure ist ein rohes Maß für den Gehalt an ungesättigten Kohlenwasserstoffen, die von Schwefelsäure leichter zersetzt und gelöst werden als die gesättigten Kohlenwasserstoffe. Es ist bis jetzt zweifelsfrei weder erwiesen noch widerlegt, daß Öle mit einem höheren Gehalt an gesättigten Kohlenwasserstoffen gegen die Alterungseinflüsse und gegenüber dem elektrischen Lichtbogen im Schalter empfindlicher sind. Allein verschiedene Betriebsbeobachtungen, das Wissen von der größeren Reaktionsfähigkeit der ungesättigten Kohlenwasserstoffe gegenüber den gesättigten, die bei der Ölregenerierung festgestellten größeren Verluste von Ölen mit einem höheren Gehalt an ungesättigten Kohlenwasserstoffen und endlich die Tatsache, daß die aus deutschem Rohöl hergestellten Isolieröle, die hohe Schwefelsäurereaktion besitzen, nur schwer den Forderungen des Baader-Verfahrens gerecht werden können, haben die Verbraucher mißtrauisch gemacht. Daher wurde in den Betriebsanweisungen der WEV schon 1930 vereinbart, daß Öle mit einer Schwefelsäurereaktion von mehr als 8 Vol.-% abzulehnen sind. Als Schwefelsäurereaktion bezeichnet man die Volumenzunahme, welche konzentrierte Schwefelsäure beim Mischen mit Öl nach einer festgelegten Arbeitsweise erfährt.

Aschegehalt. Die Isolieröle hinterlassen bei ihrer Verbrennung einen unverbrennbaren Rückstand, die Asche. Die nichtbrennbaren Bestandteile etwaiger im Öl enthaltener fester Fremdstoffe und Ausscheidungen sind für die Beurteilung des Aschegehaltes durch Filterung vor der Prüfung außer Betracht zu lassen. Die Asche von Neuölen besteht größtenteils aus den Resten der bei der Raffination verwendeten Stoffe. Daher ist der

Aschegehalt hauptsächlich Raffinations- oder Reinheits-Merkmal. Bei Gebrauchsölen kann sich der Aschegehalt durch chemische Wechselwirkungen zwischen den Alterungsstoffen einerseits und den Metallen, Isolierstoffen und festen Fremdstoffen andererseits, ferner durch im Lichtbogen zerstäubte, feinste Metallteilchen steigern. Daher ist die Zunahme des Aschegehaltes zwar Alterungsmerkmal, allein zur Verfolgung der Alterung wenig geeignet. In Neuölen liegt der Aschegehalt in der Regel unter 0,005%. Die zulässige Grenze ist für neue und gebrauchte Isolieröle 0,010%. Die Beschreibung des Prüfverfahrens ist in DIN DVM 3657 unter Punkt 4 (Prüfverfahren für Schmieröle) enthalten.

VI. Anzustrebende Verbesserungen.

Nachdem die geltenden Vereinbarungen dargestellt worden sind, ist die Frage zu stellen, ob die deutschen Anforderungen noch verbesserungsbedürftig oder wenigstens verbesserungsfähig sind. Ich glaube beides bejahen zu müssen. Dabei sei zunächst nur an die im Abschnitt über die Zähigkeit bereits genannten Verbesserungswünsche bezüglich Festlegung des Trübungspunktes, Verlassen des Stockpunktes, Bestimmung der Temperatur-Viskositätskurven auch unter 0° C und dgl. erinnert. Dann wäre das endgültige Verlassen der Verteerungszahl zweckmäßig, denn wie schon mitgeteilt wurde, sind sich die Ölchemiker über die großen Mängel dieses Prüfverfahrens klar. Im folgenden sei die Richtung aufgezeigt, in der sich die Herstellung von Isolierölen und damit auch die an sie bezüglich der Alterungsneigung zu stellenden Anforderungen bewegen müßten. Zu diesem Zweck ist zunächst noch einiges über die Alterung zu ergänzen.

Der Begriff „Ölalterung“ bedarf der Klarstellung. Man unterscheidet in doppeltem Sinne eine Ölalterung, was leider nicht immer genügend berücksichtigt wird, wodurch schiefe Darstellungen zustande kommen. Gewöhnlich versteht man unter Alterung nur die Oxydation des Öles und die damit zusammenhängenden Erscheinungen. In diesem Sinne ist sie auch im folgenden zu verstehen. Allein auch die übrigen Wertminderungen, wie die Anreicherung an festen Fremdstoffen, Wasser und Ruß, werden öfters mit inbegriffen, wenn von der Ölalterung gesprochen wird. In diesem Falle wäre eine genauere Bezeichnung, beispielsweise „Alterung im weiteren Sinne“, zweckmäßiger.

Die Merkmale der fortschreitenden Oxydation sind mannigfacher Art, aber nicht alle sind in gleicher Weise für die messende Verfolgung der

Ölalterung geeignet. Am zweckmäßigsten hat sich, wie bereits erwähnt wurde, die Neutralisations- und insbesondere die Verseifungszahl erwiesen.

Die Alterungsgeschwindigkeit, die man gewöhnlich ausdrückt als Zunahme der Verseifungszahl nach je 1000 Betriebsstunden, hängt

von der Alterungsneigung des Öles,
von der Betriebstemperatur,
von den im Apparat verwendeten Baustoffen (Metalle und Isolierstoffe),
von dem Grad der Einwirkungsmöglichkeit der Luft ab.

Dieser Einfluß ist am stärksten, wenn die Luft auf warme, über dem Öl sich bildende Dämpfe einwirken kann, ohne daß die Dämpfe abgezogen

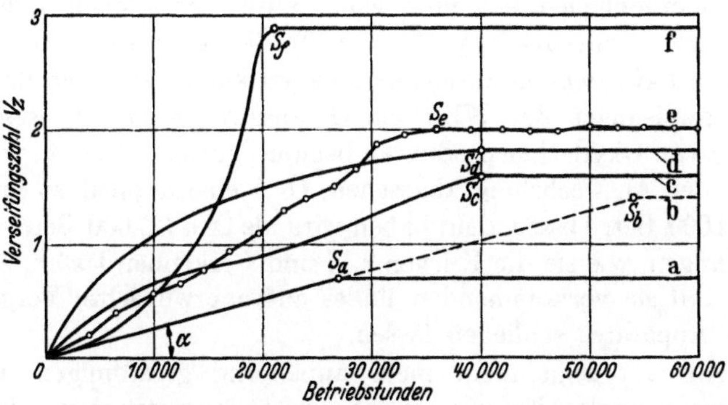

Abb. 5. Die natürliche Alterung von Isolierölen.

werden. Denn in diesem Falle kondensieren sie sich im oxydierten Zustand und vereinigen sich wieder mit dem flüssigen Öl. Diese Möglichkeit besteht vor allem bei kleineren und alten Transformatoren. Moderne, nicht allzu kleine Transformatoren werden mit einem Ölausdehnungsgefäß versehen, das über dem Transformator angeordnet und mit dem gleichen Öl teilweise gefüllt wird. Es verhindert die Bildung eines Luftraumes im Transformator und damit der Öldämpfe, läßt aber durch eine Rohrverbindung zugleich dem Öl beim Erwärmen und Abkühlen einen Spielraum. Die alterungshemmende Wirkung dieses, auch „Ölschützer" genannten Gefäßes ist augenscheinlich.

In gut geleiteten Betrieben wird die Ölalterung durch Messung und Buchung der Verseifungszahl laufend verfolgt. So gelangt man zu den Alterungskurven, von denen einige in Abb. 5 schematisch dargestellt sind. Eine im Betrieb aufgenommene Ölalterungskurve hat die allgemeine Form von Kurve *e*. Die kleinen Schwankungen sind in Meßfehlern, im

Nachfüllen von Öl und sonstigen Betriebsvorgängen begründet. Sieht man von diesen Schwankungen ab, dann zeigt Kurve *a* den allgemeinen Verlauf der Alterung, sofern normale Verhältnisse vorliegen, d. h. die Alterung steigt zunächst annähernd geradlinig bis zu Punkt S_a und bleibt dann annähernd konstant. Der zwischen der Abszissenachse und dem Kurvenanstieg eingeschlossene Winkel α ist der Ausdruck für die Alterungsgeschwindigkeit. Der Knickpunkt S_a der Kurve wird im folgenden als „Schlammlöslichkeit“ bezeichnet. Es ist diejenige Verseifungszahl, die ein Öl bei der Alterung erreichen kann, ohne daß sich Alterungsstoffe ausscheiden.

Die Kurven *a* und *b* lassen erkennen, daß zwei Öle mit gleichem Winkel α noch recht erheblichen Wertunterschied aufweisen können, indem das eine gemäß Kurve *a* eine niedrige ($S_a = 0{,}70$), das andere gemäß Kurve *b* eine hohe ($S_b = 1{,}40$) Schlammlöslichkeit haben kann. Da nach den geltenden Betriebsanweisungen der WEV ein Öl auszuwechseln ist, wenn die Ausscheidung von Oxydationsprodukten beginnt, ergibt sich, daß, von sonstigen Gründen der Auswechslung abgesehen, Öl *b* eine doppelt so hohe Lebensdauer (54000 Betriebsstunden) haben wird als Öl *a* (27000 Betriebsstunden). Abweichungen, wie sie die Kurven *c*, *d* und *f* erkennen lassen, sind deshalb wichtig, weil sie vorkommenden Falles auf unerwünschte Vorgänge innerhalb des Apparates schließen lassen.

Die Kurve *f* zeigt nicht mehr annähernd geradlinigen Anstieg und daher keine normale Alterung, sondern weist eine stetig steigende Alterungsgeschwindigkeit, d. h. eine beschleunigte Alterung auf. Solche Kurven deuten darauf hin, daß das Öl zusätzlichen Alterungseinflüssen unterliegt. Als solche kommen in Frage:

unzulässig hohe Betriebstemperatur,

Fehlen eines Ölausdehnungsgefäßes,

Ansaugen von Luft durch die Ölpumpe bei außenliegender Umlaufkühlung,

Berührung des Öles mit Blei und dgl. mehr.

Kurve *c* und *d* haben ebenfalls keinen geradlinigen Alterungsanstieg; allein die Krümmung der Kurve verläuft hier, verglichen mit Kurve *f*, entgegengesetzt. Ein solcher Kurvenverlauf kommt dann zustande, wenn am Anfang der Alterung ein zusätzlicher Alterungseinfluß vorhanden ist, der allmählich verschwindet. Am häufigsten findet man bei der Nachprüfung solcher Fälle, daß der betreffende Apparat vor der Einfüllung des neuen Öles nicht ausreichend von den Schlammresten der vorherigen Ölfüllung gereinigt worden ist. Die Schlammstoffe werden dann vom neuen

Öl vollständig gelöst oder so weit, bis die Sättigung des Öles mit Schlamm erreicht ist. Eine andere Ursache kann in einem Bedienungsmangel liegen, der am Anfang des Betriebes herrschte, aber unter dem Einfluß der Betriebskontrolle und -erfahrung allmählich beseitigt wurde. Der Unterschied zwischen den Kurven *c* und *d* liegt darin, daß bei *c* der zusätzliche Alterungseinfluß sein Ende bereits gefunden hatte, ehe die Schlammlöslichkeitsgrenze erreicht war, während bei *d* dies nicht der Fall war.

Die Verseifungszahl, bei der die Grenze des Schlammlösungsvermögens erreicht wird (Schlammlöslichkeit), ist für die einzelnen Öle kennzeichnend, wie dies im Ölalterungsapparat nach Baader nachgewiesen werden kann. Setzt man die Erhitzung nicht nur wie üblich 48 h lang, sondern bis zum Auftreten von ausgeschiedenen Ölalterungsstoffen fort, so ergeben sich Werte, wie sie in Tabelle 2 aufgezeichnet sind.

Tabelle 2.

Erhitzungsdauer in Stunden	0	48	215	240	257	330	48	215	240	257	330
	Vz	Blei-Verseifungszahlen					Kupfer-Verseifungszahlen				
Öl *A*	0,04	0,04	—	0,04	0,69	—	0,10	—	0,35	—	0,57
Öl *B*	0	0,03	—	0,23	—	3,83	0,11	—	0,54	—	0,63
Öl *C*	0,05	0,09	—	1,11	—	—	0,11	—	0,46	—	—
Öl *D*	0,02	0,10	1,24	—	—	—	0,09	—	0,41	—	—
Öl *E*	0,07	0,26	2,08	—	—	—	0,23	—	—	—	0,74

Die Erhitzung wurde im Alterungsapparat nach Baader ausgeführt. Die unterschiedlichen Erhitzungszeiten sind in dem damals vorschwebenden Versuchsziel begründet. Eine Unterstreichung bedeutet, daß bereits Schlamm ausgeschieden war, der teils schon in der Wärme (einfache Unterstreichung), teils erst beim Abkühlen (doppelte Unterstreichung) sichtbar war. Da nur alle 3 h beobachtet wurde, können die Zeitangaben um 1 bis 2 h zu hoch angegeben sein.

Aus den Ergebnissen folgt:

1. Das unterschiedliche Verhalten der Öle gegen Blei und Kupfer. Dies ist am deutlichsten bei Öl *B* und *E* zu erkennen. (*B* ist gegen Blei sehr widerstandsfähig, gegen Kupfer aber nicht, während bei *E* das Umgekehrte der Fall ist.)

2. Der verschiedene Anstieg der Alterung je nach der Art des angewendeten Metalles. Die Werte steigen ohne Rücksicht auf die Schlammbildung bei Berührung des Öles mit Kupfer gleichmäßig an, während sie bei Berührung des Öles mit Blei in der Nähe der beginnenden Schlammbildung plötzlich stark ansteigen.

3. Der verschiedenartige Einfluß der Wärme auf die Schlammlöslichkeit. „Bleischlamm" ist auch in der Wärme deutlich zu erkennen. „Kupferschlamm" dagegen wird erst beim Abkühlen sichtbar.

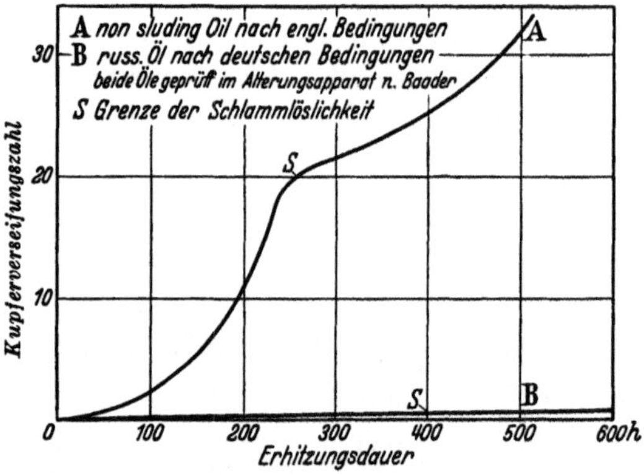

Abb. 6. Die künstliche Alterung von zwei Isolierölen.

4. Die großen Unterschiede in der Schlammlöslichkeit. Der niedrigste (0,54) und der höchste (3,83) Wert finden sich bei dem gleichen Öl. Der Wert 0,69 bei Öl *A* zeigt, daß auch beim Bleischlamm niedrige Werte vorkommen.

Um zu zeigen, wie unterschiedlich sich die nach verschiedenen Lieferungsbedingungen raffinierten Öle verhalten, wurden zwei Öle, die bezüglich der Alterungsneigung als Extreme angesehen werden können, im Alterungsapparat nach Baader in der Weise geprüft, daß von jedem der beiden Öle 6 Proben in einen Apparat für 12 Gläser eingesetzt und nach je 96 h Erhitzung je 1 Probe entfernt und geprüft wurde. Die Ergebnisse sind in Abb. 6 dargestellt. Die Unterschiede in der Alterungsgeschwindigkeit, in der Schlammlöslichkeit (*S*) und in der Kurvenform sind so auffällig, daß sich weitere Worte erübrigen. Öl *A* ist ein den englischen Lieferungsbedingungen entsprechendes stark ausraffiniertes Öl, *B* dagegen ein russisches, den deutschen Lieferungsbedingungen, einschließlich Baader-Zahlen, genügendes Öl, das aber im Gegensatz zu anderen Ölen dieser Art noch eine sehr geringe Schlammlöslichkeit von nur 0,40 besitzt und damit beweist, wie notwendig es ist, nicht nur die Alterungsgeschwindigkeit, sondern auch die Schlammlöslichkeit zu prüfen und durch Vereinbarungen zu regeln. Es mag den Raffineuren ein Anreiz sein, die Mittel und Wege zu finden, wie ohne gleichzeitige Erhöhung der Alterungsgeschwindigkeit die Schlammlöslichkeit erhöht werden kann. Da solche Öle bereits im

Handel sind, kann es sich nur um die Ermittlung des geeigneten Arbeitsganges bei der Raffination handeln. Aus dem vorliegenden Zahlenmaterial muß vermutet werden, daß ein geeigneter Weg in der Raffination mit auswählenden Lösungsmitteln gegeben ist.

VII. Beschränkung der Isolieröleinfuhr.

Mit Rücksicht auf die deutsche Rohstofflage drängt sich die Frage auf, ob auch auf dem Gebiet der Isolieröle Einsparungen möglich sind, die unter Umständen durch freie Vereinbarungen oder durch behördliche Anordnungen verwirklicht werden könnten. In diesem Zusammenhang sind zu erörtern:

Die Eignung der aus deutschem Erdöl gewonnenen Isolieröle,
die synthetischen Isolieröle
und die ölsparenden Maßnahmen.

Die aus deutschen Erdölquellen stammenden Rohöle werden auch zu Isolierölen verarbeitet, zu Ölen also, an die die weitaus schärfsten Anforderungen gestellt werden müssen. Die paraffin- und asphaltreichen Zusammensetzungen der deutschen Rohöle machen eine klare Stellungnahme bezüglich der Verwendungsmöglichkeit der daraus hergestellten Isolieröle notwendig.

Ein Teil dieser Isolieröle hat gegenüber anderen Isolierölen vorläufig noch einige Nachteile, und zwar:

1. Ein höherer Paraffingehalt bewirkt einen höheren Trübungspunkt und größere Schwierigkeiten bei der Zähigkeitsbestimmung in der Kälte.

2. Von der Schwefelsäure werden mehr Anteile herausgelöst. Diese Tatsache deutet auf einen höheren Gehalt an ungesättigten Kohlenwasserstoffen hin und bedingt bei der behördlich geforderten Regenerierung des Altöles einen höheren Verbrauch an Schwefelsäure und Bleicherde sowie einen höheren Ölverlust.

Öle mit solchen Mängeln sind nicht für alle Isolierzwecke geeignet. So sind z. B. Öle mit einer Zähigkeit von mehr als 400 E bei —30° C in sog. ölarmen Schaltern nicht zweckmäßig. Ferner sollten Öle, deren Baader-Zahlen nahe oder über der zulässigen Grenze liegen, nicht in Transformatoren verwendet werden, die Blei enthalten oder kein Ausdehnungsgefäß besitzen.

Im deutschen Schrifttum der letzten Jahre war auch wiederholt von synthetischen Ölen die Rede. Dabei kommen zwei verschiedenartige Ölgruppen in Frage, nämlich Öle, die trotz synthetischer Herstellung

Mineralölcharakter haben (Kogasin) und Öle, die unter dem Namen Pyranol, Clophen und dgl. gehen und gechlorte Kohlenwasserstoffe enthalten.

Gegen die erste Gruppe besteht kein grundsätzliches Bedenken. Im Einzelfall ist das endgültige Urteil davon abhängig zu machen, ob sie den geltenden Lieferungsbedingungen an Isolieröle entsprechen.

Gegenüber den Ölen mit einem Gehalt an gechlorten Kohlenwasserstoffen ist nach den bisher durchgeführten Untersuchungen Vorsicht angezeigt. Diese Öle werden als „unbrennbares Transformatorenöl" bezeichnet, womit ihr angeblicher Hauptvorteil hervorgehoben wird. In Wirklichkeit können sie unter günstigen Umständen schon bei 125° C in Brand geraten, normale Isolieröle dagegen frühestens bei 145° C. Dieser Widerspruch zwischen den Werbungsangaben und den Tatsachen beruht vermutlich auf einem Fehler bei der Flammpunktbestimmung. Die in Frage stehenden Öle enthalten nämlich zwei in den Brenneigenschaften verschiedene Mischungsanteile. Der eine ist auch in Dampfform unbrennbar und entwickelt weiße Nebel, die schwerer als Luft sind und sich daher dicht über dem Öl ablagern, wenn zwischen dem Ölspiegel und Behälteroberkante genügend Raum vorhanden ist. Der zweite Mischungsanteil entwickelt farblose Dämpfe, die leichter als Luft sind und sich schon bei 125° C entzünden. Wird das Gemisch erhitzt, dann steigen die entzündlichen Dämpfe durch die nichtentzündlichen hindurch und entflammen sich über denselben, wenn sie mit einer Gasflamme, einem Funken, einem glühenden Körper in Berührung kommen.

Bei der Flammpunktprüfung kommt es nun darauf an, ob das Prüfflämmchen (DVM-Gerät) oder die weißglühende Platinspule (Baader-Gerät) im Gebiet der unentzündlichen Dämpfe oder darüber liegt. Nur im zweiten Fall kann der richtige Flammpunkt von etwa 125° gefunden werden. Im anderen Fall ergibt sich ein Flammpunkt über 200°.

Die leichtere Entzündlichkeit solcher Isolieröle gegenüber normalem Isolieröl läßt sich besonders anschaulich zeigen, wenn man beide in gleichen Gefäßen, z. B. in Uhrgläsern, auf dieselbe Heizplatte stellt und mit einem Flämmchen in gleicher Höhe und bei gleicher Geschwindigkeit darüberfährt. Das Öl mit einem Gehalt an gechlortem Kohlenwasserstoff fängt erheblich früher Feuer. Seine Flamme ist viel heißer und leuchtender, außerdem grün gesäumt. Es entsteht dabei starker Nebel und Ruß, aber auch ein stechender, die Schleimhäute reizender Geruch, so daß im Falle eines Ölbrandes im Betriebe noch schwerere Schäden eintreten können als bei einem Brande von normalem Isolieröl.

Für die Einschränkung des Bedarfes an Isolieröl bestehen zwei Möglichkeiten, nämlich die Anwendung von ölarmen oder öllosen Schaltern und die Ölregenerierung. Der öllose Schalter der AEG bedarf, wie der Name sagt, überhaupt kein Öl mehr. In ihm wird der Lichtbogen durch Preßluft oder ein anderes Gas gelöscht. Der ölarme Schalter der SSW benötigt höchstens 0,5% derjenigen eines Ölschalters älterer Bauart gleicher Leistung. Der ziemlich rasch voranschreitende Ersatz bisheriger Schalter durch ölarme oder öllose Schalter dürfte sich in Bälde auf dem Ölmarkt auswirken.

Aber auch die von den Elektrizitätswerken vor mehr als 10 Jahren entwickelte und seitdem mit bestem Erfolg geübte Ölregenerierung hat eine starke Verminderung des Ölverbrauches gebracht. In einzelnen Kraftwerken konnte der Neuölverbrauch, berechnet auf die kWh, um 80 bis 90% gesenkt werden. Ein umfangreiches Schrifttum behandelt die Ölregenerierung, so daß hier weitere Ausführungen nicht erforderlich sind[1].

Vorstehende Ausführungen dürften gezeigt haben, wieviel Zusammenarbeit zwischen Ölverbrauchern und Ölherstellern, aber auch wieviel Forschungsarbeit erforderlich war, um die in Deutschland verwendeten Öle auf ihre derzeitige Güte zu steigern. Mag dabei manchmal der Ölhersteller über die ihm überspitzt erscheinenden Wünsche der Verbraucher und dieser umgekehrt über mangelndes Mitgehen auf seiten der Ölhersteller geklagt haben, das ist vergessen. Was aber bleibt, ist der allen Kreisen dienende Erfolg.

Literatur.

1. Technische Bedingungen für die Lieferung von Transformatoren- und Schalterölen. Herausgeg. von der Vereinigung der Elektrizitätswerke (VDEW) 1911.
2. Regeln für die Bewertung und Prüfung von Isolierölen für Transformatoren und Schalter, REOe/1933. Elektrotechn. Z. Bd. 54 (1933) S. 359.
3. Vorschriften für Schalter- und Transformatorenöle 0370/1936. Elektrotechn. Z. Bd. 56 (1935) S. 1135.
4. Richtlinien für Einkauf und Prüfung von Schmiermitteln, 7. Aufl. Düsseldorf: Verlag Stahleisen. Berlin: Beuth-Verlag 1936.
5. Die Ölbewirtschaftung. Berlin: Vereinigung der Elektrizitätswerke E.V. 1. Aufl. 1930.
6. Koetschau: Brennstoff-Chem. Bd. 15 (1934) S. 442.
7. Koetschau: Erdöl u. Teer Bd. 11 (1935) S. 719.
8. Frank, Fr.: Elektrotechn. Z. Bd. 51 (1930) S. 1309.
9. Evers, Fr.: Erdöl u. Teer Bd. 11 (1935) S. 746.

[1] Siehe (*33*) mit ausführlicher Angabe des Schrifttums.

10. Walther, C.: Erdöl u. Teer Bd. 4 (1928) S. 510, 526, 614; Bd. 5 (1929); S. 619; Bd. 6 (1930) S. 415; Bd. 7 (1931) S. 382.
11. Walther, C.: Petroleum Bd. 26 (1930) S. 755, 822; Bd. 28 (1932) S. 6 der Beilage „Internationale Petroleum-Kommission".
12. Ubbelohde: Zur Viscosimetrie. Berlin: Verlag Mineralölforschung 1935.
13. Holde, D.: Kohlenwasserstofföle und Fette, 7. Aufl., 1933 S. 51.
14. Berl-Lunge: Chemisch-technische Untersuchungsmethoden, 8. Aufl. Bd. 4 (1933) S. 649.
15. Vogel: Über das Verhalten von Ölen beim Erstarren und Schmelzen. Erdöl u. Teer Bd. 3 (1927) S. 534.
16. Baader, A.: Die deutsche Entwicklung der Flammpunktprüfung. Erdöl u. Teer Bd. 8 (1932) S. 573; Bd. 9 (1933) S. 319 (Erwiderung von Schlüter).
17. Baader, A.: Erdöl u. Teer Bd. 9 (1933) S. 140, 155.
18. Baader, A.: Allg. Öl- u. Fettztg., Beil. Mineralöle Bd. 6 (1933) S. 613.
19. Erk, S.: Erdöl u. Teer Bd. 9 (1933) S. 122, 317.
20. Baader, A.: Die Vorzüge der elektrischen Heizung und Zündung bei der Flammpunktprüfung. Helios Bd. 39 (1933) S. 124.
21. Hassenbach: Die Beziehungen zwischen Flamm-, Brenn- und Zündpunkt bei Zylinderölen unter Druck bis zu 30 atm Überdruck. Diss. Techn. Hochsch. Breslau 1930.
22. Bredner, R.: Die Durchschlagsfestigkeit von Isolierölen bei verschiedenen Schlagweiten. Elektrotechn. Z. Bd. 55 (1934) S. 556.
23. Baader, A.: Die Bestimmung der Säure- und Verseifungszahl in Isolier- und Dampfturbinenölen. Erdöl u. Teer Bd. 4 (1928) S. 234, 252.
24. Walther, C.: Schmiermittel, S. 124. Dresden: Th. Steinkopff 1930.
25. Frank, Fr.: Elektr.-Wirtsch. Bd. 29 (1930) S. 349.
26. Frank, Fr.: Erdöl u. Teer Bd. 6 (1930) S. 357, 375, 392, 574, 592.
27. Förster: Erdöl u. Teer Bd. 6 (1930) S. 588, 591.
28. Baader, A.: Elektr.-Wirtsch. Bd. 27 (1928) S. 461, 463.
29. Baader, A.: Erdöl u. Teer Bd. 5 (1929) S. 438, 458, 603.
30. Baader, A.: Helios Bd. 39 (1933) S. 86.
31. Evers, Fr.: Erdöl u. Teer Bd. 9 (1933) S. 11, 27.
32. Evers, Fr.: Wiss. Veröff. Siemens-Konz. Bd. VII/1 (1928) S. 343.
33. Elektr.-Wirtsch. Bd. 35 (1936) S. 215—235.

Pflege der Isolieröle im Betrieb[1].

Von O. Alber, Hamburg.

Einleitung.

Aufgabe der Ölpflege ist, die Lebensdauer der im Betrieb befindlichen Öle zu erhöhen, um dadurch die Ausgaben für diesen Hilfsstoff der Elektrotechnik möglichst niedrig zu halten. Da die Werte, die in den vielen Ölfüllungen der Apparate der Elektrizitätswerke stecken, sehr groß sind, ist die Ölpflege ein sehr wichtiges Gebiet für jedes Elektrizitätswerk. Auch vom Gesichtspunkt der Volkswirtschaft aus muß ihr Interesse gewidmet werden, da wir heute immer noch zum größten Teil auf die Einfuhr der Mineralöle aus dem Ausland angewiesen sind. Aus diesem Grunde ist der Pflege der Isolieröle in den letzten Jahren, teilweise unter starker Förderung des Staates, erhöhte Aufmerksamkeit geschenkt worden.

Die Aufgabe der Isolieröle ist je nach dem Verwendungszweck verschieden. Das Öl dient

in Transformatoren zur Isolation und Wärmeabfuhr,

in Schaltern zur Isolation und Löschung des Lichtbogens,

in Kondensatoren und Massekabeln zur Isolation und zur Imprägnierung der Papierisolation,

in Hochspannungskabeln, in denen das Öl unter Druck gehalten wird, zur Isolation unter gleichzeitiger Verhinderung der Bildung von Hohlräumen in der Isolation.

Für eine Ölpflege scheidet das in Massekabeln und Kondensatoren enthaltene Öl völlig aus, da es unzugänglich in der Papierisolation eingeschlossen ist.

In Betracht kommt für die Ölpflege nur Transformatoren- und Schalteröl und unter Umständen auch das Drucköl von Hochspannungskabeln. Auf dem letzterwähnten Gebiet liegen allerdings noch keine Erfahrungen vor.

Das in anderen elektrischen Apparaten enthaltene Öl macht eine Pflege nicht erforderlich, da — wie z. B. in Meßwandlern — die Beanspruchung gering oder — wie in Schützen — die in Frage kommenden Ölmengen verhältnismäßig klein sind.

[1] Eingegangen am 4. Juni 1936.

Die Einflüsse, die die Verschlechterung des Öles im Betrieb herbeiführen, wurden bereits an anderer Stelle in diesem Buch ausführlich besprochen[1]. Ich kann mich daher hier kurz fassen:

Der wichtigste Faktor für die Verschlechterung des Öles ist die im Betrieb auftretende Wärme. In Transformatoren wird sie immer vorhanden sein, solange sie im Betrieb sind, in Schaltern nur zeitweilig durch die Wärmeabgabe des Lichtbogens beim Schaltvorgang. Auch bei in Betrieb befindlichen Kabeln wird man immer mit Erwärmung rechnen müssen.

An zweiter Stelle ist der Luftsauerstoff zu nennen, der unter dem Einfluß der Wärme in das Kohlenwasserstoffmolekül eintritt und dadurch zur Bildung von Säuren und weiterhin unlöslichen Polymerisationsprodukten führt[2]. Dieser chemische Vorgang, der mit „Alterung" bezeichnet wird, kann durch die Anwesenheit bestimmter Stoffe, sog. Katalysatoren, stark gefördert werden. Als die wichtigsten sind von den Metallen Kupfer und Blei zu nennen. Außerdem können nicht sachgemäß ausgewählte, nichtmetallische Baustoffe, wie Isolierlacke sowie Verschmutzungen ölverschlechternd wirken.

Diese kurzen Ausführungen zeigen schon, in welchen Punkten die wirksame Ölpflege einsetzen muß. Sie besteht im Schutz des Öles:

1. vor zu hoher Temperatur,
2. vor zu starker Einwirkung von Luftsauerstoff,
3. vor der Einwirkung katalytisch wirkender Stoffe,
4. vor elektrischer Überlastung.

Die hierzu erforderlichen Maßnahmen sind also zum Teil in die Hand der Herstellerfirma gegeben und zum Teil auch Fragen der sachgemäßen Wartung und Bedienung des ölgefüllten Apparates. Es sind daher im wesentlichen zweierlei Maßnahmen der Ölpflege zu unterscheiden, und zwar solche, die als Konstruktions- und Wartungsfragen das Öl nicht unmittelbar betreffen und solche, die die Behandlung des Öles selbst angehen.

1. Konstruktions- und Wartungsmaßnahmen.

a) Konstruktive Maßnahmen.

Als selbstverständlich darf vorausgesetzt werden, daß die Herstellerfirma für die Einhaltung der Erwärmungsvorschriften des VDE sorgen wird.

[1] Anderson S. 147ff., Stäger S. 106ff.
[2] Vergleiche hierzu den Beitrag von Stäger.

Zwecks Fernhaltung des Luftsauerstoffes soll der Transformator mit einem Ölkonservator versehen sein. Durch ihn wird die Oberfläche des Öles, die mit der Außenluft in Berührung kommt, stark verkleinert, so daß die Möglichkeit für das Öl, Sauerstoff aufzunehmen und mit ihm unter Bildung von Alterungsstoffen zu reagieren, auf ein Mindestmaß verringert ist. Vielfach wird die Öloberfläche im Ölkonservator durch einen Blechschwimmer nochmals verkleinert. Außerdem wird durch den kleinen Querschnitt und die Konstruktion des Rohres, durch das der Konservator mit dem Transformator verbunden ist, verhindert, daß das warme Öl bis an die Oberfläche, die mit Luft in Berührung steht, aufsteigt. Das mit Luft unmittelbar in Berührung kommende Öl im Konservator hat also auch nicht die hohe Temperatur wie das direkt vom aktiven Material aufsteigende Öl. Die Verkleinerung der Öloberfläche und die Erniedrigung der Oberflächentemperatur durch den Konservator erschweren also die Reaktionsmöglichkeit zwischen Öl und Luftsauerstoff und verlangsamen den Alterungsvorgang erheblich. Um auch das Eindringen von Feuchtigkeit beim Atmen der Öloberfläche zu vermeiden, kann die eingesogene Luft durch Chlorkalzium getrocknet werden. Auch die vollständige Fernhaltung des Luftsauerstoffes durch Anwendung einer Stickstoffatmosphäre über dem Öl wurde schon vorgeschlagen. Diese Maßnahme, die zwar sicherlich sehr wirkungsvoll wäre, dürfte jedoch im allgemeinen zu umständlich werden.

Wesentlich für die Schonung des Öles ist die richtige Auswahl der Transformatoren-Baustoffe [1].

Da gerade Kupfer, das katalytisch besonders energisch wirkende Metall, ein Hauptbaustoff des Transformators ist und andere katalytisch wirkende Metalle ohnehin im Transformator nicht verwendet werden, so ist hier bezüglich der Pflege des Öles ein wesentlicher Fortschritt nicht zu erwarten. Aber es ist zu bedenken, daß das Öl in vielen Fällen mit dem Kupfer selbst gar nicht in unmittelbarer Berührung ist, da dieses von den Baumwollwicklungen, die mit Isolierlack getränkt sind und dadurch eine fast undurchdringliche Schicht bilden, umgeben ist. Die Verwendung von Aluminium statt Kupfer als Wicklungswerkstoff würde übrigens in dieser Hinsicht günstige Folgen haben, da Aluminium nur sehr schwach katalytisch wirkt. Eisen, das für den Bau der Kerne und Kessel verwandt wird, ist glücklicherweise ein schwacher Katalysator.

Hinsichtlich der nichtmetallischen Baustoffe ist besonders beim Isolierlack darauf zu achten, daß er gegenüber dem Öl beständig ist. Es gibt

[1] Vergleiche Beitrag Anderson.

heute eine ganze Reihe von Produkten im Handel, die sich bei richtiger Anwendung als vollkommen ölbeständig erwiesen haben. Das gleiche gilt für Dichtungsmaterialien. Die Alterungsprüfverfahren, z. B. das nach Baader, ermöglichen die Prüfung und Auswahl auch der nichtmetallischen Baustoffe unter dem Gesichtspunkt der Schonung des Öles (*1*, *2*).

b) Wartungsmaßnahmen.

Trotz richtiger Dimensionierung des Transformators können durch Überlastungen unzulässig hohe Temperaturen auftreten, die auf die Dauer das Öl empfindlich verschlechtern würden. Vor solcher Schädigung schützen Thermometer und Relais, die thermische Überlastungen melden.

Auch lokale Überhitzungen, hervorgerufen durch geringe Defekte, die im Anfangsstadium nach außen nicht in Erscheinung treten, würden das Öl bedeutend schädigen. Infolge der hohen örtlichen Temperaturen zersetzt sich das Öl unter Bildung von Gasen. Es haben sich Schutzapparate in der Praxis bewährt, die, wie der Buchholtz-Schutz, diese Gasbildung zur Anzeige des versteckt liegenden Fehlers ausnutzen und damit das Öl und den Transformator vor größerem Schaden bewahren.

2. Behandlung des Öles.

a) Auswahl.

Schon die richtige Auswahl des Öles beim Einkauf durch die Herstellerfirma und das Elektrizitätswerk ist eine in ihrer Bedeutung nicht zu unterschätzende Seite der direkten Ölpflege. Richtlinien für den Einkauf sind ja bereits durch die allgemein bekannte Literatur gegeben. Es sind zu erwähnen vor allen Dingen die Vorschriften des VDE für Transformatoren und Schalteröle (*3*) und die „Ölbewirtschaftung" der VDEW (jetzt REW) (*4*). Grundsätzlich sollte nur ein Öl beschafft werden, das diesen Vorschriften entspricht.

Ein Isolieröl nach der Herkunft oder dem Verarbeitungsverfahren auszuwählen, ist ein Vorgehen, das als überholt anzusehen ist. Die Laboratoriumsprüfungen gestatten es einwandfrei, zwischen gut und schlecht, geeignet und ungeeignet zu unterscheiden, gleichgültig, aus welchem Rohöl und nach welchem Verarbeitungsverfahren das Öl gewonnen wurde. Das wesentliche ist, daß das Öl den entsprechenden Vorschriften genügt oder sogar darüber hinausgehende Eigenschaften aufweist. Da Anderson und Baader diesen Fragen bereits besondere Kapitel gewidmet haben, kann ich mich hier mit diesem kurzen Hinweis begnügen.

Es erscheint für die Elektrizitätswerke aus verschiedenen Gründen (einfache Lagerhaltung, Ausschluß von Verwechslungen) wünschenswert, ein Einheitsisolieröl für alle Transformatoren und Ölschalter zu verwenden. Man wird infolgedessen zweckmäßigerweise ein Öl auswählen, das auch den mit Rücksicht auf tiefe Temperaturen verschärften Vorschriften über spezifisches Gewicht, Stockpunkt und Viskosität der VDE-Vorschrift entspricht.

b) Der Versand.

Der Forderung nach Schutz des Öles vor schädigenden Einflüssen während des Versandes kommen die Herstellerfirmen durch sorgfältige Auswahl und Säuberung der Transportbehälter nach. Größere Mengen Öl werden in Kesselwagen, Mengen unter 10 t in eisernen Fässern verschickt. Eine Vorspülung der gereinigten Behälter mit dem einzufüllenden Öl gibt die Gewähr dafür, daß der Käufer das Öl im sauberen Zustand erhält. Die Verwendung von Holzfässern sollte ausgeschlossen werden, da Metallgebinde größere Sicherheit gegen Verunreinigung des Öles bieten.

c) Entleeren und Lagern.

Das Öffnen und Entleeren der Kesselwagen und Fässer seitens des Käufers ist mit der größten Vorsicht vorzunehmen. Die Spunde sind vor dem Öffnen sauber abzuwischen, damit Fremdkörper nicht in das Öl gelangen können. Sind solche trotz der Vorsichtsmaßnahmen hineingekommen, so entfernt man sie durch Absetzenlassen oder Filtrieren oder Zentrifugieren.

Sauberkeit bei der Lagerung der Öle, die bei größeren Mengen in eigenen Tanks, bei kleineren Mengen in eisernen Fässern vorgenommen wird, ist oberstes Gebot. Auch Lichteinwirkung übt ungünstigen Einfluß auf das Öl aus. Diese Feststellung ist zwar ohne Bedeutung für den lagernden Ölvorrat selbst, den der Behälter der Einwirkung des Lichtes entzieht, ist aber zu beachten bei der Aufbewahrung von Abstellmustern angelieferter und eingefüllter Öle. Die Muster sind in Glasflaschen aus dunklem Glas oder in einem lichtundurchlässigen Schrank aufzubewahren.

d) Trocknung und Einfüllung.

Ein Arbeitsvorgang, bei dem viel verdorben werden kann, wenn er nicht sachgemäß ausgeführt wird, ist das Trocknen des Öles. Mineralöle sind bis zu einem gewissen Grade hygroskopisch, d. h. sie nehmen etwas

Wasser aus der Luft auf, wodurch ihre Durchschlagfestigkeit sinkt. Aus diesem Grunde ist die Forderung, daß der Hersteller eine Garantie für Trockenheit des Transformatorenöles bei Ankunft beim Kunden übernimmt, ungerechtfertigt, und es ist notwendig, die Öle vor dem Einfüllen in die Transformatoren und Schalter zu trocknen. Bei diesem Prozeß besteht sehr leicht die Möglichkeit, das Öl zu verschlechtern und damit seine Lebensdauer zu verkürzen. Es kommt vor, daß Transformatorenöl-Verbraucher das Öl vor dem Einfüllen in den Transformator mehrere Tage lang auf 120° C in Berührung mit Luft erhitzen. Diese Behandlung ist natürlich durchaus unsachgemäß und entspricht in ihrer Wirkung der Beanspruchung des Öles im Betrieb von vielen Monaten. Es ist daher notwendig, den Trocknungsprozeß so schonend wie nur möglich durchzuführen. Nähere Ausführungen über die Trocknung der Transformatorenöle finden sich in der „Ölbewirtschaftung", so daß ich sie hier nur anzudeuten brauche. Ich will dabei vor allem die für die Ölschonung wesentlichen Punkte streifen.

Die Trocknung kann auf verschiedene Art und Weise durchgeführt werden. Bei den verschiedenen Verfahren wird entweder Wärme oder Vakuum oder beides angewandt.

Beim Wärmetrockenverfahren, bei dem das Trocknen nur durch Erhitzen des Öles auf höhere Temperatur ohne Anwendung von Vakuum erfolgt, muß das Öl auf Temperaturen von über 100° C erhitzt werden, um das Wasser zu verdampfen. Dabei muß aber darauf geachtet werden, daß das Öl auf keinen Fall, auch nicht örtlich, zu hohen Temperaturen, d. h. nicht über 110° C, ausgesetzt wird. Das Öl darf auch nicht mit Heizflächen in Berührung kommen, deren Temperatur über 115° C liegt. Am sichersten wird man dies durch Verwendung niedrig gespannten Sattdampfes erreichen. Verwandt wird hierbei meistens ein Röhrenerhitzer. Statt Dampf kann auch durch indirekte Wärmeübertragung mittels Flüssigkeiten, z. B. Mineralölen, getrocknet werden.

Viel besser und schonender wird das Öl unter Anwendung von Wärme bei vermindertem Druck getrocknet. Durch die Anwendung des Vakuums kann die Trocknungstemperatur wesentlich herabgesetzt werden. Da der Siedepunkt des Wassers bei z. B. 500 mm Unterdruck (260 mm absolut) etwa 72° C, bei 600 mm Unterdruck (160 mm absolut) nur etwa 62° C beträgt, so braucht bei Anwendung eines Unterdruckes von etwa 600 mm das zu trocknende Öl nur auf etwa 70° C erhitzt zu werden, um das Wasser zu entfernen. Selbstverständlich soll das Öl nur solange wie unbedingt notwendig gekocht werden. Deswegen wird der Fortschritt der Trocknung durch Feststellung der Durchschlagfestigkeit laufend entnommener Proben überwacht.

Neuere Verfahren lassen die Wärmebehandlung vollständig fallen (5), was mit Rücksicht auf die Schonung des Öles zu begrüßen ist. Das Öl wird dadurch getrocknet, daß es im Vakuum versprüht wird. Bei der großen Oberfläche, die das Öl beim Versprühen einnimmt, verdunstet das darin vorhandene Wasser schon bei gewöhnlicher Temperatur in genügendem Maße. Das Verfahren sollte nach Möglichkeit immer dann angewandt werden, wenn es sich darum handelt, nur das Öl zu trocknen. Auf die Wärme- und Vakuumbehandlung sollte nur dann zurückgegriffen werden, wenn der ganze Transformator getrocknet werden soll. Trocknung kann auch, zum Teil wenigstens, durch Zentrifugieren und Filtern des erwärmten Öles erreicht werden.

Neue Transformatoren werden meist von der Herstellerfirma gefüllt geliefert. Für die Elektrizitätswerke selbst kommen daher zur Füllung meist nur gebrauchte Transformatoren in Frage. Sie müssen selbstverständlich vor Neufüllung gründlich gereinigt werden, damit nicht das neu einzufüllende Öl durch Öl- und Schlammreste der vorhergehenden Füllung verunreinigt und dadurch von vornherein mit Alterungskeimen versetzt wird. Diese Reinigung wird durch organische Lösungsmittel, z. B. Trichloräthylen, vorgenommen. Das Reinigungsmittel ist gründlich zu entfernen. Das geschieht am besten durch intensives Spülen mit einem Teil des in den Transformator einzufüllenden Frischöles. Dieses Spülöl sollte auf keinen Fall zum Nachfüllen verwendet werden. Man sollte es entweder für irgendwelche anderen Zwecke verwenden oder es wieder aufbereiten.

3. Überwachung.

Ist der Apparat in Betrieb genommen, beginnt die Überwachung des Öles. Zweck der Überwachung ist, durch Untersuchung der Ölfüllung in bestimmten Zeitabständen festzustellen, wie sich das Öl verändert, ob irgendwelche besonderen Erscheinungen festzustellen sind, die auf Fehler des betreffenden Apparates zurückzuführen sind und vor allen Dingen den Zeitpunkt festzustellen, zu dem das Öl so stark verändert ist, daß die Betriebssicherheit des Apparates gefährdet ist und daher Auswechslung der Ölfüllung erfolgen muß.

Die je nach der Belastung des Apparates in kürzeren und längeren Zeitabständen gezogenen Ölproben werden im Laboratorium auf ihre Alterungszahlen geprüft. Wesentlich ist die Zunahme der Neutralisations- und

Verseifungszahl und das Vorhandensein von flüssigen (Wasser) und festen Fremdstoffen (Ölschlamm, Ruß usw.). Ab und zu spielt auch die Zunahme der Viskosität eine Rolle, meist ist sie aber nicht bedeutend.

Eine sehr wichtige, aber auch schwierige Frage ist die, wann Auswechslung der Ölfüllung vorgenommen werden muß. Richtlinien dafür gibt „Die Ölbewirtschaftung". Es sollen folgende Grenzwerte, bei deren Überschreiten mit Betriebsstörungen gerechnet werden muß, eingehalten werden:

Neutralisationszahl	nicht über 1,5
Verseifungszahl	nicht über 3,0.
Feste Fremdstoffe, ölunlöslicher Schlamm	keine wägbaren Mengen.

Diese Werte wurden auf Grund der Erfahrungen der Elektrizitätswerke festgelegt. Trotzdem gehen auch heute noch die Ansichten, wann ein Öl auszuwechseln ist, auseinander. Es besteht noch allgemein die Ansicht, daß es schlechthin unmöglich ist, ein Schema aufzustellen, das für alle Fälle Gültigkeit hat. Die Werte der „Ölbewirtschaftung" sind daher nur als Richtlinien anzusehen; es wird Fälle geben, in denen man zweckmäßiger (etwa einfacherer Regeneration wegen) schon früher auswechseln wird, es wird andererseits Fälle geben, in denen man länger warten kann. Im Durchschnitt scheinen sich die oben genannten Werte in der Praxis bewährt zu haben.

4. Ölmischung.

Im Laufe der Zeit wird sich infolge von Leckverlusten und aus anderen Gründen die Notwendigkeit ergeben, neues Öl zum Betriebsöl nachzufüllen. Kann nun jedes Öl zu jedem Betriebsöl nachgefüllt werden oder sind irgendwelche Einschränkungen zu machen? Diese Frage ist lange umstritten gewesen. Es war die Forderung aufgestellt worden, einem Betriebsöl nur ein Neuöl gleicher Provenienz und gleichen Raffinationsgrades zuzusetzen. Da die Elektrizitätswerke in ihren Apparaten häufig verschiedene Öle haben, würde die Erfüllung dieser Forderung zum mindesten äußerst umständlich, in vielen Fällen unmöglich sein. Die Studiengesellschaft für Höchstspannungsanlagen hat zur Klärung dieser Frage eine Umfrage bei ihren Mitgliedswerken veranstaltet (*6*). Nach den Antworten darauf ist es wesentlich für die Frage der Mischbarkeit der Öle, daß das Betriebsöl sich noch in betriebssicherem Zustande befindet, d. h. daß es vor allen Dingen keine ausgeflockten Alterungsstoffe enthält. Weiter darf es bei der Prüfung auf Normalbenzinunlösliches laut „Ölbewirtschaftung" keinen Schlamm abscheiden. Ferner ergab sich, daß die meisten Elektrizitätswerke eine Verseifungszahl des Betriebsöles von etwa 1,0 bis 1,4 für das Äußerste halten, bis zu dem Neuöl noch ohne Bedenken dem Betriebsöl zugesetzt werden kann. Das ist im allgemeinen auch der Punkt, bei dem die Prüfung auf Normalbenzinunlösliches positiv wird. Sind diese Zahlen vom Betriebsöl nicht erreicht, so kann die Zumischung ohne irgendwelche weitere Vorprüfung erfolgen. Notwendig ist natürlich im Interesse einer möglichst langen Lebensdauer der Ölmischung, daß das Neuöl einwandfrei ist, d. h. den Anforderungen entspricht, die oben für Neuöl erwähnt wurden. Es ist dann vollkommen gleichgültig, welcher Provenienz und welchen Raffinationsgrades das Neuöl ist. Für die Ölwirtschaft sind diese Ergebnisse von großer Bedeutung; es ergeben sich daraus große Vorteile in Lagerhaltung usw. Man kann meist ein Öl für die Nachfüllung aller Transformatoren und Schalter verwenden. In dieser Weise arbeiten heute schon fast alle Betriebe.

5. Verwertung des Altöles.

Wenn nun durch die Ölanalyse festgestellt ist, daß ein Betriebsöl ausgewechselt werden muß, tritt die Frage der wirtschaftlichen Verwertung dieses Öles auf (*7—12*). Es gibt dafür verschiedene Möglichkeiten. Das Öl kann noch als Schmieröl für unempfindliche leichte Lager verwendet werden. Es wird aber in den Elektrizitätswerken der Bedarf an derartigem Öl sehr beschränkt sein, so daß nicht die ganzen anfallenden Mengen auf diese Weise untergebracht werden können. Vielfach wurde früher daher das anfallende Altöl verheizt, was heute bei der Ölknappheit Deutschlands nicht mehr zu verantworten ist. Es bleiben daher folgende Wege der Verwertung dieser Altöle:

1. Verkauf an Regenerieranstalten, Fabriken konsistenter Fette usw.
2. Regenerierung im Lohn.
3. Regenerierung im eigenenen Betrieb.

Das letztere ist wohl nur möglich in größeren Werken mit beträchtlichem Altölanfall, bei dem es sich lohnt, die Ausgaben für die nötigen Fachkräfte und Einrichtungen aufzuwenden. Für kleinere Werke wird daher nur eine der beiden ersten Möglichkeiten in Frage kommen. Es ist der einfachere und sichere Weg, das gebrauchte Öl zu verkaufen und in die Apparate nur Neuöle einzufüllen, da man dann die Gewähr hat, nur einwandfreies Material zu verwenden. Die Regenerierung der Altöle auf diese hochwertigen Spezialöle fordert soviel Erfahrungen, daß bis heute die wenigsten Regenerieranstalten die Sicherheit bieten können, ein für diese Zwecke einem Neuöl gleichwertiges Regenerat zu liefern. Es ist etwas ganz anderes, ob aus Altöl ein Maschinen- oder Motorenöl hergestellt werden soll oder ein hochalterungsbeständiges Transformatorenöl. Aus diesen Gründen wird es auch in den meisten Fällen vorzuziehen sein, das gebrauchte Isolieröl abzugeben statt im Lohn regenerieren zu lassen.

Anders bei sehr großem Anfall an Altöl! Wenn jährlich Hunderte von Tonnen Altöl anfallen und schon wegen der Überwachung der Ölfüllungen in den Tausenden von Apparaten ein Chemiker zur Verfügung stehen muß, kann man auch die Regeneration der alterungsbeständigen Isolieröle selbst vornehmen.

6. Aufarbeitung.

Es gibt für die Aufarbeitung der Mineralöle natürlich verschiedene Möglichkeiten. Es ist dabei zu unterscheiden zwischen den Verfahren, die lediglich eine Verbesserung des Öles durch physikalische Behandlung herbeiführen und den Verfahren, die auf chemischem Wege das Öl so weit verbessern, daß seine Analyse den Anforderungen, die an Neuöl gestellt werden, entspricht. Zu den ersteren Verfahren ist das gewöhnliche Schleudern zwecks Entfernung ölunlöslicher flüssiger und fester Fremdstoffe zu rechnen. Es handelt sich also lediglich um eine verhältnismäßig oberflächliche Reinigung, nicht um eine tiefgehende Aufbereitung des Öles. In gleicher Weise wirkt gewöhnliche Filtration durch eine Filterpresse. Man wird auf diese Weise im allgemeinen nur feucht gewordene oder sonst verunreinigte Öle niedrigen Alterungsgrades reinigen und wieder gebrauchsfähig machen.

Etwas weitergehend ist die Behandlung des Öles mit Bleicherde unter nachfolgender Filtration des Öles oder Filtration des Öles durch eine Bleicherdeschicht. Die Bleicherde nimmt neben den ölunlöslichen Fremdstoffen bereits einen Teil der öllöslichen Alterungsstoffe auf, so daß durch diese Behandlung schon eine Verbesserung des Alterungszustandes erzielt wird. Abgesehen von den Fällen, in denen der Alterungszustand des Altöles nur sehr gering war, wird man durch diese Behandlung aber noch nicht ein Produkt erhalten, dessen Analyse den Anforderungen für Neuöl entspricht. Trotzdem ist das Verfahren, das insbesondere für die Reinigung von Dampfturbinenölen viel gebraucht wird, in der Praxis heute ziemlich stark verbreitet, um von Zeit zu Zeit die Ölfüllungen wieder zu verbessern.

Die eigentliche Regeneration von Altöl besteht in der chemischen Behandlung desselben. In der Praxis hat sich bisher fast nur das Schwefelsäureverfahren eingeführt, während die neueren Verfahren der Mineralölraffination mit Hilfe von selektiven Lösungsmitteln bisher nicht angewandt wurden, da die dafür nötigen Anlagen zu kostspielig sind und ihre Anschaffung sich nur für Mineralölraffinerien, die sehr große Mengen durchsetzen, lohnt.

Nach dem Schwefelsäureverfahren, das dem Verfahren entspricht, wie es seit langen Jahren in der Mineralölraffination angewendet wird, wird dem Altöl konzentrierte Schwefelsäure zugesetzt. Die beiden Flüssigkeiten werden miteinander intensiv gemischt, wobei die Schwefelsäure die ganzen Alterungsstoffe des Altöles angreift und in die Form des im Öl unlöslichen „Säureharzes" überführt. Das spezifisch viel schwerere Säureharz kann leicht vom darüberstehenden Öl abgezogen werden. Wenn es sich um feuchte und verschmutzte Öle handelt, wird man vor dem Zusatz der Schwefelsäure erst das Wasser und die Fremdstoffe möglichst weitgehend entfernen, entweder durch Absitzenlassen oder durch Zentrifugieren. Die Menge Schwefelsäure, die anzuwenden ist, kann nicht für jeden Fall schematisch angegeben werden, sondern sie ist vor der Behandlung im großen durch einen kleinen Laboratoriumsversuch festzustellen. Man wird dabei das Minimum an Schwefelsäure ermitteln, das erforderlich ist, um die gewünschte Reinigung zu erzielen. Ein Mehr an Säure wäre schädlich, da hierdurch die Eigenschaften des Regenerates wieder verschlechtert werden können. Im allgemeinen werden sich in der Praxis die Zusätze an Schwefelsäure, die erforderlich sind, um das Optimum an Wirkung zu erzielen, zwischen $^1/_2$ und ungefähr 5% bewegen. Es sind auch Zahlen von über 5% genannt worden; vermutlich wäre man in diesen Fällen aber mit einem niedrigeren Prozentsatz ebensogut ausgekommen.

Das gesäuerte Öl wird nun entweder nur mit Bleicherde nachbehandelt, indem man eine bestimmte Menge Bleicherde zusetzt, Öl und Erde gründlich bei erhöhter Temperatur, die zwischen 50 und 100° C liegt, mischt, dann die Bleicherde wieder abfiltriert, oder man schiebt zwischen Säuerung und Bleicherdebehandlung eine Laugung des Öles mit Natronlauge ein, der eventuell noch eine Waschung mit Wasser folgen muß. Unter Umständen kann man dieselbe Wirkung wie die der Laugung auch durch einen Zusatz von Kalkhydratpulver bei der Erdebehandlung erreichen. Auch für diese verschiedenen Arten der Nachbehandlung der Öle läßt sich ein Schema, das für alle Fälle gültig ist, nicht angeben, sondern es muß von Fall zu Fall an Hand von Vorversuchen, die im Laboratorium ausgeführt werden, der beste Weg und die Menge der anzuwendenden Raffinationsmittel festgestellt werden. Aus diesem Grunde wird bei der vollständigen

Regeneration der Isolieröle die Mitarbeit chemisch durchgebildeter Kräfte unentbehrlich sein.

Bei allen Regeneriermaßnahmen ist stets mit großer Vorsicht vorzugehen. Man kann auch leicht durch eine zu weitgehende Regenerierung das Gegenteil der beabsichtigten Wirkung erreichen; wie dies F. Skala neuerdings nachgewiesen hat (*13*). Neuöle besitzen meist eine bestimmte Menge natürlicher Schutzstoffe, die eine zu rasche Alterung im Betriebe verhindern. Werden diese Schutzstoffe bei der Regenerierung zu weitgehend entfernt, erreicht man eben das Gegenteil der beabsichtigten Wirkung. Zumischen von Neuöl bzw. von Extrakten des Neuöles vermag, nach Skala, solchen zu stark regenerierten Ölen wieder die Eigenschaften von Neuölen zu geben.

Literatur.

1. Baader, A.: Über den Einfluß von Isolierstoffen auf Isolieröle. Elektr.-Wirtsch. 1930 S. 358.
2. Skala, F.: Einfluß von Imprägnierlacken auf die Alterungsneigung von Isolierölen. Elektr.-Wirtsch. 1930 S. 359.
3. Vorschriften für Schalter- und Transformatorenöle. VDE. 0370/36.
4. Die Ölbewirtschaftung, 2. Aufl., REW. Berlin 1936.
5. Crotogino: Trocknung von Isolieröl auf kaltem Wege. AEG-Mitt. Jan. 1933.
6. Die Mischbarkeit von Umspanner- und Schalterölen nach Erfahrungen im Elektrizitätswerksbetrieb. Elektr.-Wirtsch. 1934 Heft 3.
7. Schendell: Die Bedeutung der Ölregenerierung für die Elektrizitätswirtschaft.
8. Hana: Grundsätzliches zur Ölregenerierung.
9. Baader: Verfahren der Ölregenerierung.
10. Richter: Maschinen und Geräte im Regenerationsbetrieb.
11. Baum: Die Sammlung der Gebrauchsöle. Elektr.-Wirtsch. 1936 Heft 7.
12. Stäger: Über die Regeneration von Mineralölen. Schweizer Archiv für angewandte Wissenschaft und Technik, 1. Jg. (Okt. 1935) S. 189—199.
13. Skala, F.: Zur Alterungsneigung regenerierter Isolieröle. Petroleum 1936, Heft 50.

Kondensatorenöle.

Von **W. Hoesch**, Berlin.

Mit 4 Abbildungen.

Einleitung.

Die in diesem Handbuch bisher besprochenen Öle, wie sie in der Elektrotechnik als Isoliermaterial verwendet werden, werden in ähnlicher Form in steigendem Maße in den letzten Jahren auch in elektrischen Kondensatoren verwendet. Die besonderen Bedingungen aber, die hierbei zu beachten sind, rechtfertigen den Wunsch der Herausgeberin, gerade den Kondensatorenölen einen getrennten Abschnitt zu widmen.

Unter einem Ölkondensator verstand man noch bis vor verhältnismäßig kurzer Zeit einen lediglich im physikalischen Laboratorium vorkommenden Apparat (meist einen Drehkondensator), dessen zwischen den Belegungen befindliches Dielektrikum aus Isolieröl bestand, wobei besondere Anforderungen im heutigen Sinne mit Rücksicht auf die geringe Beanspruchung nicht existierten. Mit der Ausbreitung des elektrischen Kondensators über das Laboratorium hinaus in die Technik und mit dem Verlangen nach großen Kapazitäten, wählte man als Dielektrikum eigens hierfür entwickelte Papiere und tränkte diese mit einem sog. Zusatzdielektrikum. Zunächst wurden derartige Kondensatoren benötigt für kleine Spannungen in der Fernsprechtechnik und in der Telegraphie zur Glättung pulsierender Gleichströme, sowie zur Trennung von Gleich- und Wechselstrom. Als „klassisches" Material für das Zusatzdielektrikum wurde Paraffin verwandt, und zwar in Deutschland das in erheblichem Maße anfallende Braunkohlenparaffin. Mit Einführung und Entwicklung der drahtlosen Fernmeldetechnik benötigte man aber, namentlich in den Siebketten Kondensatoren, die erheblich höheren Spannungen gewachsen waren (neben den praktisch verlustfreien Kondensatoren in den Hochfrequenzkreisen mit Glas- bzw. Glimmerdielektrikum). Auch hier sprang der Papierkondensator rettend ein; denn man hatte unterdessen gelernt, Papiere herzustellen, die bei geeigneter Schichtung bzw. Wicklung und Tränkung auch hohen Spannungen widerstanden, sofern man sie sorgfältig von Feuchtigkeits- und Lufteinflüssen befreite. Da es sich auch jetzt noch vorzugsweise um eine Belastung der Kondensatoren mit pulsierender Gleichspannung handelte, wobei der den Kondensator durchfließende Verlust- und Fehlerstrom und damit die in Wärme umgesetzte Energie nur sehr gering war, so verwandte man ebenfalls mit Erfolg ein festes Zusatzdielektrikum, nämlich das unterdessen in großem Umfange in die Elektrotechnik eingeführte Kunstharz. Als dann mit fortschreitender Entwicklung die Anforderungen an Abmessungen und Preiswürdigkeit sowie elektrische Sicherheit derartiger

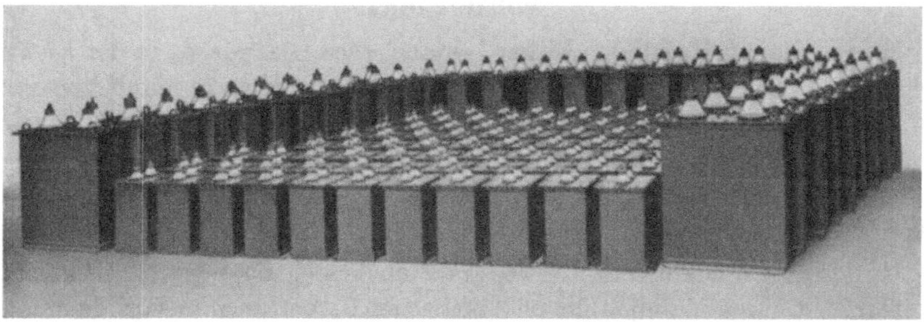

Abb. 1.

Kondensatoren, besonders bei Sendeanlagen, immer größer wurden, ging man dazu über, als Zusatzdielektrikum ein Öl zu verwenden, das ähnlich den Kabelmassen eine hohe Viskosität und eine ausgezeichnete elektrische Durchschlagfestigkeit hatte. Die diesem Dielektrikum eigene Leitfähigkeit ist sehr gering und die Durchschlagfestigkeit liegt bei Werten von über 200 kV pro Millimeter. Eine Batterie derartiger Kondensatoren ist in Abb. 1 dargestellt.

Schon während dieser letzten Entwicklungsetappe benutzte man den Papierkondensator auch für andere industrielle Zwecke in steigendem Maße, und zwar zur Verbesserung des Leistungsfaktors von Wechselstrom. Es ist bekannt, daß der elektrische Kondensator in einem Wechselstromkreis einen Strom aufnimmt, der gegenüber der Spannung im entgegengesetzten Sinne phasenverschoben ist wie der Magnetisierungsstrom induktiver Apparate, z. B. Motoren und Transformatoren, und daher zum Ausgleich der Phasenverschiebung induktiver Ströme dienen kann. Derartige Kondensatoren sind im Laufe der letzten Jahre zu einem elektrotechnischen Apparat geworden, dessen Verbreitung bald der von Transformatoren nicht nachstehen wird. Von einem einzigen dieser Apparate wird eine voreilende Blindleistung von vielen hundert Kilowatt aufgenommen, so daß die kommerzielle Bedeutung dieser Apparate im Rahmen der gesamten Elektrotechnik nicht zu unterschätzen ist (Abb. 2).

In diesen sog. Phasenschieberkondensatoren wird nun als Zusatzdielektrikum fast ausschließlich Öl verwendet, ebenso wie zur Füllung des fertigen Apparates, so daß der gewichts- und wertmäßige Anteil des Öles in dem Gesamtapparat einen nicht unbeträchtlichen Bruchteil ausmacht. Diese Art von Kondensatoren ist es auch, welche den Anlaß zu umfangreichen Entwicklungsarbeiten der Ölraffinerien auf dem Gebiete der Kondensatorenöle gegeben hat, da die Bedingungen sehr subtil sind und genau eingehalten werden müssen, wenn nicht die Lebensdauer des gesamten Gerätes in Frage gestellt sein soll.

Abb. 2.

Im Gegensatz nämlich zum Transformator, wo das Öl gewissermaßen nur in zweiter Linie Isoliermittel ist und hauptsächlich dazu dient, die sich erwärmenden Teile zu kühlen, ist, wie erwähnt, beim Kondensator das Öl ein Bestandteil des Dielektrikums, d. h. des aktivsten Teiles selbst. Das ölgetränkte Papier bildet also die eigentliche Isolation zwischen den Belegungen, ähnlich wie dies beim Kabel der Fall ist, wobei aber mit Rücksicht auf die Preisbildung das Dielektrikum noch stärker ausgenutzt wird, dabei aber die gleiche unbedingte Betriebssicherheit aufweisen muß. Denn da ja beim Kondensator das Erreichen einer möglichst hohen Kapazität Endzweck und andererseits bei gleichem Volumen des Kondensators die Kapazität dem Quadrat der Dicke des Dielektrikums umgekehrt proportional ist, wird man das Dielektrikum so dünn wie möglich wählen. Führt man sich nun vor

Augen, daß die Durchschlagfestigkeit eines solchen Dielektrikums um eine ganze Größenordnung höher liegt als die des Öles selbst nach sorgfältiger Vorbehandlung, so geht einerseits daraus hervor, daß zwar das Papier tatsächlich den Hauptbestandteil des Dielektrikums darstellt, daß aber andererseits derartige Werte nur dann erreicht werden können, wenn auch das Öl so sorgfältig wie nur irgend möglich ausgewählt wird.

Viele der bei Transformatoren- und Schalterölen außerordentlich wichtigen Eigenschaften, die dementsprechend auch nach sinnvoll überdachten Prüfmethoden überwacht werden, sind für das Kondensatorenöl, wie weiter unten im einzelnen noch ausgeführt wird, nicht von so hervorragender Bedeutung, während wieder andere, insbesondere die Trocknung des Öles, in einem Maße beobachtet werden müssen, wie dies bei den erwähnten anderen Zweigen der Elektrotechnik nicht erforderlich ist.

Um über die Belange der Kondensatorenöle einen Überblick zu bekommen, sei zunächst die Herstellung eines derartigen Ölpapierkondensators in großen Zügen angedeutet:

Mehrere Lagen des Spezialpapieres werden mit der Metallfolie zusammen aufgewickelt zu einzelnen Wickeln, deren jeder meist nur einen Bruchteil eines Blindkilowatts aufweist. Nachdem die Wickel unter Hitze und Vakuum weitgehendst entwässert worden sind, tritt das Öl ebenfalls unter Vakuum hinzu, nachdem es seinerseits vorerst einen weitgehenden Reinigungs- und Trocknungsprozeß durchgemacht hat. Nach erfolgtem Zusammenbau einer Vielzahl von Wickeln zum fertigen Kondensator wird dieser ebenfalls einer Vakuum- und Wärmebehandlung unterzogen, um letzte Reste von Luft und Feuchtigkeit, wie sie beim Zusammenbau hineingelangt sein können, zu entfernen und dann sorgfältig luftdicht verschlossen. Man kann auch, sofern man sich auf die Herstellung verhältnismäßig kleiner Einheiten beschränkt, die Kondensatorwickel gleich in ihrem Gehäuse zunächst trocken evakuieren und dann das vorbehandelte Öl mit Hilfe geeigneter Vorrichtungen direkt in die Gehäuse befördern, welche dann ebenfalls luftdicht verschlossen werden.

Während des Betriebes erwärmt sich nun der Wechselstromkondensator ähnlich wie der Transformator durch die auf Grund der dielektrischen Verluste in Wärme überführte Energie, aber in einem sehr viel geringerem Maße, weil nämlich die Kondensatorverluste ganz erheblich geringer sind als bei diesem. Während sie bei einem Transformator einige Prozent betragen, liegen sie beim Kondensator eine Größenordnung tiefer. Die Gründe, weswegen man auf derart niedrige Werte hingearbeitet hat, sind auf zwei Gebieten zu suchen: Erstens dient, wie bereits ausgeführt, der Kondensator dazu, den induktiven Blindstrom zu kompensieren. Für diese Kompensierung wird den Stromabnehmern heute bereits fast überall von den

Stromlieferanten eine Prämie gewährt, welche einen Anreiz zur Anschaffung der Kondensatoren bildet. Es hieße nun diese Prämie auf der anderen Seite unnütz wieder ausgeben, wenn man die Kompensierung durch einen Apparat bewirken lassen würde, welcher nicht praktisch verlustlos arbeitet, da die dielektrischen Verluste ja aus Wirkstrom bestehen und dementsprechend viel höher bezahlt werden müssen, als der Blindstrom verrechnet wird. Auch kann man den Stromdurchsatz der Netze auf ein Minimum reduzieren.

Aber, und das ist für unsere hiesigen Betrachtungen wichtiger, ein anderer Grund, der im Kondensator selbst zu suchen ist, hat weiterhin die Ausbildung solcher verlustarmen Kondensatoren bewirkt. Während man nämlich beim Transformator mit einer betriebsmäßigen Übertemperatur von etwa 80° rechnet, und somit mit einer absoluten Betriebstemperatur des Isolierungsmaterials von etwa 100°, liegt letztere beim Kondensator erheblich niedriger, weil ja das sehr hoch beanspruchte Papierdielektrikum bei so hohen Temperaturen sehr rasch zusammenbrechen würde. Auch ist das Einhalten geringer Verlustwerte bei einer Temperatur von rund 100° bei einem Papierdielektrikum schwierig. Kondensatoren, bei denen aus betriebsmäßigen Gründen solche Temperaturen auftreten (Motorkondensatoren), müssen daher stets mit einem Spezialdielektrikum ausgerüstet werden (Abb. 3).

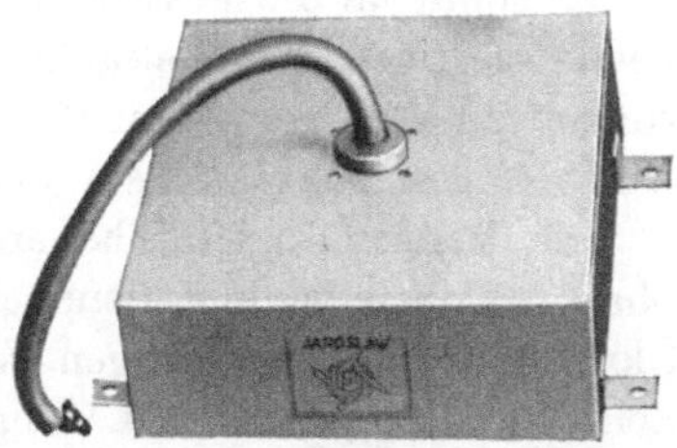

Abb. 3.

Diese erheblichen Verluste würden aber eine weitere Erwärmung des Kondensators zur Folge haben, wodurch die Sicherheit noch weiter sinken würde usw. Es ist also erforderlich, die betriebsmäßige Übertemperatur des Kondensators so klein wie möglich zu halten, da man ja ohnehin bei Freiluftstationen, namentlich in warmen Ländern, zuweilen mit nicht unbeträchtlichen Außentemperaturen zu rechnen hat. Dies ist aber nur möglich, wenn die Verluste bei diesen Temperaturen sehr gering sind (unter 0,3%). Auch wird es nur dann möglich sein, die räumlichen Abmessungen des Kondensators auf ein gewisses Mindestmaß herabzudrücken, weil dann schon eine kleine Oberfläche zur Abführung der Wärme genügt. Allerdings ist eine solche Verkleinerung nur mit Vorsicht vorzunehmen und geht nicht immer mit einer Verbilligung Hand in Hand, wenn die Betriebssicherheit nicht gefährdet werden soll.

Diese Vorbemerkungen erschienen notwendig, um die Aufgabe, die ein Kondensatorenöl zu erfüllen hat, nun in einfacher Weise darlegen zu können.

Die Beanspruchung des Kondensatorenöles im Betrieb.

Ein Kondensatorenöl hat demnach im Betriebe keine hohen Temperaturen auszuhalten. Es kommt im Inneren des Kondensators nur mit Papier und Aluminiumfolie und den meist eisernen Gehäusen in Berührung, d. h. es unterliegt nicht oder nur geringen katalytischen Einflüssen bei seiner betriebsmäßigen Oxydation. Da aber der Kondensator, schon um Wasser absolut fernzuhalten, verschlossen ist, tritt auch kein neuer Luftsauerstoff hinzu, welcher für eine fortschreitende Oxydation erforderlich wäre. Mithin wären somit an die Festigkeit des Öles gegen verteerende Einflüsse für den betriebsfertigen Kondensator scheinbar keine besonders hohen Anforderungen zu stellen. Wenn dies dennoch von verschiedensten Seiten getan wird, so geschieht es mehr aus indirekten Gründen.

Die Erwärmung auf höhere Temperaturen während der Fabrikationsphase nämlich bedingt dennoch eine gewisse Oxydationsbeständigkeit des Öles, damit in dem fertigen Kondensator nachher keinerlei unerwünschte Zerfallprodukte auftreten. Denn diese erhöhen ja meistens sehr stark die Leitfähigkeit des Dielektrikums, verringern seine Homogenität, erhöhen daher den Verlustwinkel, so daß also auch beim Kondensatorenöl die Verteerungseigenschaften von nicht zu unterschätzender Bedeutung sind. Man wird daher mit Recht verlangen, daß mindestens die gleichen Bedingungen, denen ein Transformatorenöl genügt, auch von einem Kondensatorenöl erfüllt werden. Welche Methode zur Nachprüfung dieser Eigenschaften gewählt wird, hängt natürlich sehr von der Einrichtung und der Bedeutung, die diesem Faktor zugewiesen wird, ab. Nicht immer wird sich eine Methode der Oxydationsbestimmung, die die Anwesenheit eines Katalysators zur Voraussetzung hat, als erforderlich erweisen, da im fertigen Kondensator ja auch keine Katalysatoren, jedenfalls keine stark wirksamen, enthalten sind. Die Temperatur und die sonstigen Bedingungen, die man der Prüfung zugrunde legt, weichen bei den einzelnen Firmen voneinander ab, schon mit Rücksicht auf den verschiedenartig geleiteten Herstellungsgang der Kondensatoren. Die maßgebendsten Firmen haben eigene Vorschriften herausgegeben, welche sie auf Grund ihrer Erfahrungen entwickelt haben. Der Versuch eines Zusatzes von Antikatalysatoren zum Öl erübrigt sich beim Kondensator, da, wie ausgeführt, während des Betriebes eine wesentliche Oxydation ohnehin nicht erfolgt.

Geforderte Eigenschaften.

Eine Materialkonstante, welche für Transformatoren belanglos, für Kondensatoren aber von außerordentlicher Bedeutung ist, ist die Dielektrizitätskonstante des Öles. Bei den normalerweise verwendeten Mineralölen beträgt sie 2 bis 2,2. Man hat sich daher bemüht, Substanzen zu gewinnen, welche eine wesentlich höhere Dielektrizitätskonstante haben und die daher selbst unter Berücksichtigung, daß der Hauptanteil des Dielektrikums, nämlich das Papier, unverändert bleibt, eine wesentliche Erhöhung der Kapazität hervorrufen und so zu einer Verbilligung und Verkleinerung des Kondensators führen. Nachdem man mit organischen Phosphorsäurederivaten keine zufriedenstellende Ergebnisse erzielt hat, gelang es jetzt in jüngster Zeit, chlorierte aromatische Kohlenwasserstoffe für diesen Zweck brauchbar zu machen, die außerdem den Vorteil haben, daß sie restlos im Inland erzeugt werden. Der Kapazitätszuwachs beträgt etwa 25%, was mit Recht als beträchtlich angesehen wird. Der verbreiteten Einführung dieses synthetischen Öles steht aber wenigstens in Deutschland der Preis im Wege, der so hoch bemessen ist, daß trotz der Materialersparnis eine Erhöhung der Gestehungskosten gegenüber Ölkondensatoren eintritt. Außerdem schränkt vorerst noch der hohe Stockpunkt (über 0°) ebenfalls die Verwendungsmöglichkeit stark ein. Praktisch ist man daher zur Zeit noch auf die Mineralöle angewiesen. Daß die Halogenverbindungen noch außerdem schwerer entflammbar sind als Öl, ist unwesentlich, da, wie unten noch näher angeführt, eine Brandgefahr bei Kondensatorenölen ohnehin nicht vorhanden ist.

Die geringe Übertemperatur eines Kondensators macht auch einen Kühlumlauf nicht in dem Maße erforderlich, wie dies beim Transformator der Fall ist, daher kann die Viskosität von Kondensatorenölen höher sein als die von Transformatoren- bzw. Schalterölen. Welches der geeignetste Wert für die Viskosität ist, hängt naturgemäß von der Bauart, von der Behandlung und von der Formgebung, insbesondere auch von der spezifischen Größe des Kondensators stark ab, so daß die Ansichten der Kondensatorbauer hier voneinander abweichen. Grundsätzlich ist gegen die Verwendung sehr dünnflüssiger und heller Raffinate nichts einzuwenden, obgleich bei sehr hohen Beanspruchungen, wie sie durch die Prüfleitsätze des VDE für Starkstromkondensatoren erforderlich sind, bei einem Öl mit zu kleinen Molekülen vielleicht eher eine Zersetzung und Wasserstoffabspaltung eintreten kann. Die Bildung von Gasblasen aber muß selbstverständlich unter allen Umständen vermieden werden, weil diese zu Glimmentladungen und Durchschlägen führen. Hierbei darf indessen nicht übersehen werden, daß nicht die Viskosität, sondern vor allem der Aufbau der Ölmoleküle für derartige Zerfallserscheinungen maßgebend ist. Ebenso erscheint andererseits die Verwendung dicker Öle auch für Wechselstromkondensatoren (Wärmeentwicklung durch dielektrische Verluste) statthaft, sofern man auf einen Ölumlauf verzichtet und sofern die Auswahl

Abb. 4.

derartiger Öle so getroffen wird, daß trotz der hohen Viskosität die Homogenität des Dielektrikums nicht zu sehr leidet, da sonst das Erreichen eines wirklich hohen Wirkungsgrades des Kondensators ausgeschlossen ist. Es wird also ein derartiges Öl oder Vaselin nur für Kondensatoren kleiner Leistung in Frage kommen, wo das Verhältnis von Oberfläche zu Volumen groß ist. Hier können ähnliche Öle angewandt werden, wie bei den eingangs erwähnten Glättungskondensatoren für hochgespannten Gleichstrom.

Da Kondensatoren heute mit wachsender Leistung auch vielfach im Freien aufgestellt werden (Abb. 4), muß der Stockpunkt entsprechend tief liegen, um wesentliche Veränderungen des Dielektrikums bei Temperaturschwankungen sicher zu vermeiden. Da das Öl aber beim Imprägnierprozeß wesentlich höheren Temperaturen ausgesetzt ist als beim Betrieb, so muß auch hier bei der Beurteilung der Viskosität die Kurve über das ganze in Frage kommende Temperaturintervall von der geringsten Betriebstemperatur bis zur höchsten Imprägniertemperatur berücksichtigt werden. Bei letzterer muß das Öl so dünnflüssig sein, daß die Durchtränkung auch breiter Papierbahnen mit Sicherheit erfolgt.

Der Flammpunkt wird bei Ölen, die diese und weiter unten aufgeführte Bedingungen erfüllen, stets hoch genug liegen, um eine Gefahr auszuschließen, da beim Papierkondensator durch die Unterteilung in die einzelnen Wickel selbst bei Defektwerden eines dieser Wickel eine explosionsartige Gasbildung und Entflammung des Öles ausgeschlossen ist. Während der Verarbeitung des Öles aber beim Herstellungsprozeß der Kondensatoren wird stets die Möglichkeit gegeben sein, einer Entzündung sicher vorzubeugen, zumal schon mit Rücksicht auf das Papierdielektrikum Temperaturen über 150° kaum angewandt werden dürften. Ein Öl, das den Vorschriften der maßgebenden Kondensatorfirmen entspricht, ist auch in seinem molekularen Aufbau so beständig, daß es unter dem Einfluß des elektrischen Feldes keine Zersetzung erleidet, sofern für das fertige Erzeugnis normale Betriebs- und Prüfbestimmungen herrschen. Eine Oxydation des Öles unter katalytischem Einfluß von Licht kommt ebenfalls nicht in Betracht. Auch wird Schlammbildung in den Kondensatoren nicht auftreten, da diese ja, gute Ausgangseigenschaften vorausgesetzt, stets eine hohe Betriebstemperatur sowie die Anwesenheit von Katalysatoren zur Bedingung hat. Zusammenfassend kann man sagen, daß, wenn es gelingt, das Öl durch den Fabrikationsgang in seiner Zusammensetzung praktisch unverändert, aber hervorragend gereinigt und getrocknet in den Kondensator hineinzubringen und diesen sorgsam zu verschließen, eine Veränderung während des Betriebes, selbst auf lange Sicht, nicht zu befürchten ist.

Grundsätzlich muß aber betont werden, daß das Kondensatorenöl mit Rücksicht auf seine außerordentliche Beanspruchung sowie diejenige sämtlicher Isolierstoffe im Kondensator nicht bei etwaigem Umbau oder Transporten einfach abgelassen und nachher durch das gleiche oder gar ein mehr oder weniger gereinigtes, billigeres oder ähnliches Öl wieder ersetzt werden kann. Da das Öl, welches die Wickelelemente umgibt, d. h. das Füllöl mit dem, welches in diesen enthalten ist, in Verbindung steht, so muß auch von beiden Sorten völlige Gleichheit und hohe Güte verlangt werden, welche tatsächlich nur in den Kondensatorfabriken mit Hilfe ihrer besonderen und kostspieligen Einrichtungen selbst erzeugt werden kann.

Während sich also die Bedingungen für Kondensatorenöle, die von den Fabrikanten an die Raffinerien gestellt werden, im großen und ganzen innerhalb der üblichen Grenzen bewegen, so muß auf der anderen Seite nochmals betont werden, daß die Aufgabe, die die Kondensatorfabrik an dem Öl zu erfüllen hat, eine wesentlich schwierigere ist, als sie anderen Fabrikationszweigen der Elektrotechnik obliegt. Wird doch beispielsweise für Transformatorenöle nur eine Betriebsbeanspruchung von etwa 10 kV/cm verlangt, während die Beanspruchung des Kondensatorendielektrikums eine ganze Größenordnung höher liegt. Die Reinigung, Trocknung und Entgasung ist eine außerordentlich schwierige Aufgabe, wenn man auf die Werte kommen will, die der moderne Kondensatorenbau verlangt. Auch die letztere ist wichtig, denn die Anwesenheit von letzten Resten gelöster Luft kann, besonders bei Lokalüberanstrengungen des Dielektrikums, zu Glimmentladungen, vielfach sogar zu Randüberschlägen oder Durchschlägen führen. Man wird sich bei der Beurteilung einer neuen Ölprobe zweckmäßig nicht nur auf die vorgeschriebenen Laboratoriumsprüfungen verlassen, sondern einen größeren Betriebsversuch am fertigen Kondensator vornehmen, wobei die übrigen Materialien, wie insbesondere das Papier, eindeutig definierte und bekannte Eigenschaften haben müssen. Die Durchschlagfestigkeit der Öle muß so hoch bemessen sein, daß sie unter den verlangten Bedingungen auch keinen stillen elektrischen Entladungen unterliegt, da diese eine Veränderung der Öle, meist eine Verdickung unter Gasbildung, hervorrufen.

Alle diese gestellten Bedingungen erfüllt heutzutage eine ganze Reihe von Mineralölen (Harzöle sind, abgesehen vom Preis, auch schon wegen ihrer leichteren Zersetzbarkeit weniger geeignet). Da jedes Öl ein Gemisch verschiedener Komponenten darstellt, so ist der Kondensatorenbauer beim Bezug auf die Zuverlässigkeit seines Lieferanten angewiesen. Es ist in den verschiedenen vorstehenden Aufsätzen dieses Buches auch bereits auseinandergesetzt worden, wie die chemische Grundlage der Öle beschaffen sein muß, damit sie den schwierigsten Ansprüchen gerecht werden. Auch für den Kondensatorenbau gelten die gleichen Richtlinien.

Mineralöle in der Kabeltechnik.

Von **E. Kirch**, Berlin, AEG-Kabelwerk Oberspree.

Mit 8 Abbildungen.

In der Kabeltechnik finden zur Tränkung von Starkstromkabeln mit gewickelter Papierisolation Öle von verschiedenem Charakter allein oder in Mischung mit Harzen ausgedehnte Anwendung.

A. Grundsätzliche Unterschiede der verwendeten Öle bezüglich ihrer Fließeigenschaften.

Unterscheidet man die Öle nach ihrer Viskosität bzw. allgemein betrachtet nach ihren Fließ-Eigenschaften, so könnte man die im Kabelbau verwendeten Materialien grundsätzlich in drei Gruppen unterteilen:

1. Zähe Öle mit relativ hohem Fließ- und Tropfpunkt (Tropfpunkt liegt etwa bei 30 bis 45° C). Die Höhe des Tropfpunktes ist im wesentlichen durch den hohen Gehalt an Paraffinen gegeben, der Werte bis zu 15 und 20% erreichen kann. Wegen des hohen Paraffingehaltes kann man begreiflicherweise bei Temperaturen, die unterhalb der Erstarrungspunkte der verschiedensten mehr oder weniger hochschmelzenden Paraffine liegen, nicht von einer „wahren Viskosität“ sprechen, da für solche Stoffgemische das Poiseulsche Gesetz bekanntlich nicht mehr gilt. Auch wird man bei der Viskositätsmessung solcher Öle im Erstarrungsbereich der Paraffine stets Unterschiede feststellen zwischen einem länger gelagerten und einem erst kurz vorher erwärmten Öl. Schließlich ist der Verlauf der Viskosität unterschiedlich, je nachdem, ob diese bei steigender oder fallender Temperatur gemessen wird.

Bei 50 bzw. 120° C weisen solche Öle Viskositäten von etwa 300 bzw. 20 Centipoise auf.

Öle des genannten Charakters bzw. Öle, denen man durch Zugabe von Vaselinen einen ähnlichen Charakter verliehen hatte, haben früher im Kabelbau eine relativ ausgedehnte Verwendung gefunden. Insbesondere wurden in den Vereinigten Staaten solche Öle oder noch steifere vaselinartige Produkte, sog. Petrolate, verwendet. Zur Wahl solcher Öle entschloß man sich in früheren Jahren, weil sich, wie die ältere Literatur ausweist, Mischungen dünnflüssiger Öle mit Harzen damals zufolge hoher — zum Teil erschreckend hoher — Verluste als ungeeignet erwiesen hatten.

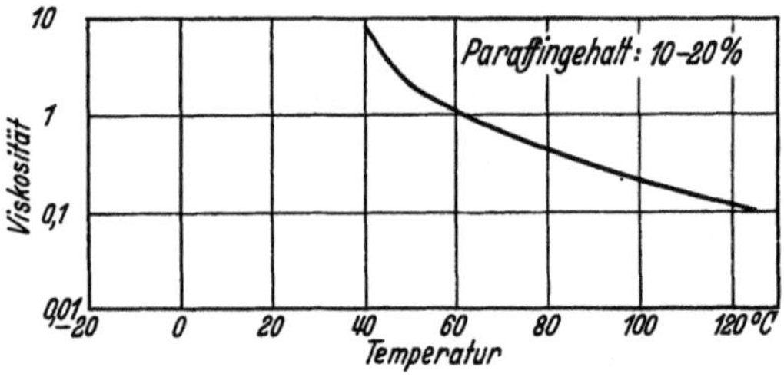

Abb. 1.

Die spätere Entwicklung (*1, 2*) zeigte jedoch, daß Öle dieses Charakters weder **allein** noch in **Mischung** mit **Harzen** für Massekabel **höherer** Spannung günstige Tränkmittel darstellten. Ihr Hauptnachteil besteht darin, daß nach wiederholter Erwärmung und Wiederabkühlung der Glimmanteil der dielektrischen Verluste erheblich zunimmt, so daß demzufolge in erhöhtem Maß Alterungserscheinungen der Tränkmasse (Kondensieren und Polymerisieren unter erheblicher Volumen-Kontraktion) — sog. „Verkäsungserscheinungen" — zu erwarten sind, die nicht selten insbesondere bei höheren Spannungen zu Schwierigkeiten geführt haben (*3*).

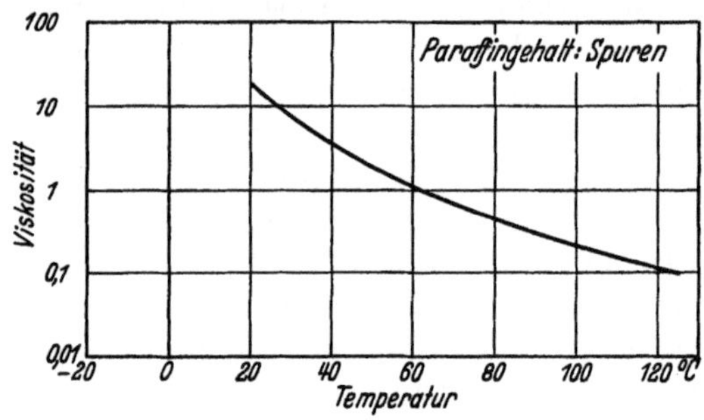

Abb. 2.

2. Zähe Öle mit niedrigem Fließ- und Tropfpunkt. (Der Tropfpunkt liegt bei etwa 0 bis 4° C). Es sind nur Spuren von Paraffin feststellbar, womit sich der niedrige Tropfpunkt erklärt. Die Viskositäten bei 20, 50 und 120° C betragen beispielsweise etwa 1800, 200 und 13 Centipoise. Öle dieser Art werden seit vielen Jahren in steigendem Maß für die Imprägnierung von Hochspannungskabeln gebraucht. Je nach Erfahrung und Auffassung wendet man sie entweder allein oder nach mehr oder minder großer Zugabe von Harz an. In den Vereinigten Staaten beispielsweise werden von einigen Werken Öle, von anderen wiederum Öl-Harz-Kompounde bevorzugt. In Europa hingegen werden fast ausschließlich Öl-Harz-Kompounde gebraucht. Zweck der Zumischung ist die Erhöhung der Viskosität und Klebrigkeit, um auf diese Weise das „Bluten" der Kabel beim Versand und der Montage zu begrenzen, sowie im Betrieb das Abwandern von höher gelegenen Punkten der Trasse zu tieferen Stellen, das begreiflicherweise an den höheren Stellen eine Verarmung an Tränkgut und damit eine Erhöhung der Glimmverluste und damit der Alterungsgefahr nach sich ziehen würde. Die Menge des Harzzusatzes richtet sich nach den Bedingungen, unter denen die Kabel arbeiten. In diesem Sinne ist es verständlich, daß beispielsweise für Kabel, die in Schächten hängen, höhere Harzzusätze verwendet werden als bei solchen, die auf ebener oder angenähert ebener Trasse liegen.

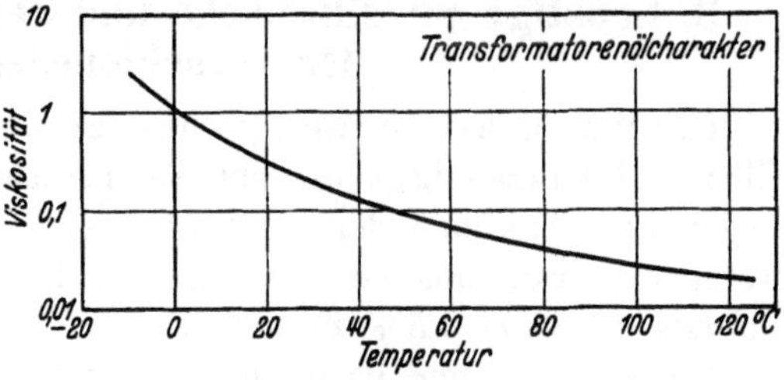

Abb. 3.

3. Dünnflüssige Öle, etwa von der Art des Transformatorenöles. Kennzeichnend für solche Öle ist etwa der in der nachstehenden Tabelle angegebene Verlauf der Viskosität:

bei	—10° C	etwa	200	Centipoise
,,	20° C	,,	30	,,
,,	50° C	,,	10	,,

Der Stockpunkt solcher Öle liegt je nach Herkunft und Behandlung bei etwa —40 bis —50° C.

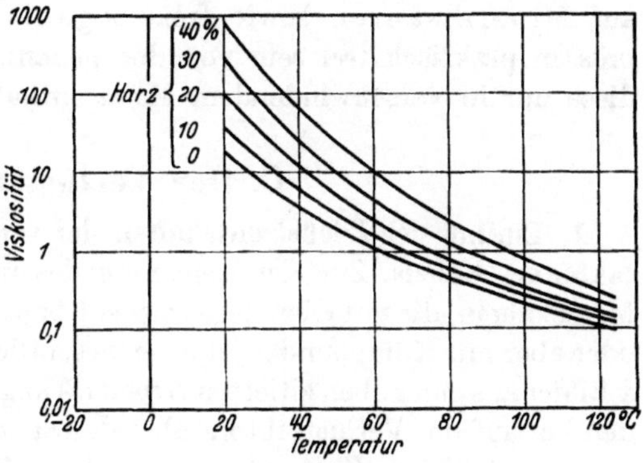

Abb. 4.

Zur Ergänzung der obigen Darlegungen ist in den Abb. 1, 2 und 3 der Viskositätsverlauf von Ölen der drei genannten Gruppen in Abhängigkeit von der Temperatur in logarithmischem Maßstab aufgetragen. Der Knick bei 50° in Abb. 1 kennzeichnet das Erstarren der Paraffine im Öl. Der stetige Verlauf der beiden anderen Kurven zeigt, daß man es hier in einem großen Temperaturintervall angenähert mit einer „wahren Viskosität" zu tun hat.

Zwischen den Ölen der Gruppe 1 und 2 lassen sich viele andere in der Kabeltechnik verwendete Öle einordnen, die sich ihrem Charakter nach mehr der einen oder der anderen Gruppe nähern, eine etwas steilere oder flachere Viskositätskurve zeigen, und deren Brauchbarkeit nicht zuletzt nach der Verwendungsgrenze (Höhe der Kabelspannung) beurteilt werden muß.

Die Abb. 4 zeigt, in welchem Maß durch mehr oder minder große Zugabe von Harz die Viskosität eines Öles der Gruppe 2 erhöht werden kann.

B. Sonstige physikalische und chemische Eigenschaften der verschiedenen Öle.

Der Wärmeausdehnungskoeffizient von Ölen bzw. Gemischen aus Ölen und Harzen liegt in dem Temperaturbereich von etwa 0 bis 100° angenähert zwischen den Grenzen von $7–8 \cdot 10^{-4}$, d. h. also bei einer Temperaturänderung von 100° nimmt das Volumen des Öles bzw. Kompounds um etwa 7,5% zu bzw. ab.

Die Flamm- und Brennpunkte der unter 1. und 2. charakterisierten Öle liegen angenähert bei 280 bzw. etwa 310° C. Bei den dünnflüssigen unter 3. behandelten Ölen sind sie natürlich niedriger und betragen etwa 150 bis 160° C bzw. 170 bis 180° C.

Als weitere chemische Untersuchungen wären zu nennen die Probe auf Mineralsäuren sowie freie organische Säuren. Gute Kabelöle müssen praktisch frei sein von den genannten Bestandteilen bzw. dürfen diese nur in verschwindendem Maße enthalten.

C. Der Verlustfaktor.

1. Einfluß der Fließeigenschaften der verwendeten Öle auf den Verlustfaktor des Kabels. Zur Kennzeichnung des unterschiedlichen Verhaltens von Massekabeln, die mit Ölen der Gruppe 1 bzw. der Gruppe 2 imprägniert sind, oder aber mit Kompounden, die im wesentlichen solche Öle enthalten, seien 2 Bilder aus einer oben zitierten Arbeit (*2*) angeführt. Die Abb. 5a und b geben den Verlauf des Verlustfaktors über der Spannung wieder, und zwar sowohl im jungfräulichen Zustand des Kabels, d. h. unmittelbar nach der Fabrikation (Kurve I) als auch nach wiederholten Erwärmungen und Abkühlungen (Kurve II). Bekanntlich kennzeichnet ein horizontaler bzw. annähernd horizontaler Verlauf ein günstiges Verhalten des Dielektrikums, während die Abweichung von diesem Verlauf (Knicke und Anstieg) Beginn und Höhe des gefahrbringenden Glimmanteils darstellen. Der Vergleich der Kurven a und b zeigt, daß ein grundlegender Unterschied besteht, insofern, als bei Verwendung von Kompounden mit Ölen der Gruppe 1 sich nach einer Reihe von Erwärmungen und Abkühlungen ein beträchtlicher Glimmanteil einstellt, während bei Kabeln mit Kompounden auf der Basis von Öl der Gruppe 2 ein Glimmanteil auch nach wiederholtem Erwärmen und Abkühlen kaum feststellbar ist. Die Bilder zeigen deutlich die Auswirkung der physikalischen Eigenschaften des Tränkmittels auf die elektrischen Eigenschaften des Kabels, und zwar auf den in überragendem Maß interessierenden Glimmanteil. Die elektrischen Eigenschaften, beispielsweise der Isolationswiderstand und der Fehlwinkel, die aus anderen Gründen interessieren und später erörtert werden, haben keinen Einfluß auf die in Abb. 5 gezeigten Veränderungen des Verlustfaktorverlaufes. Diese sind vielmehr, wie erwähnt, lediglich durch Unterschiede im physikalischen Verhalten, und zwar in den Fließ-Eigenschaften verursacht, weil bei angenähert gleichem Gesamt-Hohlraum-Volumen in dem einen Fall wegen der günstigen Fließ-Eigenschaften eine gleichmäßige Unterteilung in viele kleine Hohlräume gewährleistet ist, in denen es wegen ihrer hohen Durchschlagfestigkeit bei bestimmter Feldstärke noch nicht glimmt, während im anderen Falle durch die Behinderung des Fließens zufolge der Erstarrung vorhandener Paraffine offenbar die Bildung vereinzelter größerer Hohlräume erleichtert wird, in denen das Glimmen bekanntlich bei geringerer Beanspruchung einsetzt.

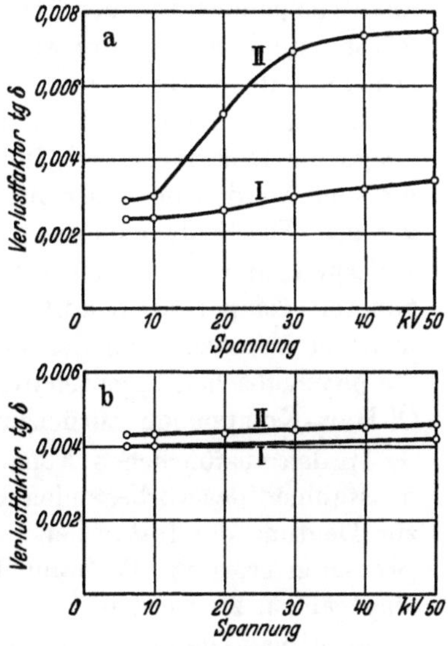

Abb. 5 a und b.

2. Abhängigkeit des Kabelverlustfaktors von dem Verlauf des Verlustfaktors des Öles oder Kompounds. Mißt man bei verschiedenen Temperaturen, also beispielsweise bei 20, 40, 60 und 80°, den Verlustfaktor eines Kabelöles oder Kabelkompounds in Abhängigkeit von der Spannung, so stellt man für gewöhnlich eine mit steigender Temperatur größer werdende Neigung des Verlustfaktorverlaufs über der Spannung fest [vgl. auch (*6*)]. Bei gut gereinigten Ölen bzw. aus guten Ölen und guten Harzen zusammengestellten Kompounden ist diese Neigung erfahrungsgemäß heute jedoch nur gering. Die möglichen Ursachen dieser Neigung werden eingehend in der Abhandlung von Nikuradse[1] erörtert. Auf die erwähnte Tatsache sei hier hingewiesen, um zu zeigen, daß ein am fertigen Kabel

[1] Siehe S. 15.

bei höherer Temperatur bzw. geringerer Viskosität des Tränkmittels beobachteter Anstieg der Fehlwinkelkurve mit der Spannung nicht unbedingt auf Glimmen zurückgeführt zu werden braucht, sondern auf eine Materialeigenart des Öles oder Kompounds.

3. Abhängigkeit des Verlustfaktors und der Leitfähigkeit der Kabelöle und Kompounde von der Temperatur. Da chemische Methoden zu grob wären, um innerhalb der an sich bereits sehr reinen Isolieröle beste und weniger gute Materialien unterscheiden zu können, müssen elektrische Methoden zu diesem Zweck herangezogen werden. Es kommen hier in Frage die Isolations- und die Fehlwinkelmessungen. Durch die Isolationsmessung werden im wesentlichen Verunreinigungen chemischer Natur angezeigt. Die Fehlwinkelmessung ist umfassender, weil sie außer den Leitverlusten, die bei Gegenwart solcher Verunreinigungen insbesondere bei höheren Temperaturen auftreten, auch den Anteil erfaßt, der offenbar nicht nennenswert von der Leitfähigkeit abhängt, sondern lediglich auf die physikalischen Eigenschaften (Viskosität, Molekül-Aufbau) der Öle bzw. Öl-Harz-Kompounde zurückzuführen ist.

In den ausführlichen Abhandlungen von Schumann und Nikuradse im Rahmen des vorliegenden Buches werden eingehend die Möglichkeiten zur Deutung der Natur der Verlustanteile bei niedrigen und hohen Temperaturen erörtert. Es braucht deshalb an dieser Stelle nur kurz hierauf eingegangen zu werden:

Mißt man Öle im Bereich zwischen 0 und 100°, so stellt man durchweg mit steigender Temperatur einen Anstieg des Fehlwinkels fest. Dieser Anstieg ist im wesentlichen auf die erhöhte Ionen-Beweglichkeit zufolge Verringerung der Viskosität zurückzuführen. Nur in relativ seltenen Fällen erfüllt der Kurvenverlauf jedoch exakt die Funktion $K \cdot \frac{1}{\eta}$, wobei K eine Konstante, η die Viskosität darstellt. In den meisten Fällen ist der Verlauf steiler. Mögliche Deutungen einer größeren oder kleineren Steilheit sind in der Arbeit von Nikuradse angegeben.

Dehnt man die Messungen auf den Bereich niedriger Temperaturen, etwa 0 bis —60° aus, so stellt man gewöhnlich auch mit fallender Temperatur zunächst einen Anstieg, dann jedoch nach Überschreiten eines Maximums wieder einen Abfall fest. Beim Vergleich verschiedener Öle zeigt sich, daß das Maximum für gewöhnlich angenähert bei gleicher Viskosität auftritt, ein Umstand, der für die Erklärung der Verlustnatur durch die Gegenwart polarer Molekeln spricht. Das Maximum liegt also bei um so niedrigerer Temperatur, je dünnflüssiger das Öl beispielsweise bei Zimmertemperatur ist. Einen höheren Betrag erreichen die erwähnten Maxima im Bereich niedrigerer Temperaturen erfahrungsgemäß dann, wenn den Ölen in mehr oder minder großer Menge Harze zugegeben werden. Je nach der Harzsorte und Harzmenge sind Werte für den tg δ von etwa 0,008 bis 0,04 experimentell ermittelt worden. Es ist durch Messungen erwiesen, daß sich bei gegebener Harzsorte die Höhe des Maximums durch Erde-Behandlung, also Reinigung des Kompounds, praktisch nicht beeinflussen läß. Die Verlustmaxima verschieben sich um so mehr nach höheren Temperaturen, je größer der Harzanteil, d. h. also, je höher die Viskosität des Kompounds ist. Auch diese Tatsachen sprechen für die Richtigkeit der Deutung dieser Verluste mit der Theorie von Debye, ohne daß hiermit ausgesagt sein soll, daß die verwickelten Vorgänge in den Isolierölen und Isolierkompounden durch die relativ einfachen grundsätzlichen Formeln von Debye in jedem Fall exakt erfaßt werden können. Betreffend Einzelheiten sei auch an dieser Stelle auf die teilweise von Schumann zitierten Originalarbeiten, insbesondere die Pionierarbeit von Kitschin, Arbeiten von Kirch und Riebel, Kirch, Kobeko u. a. hingewiesen.

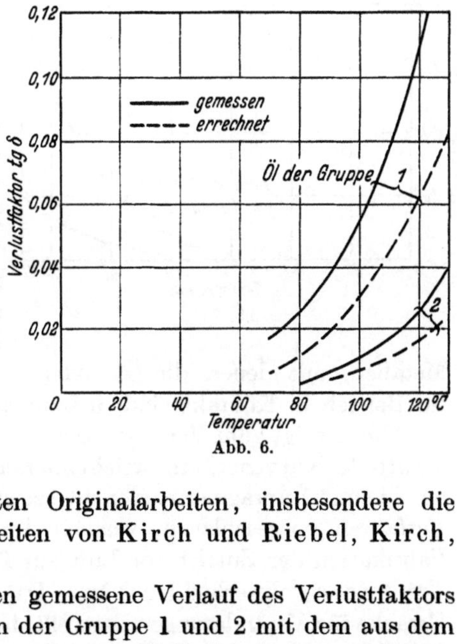

Abb. 6.

In Abb. 6 ist der bei 50 Perioden gemessene Verlauf des Verlustfaktors über der Temperatur von zwei Ölen der Gruppe 1 und 2 mit dem aus dem gemessenen Isolationswiderstand errechneten Fehlwinkelwert verglichen. Der Isolationswert ist hierbei nach einer Dauer von 1 min festgestellt. Der Vergleich zeigt, daß die aus der Gleichspannungsmessung errechneten Werte stets niedriger liegen als die mit Wechselspannung gemessenen Werte. Nun ist aber aus den Arbeiten von Whitehead (*4*) bekannt, daß der reine Isolationsstrom bei kurzzeitiger Elektrisierung des Dielektrikums größer ist als nach 1 min. Unter Berücksichtigung dieser Tatsache würden also die aus den Isolationswiderständen errechneten Fehlwinkelwerte näher an die mit Wechselstrom gemessenen heranrücken, vielleicht sogar vollkommen mit diesen zur Deckung kommen. Hieraus läßt sich also schließen, daß bei höheren Temperaturen der Verlustfaktor ganz bzw. bis auf einen geringen Anteil auf direkte Leitungsströme zurückzuführen ist.

4. Verlustfaktor und Alterungsbeständigkeit. Aber nicht nur zur Messung der elektrischen Eigenschaften im Anlieferungszustand werden die Fehlwinkel- oder Isolationsmessungen benutzt, sondern auch zur Bestimmung der relativen Alterungsempfindlichkeit verschiedener Öle oder Kompounde gegenüber verschiedenen Einflüssen. Versuche dieser Art werden von den verschiedenen Kabelherstellern in der verschiedensten Weise ausgeführt. Teils werden die Öle allein in einem offenen Gefäß bei erhöhter Temperatur während einer längeren Dauer der Einwirkung des Luftsauerstoffes ausgesetzt, teils wird der Vorgang durch Hindurchblasen von Luft oder Sauerstoff bzw. durch Einbringen von Metallen, mit denen die Öle oder Kompounde bei der Herstellung bzw. im Betrieb in Kontakt sind, beschleunigt.

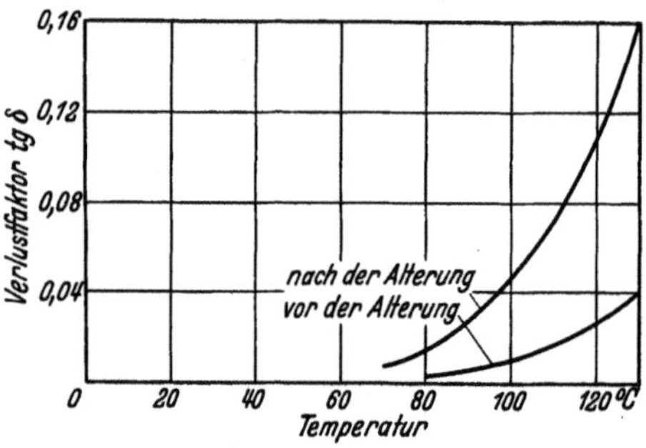

Abb. 7.

Abb. 7 zeigt zum Vergleich zwei an einem Öl vor und nach der Alterung ermittelte Kurven. Man ersieht hieraus, daß eine sorgfältige Handhabung der Öle und Imprägniermassen angezeigt ist. Einige Fabriken haben deshalb Verfahren vorgeschlagen, wonach durch besondere Maßnahmen bei der Fabrikation der Zutritt von Luft zur Tränkmasse, insbesondere zur heißen Tränkmasse, unterbunden wird. Da jedoch die Luft nicht die einzige Ursache für Veränderungen darstellt, haben andere Werke Anlagen erstellt, mit denen sie periodisch die in Gebrauch befindlichen Tränkmassen durch Erde-Behandlung und Filterung reinigen können.

5. Praktisch erreichbare Verlustfaktoren fertiger Kabel. Welche Verbesserungen bezüglich der isolierenden Eigenschaften der in der Kabeltechnik verwendeten Öle und Kompounde erzielt worden sind, erhellt am besten beim Vergleich der obigen Angaben mit Werten aus der älteren Literatur (*5*, *6*). Obwohl diese Veröffentlichungen erst etwa 10 bzw. 9 Jahre zurückliegen, unterscheiden sich die Fehlwinkelbeträge bei höheren Temperaturen fast um eine Größenordnung. Hierzu sei bemerkt, daß die in obigen Kurven gezeigten Werte keineswegs als Parade-Werte, wie sie durch eine besondere Behandlung erzielt werden können, anzusprechen sind, sondern Werte sind, die man bei sachgemäßer Behandlung heute in den Ölraffinerien erzielen bzw. durch eine richtige Nachbehandlung in der Kabelfabrik aufrechterhalten kann.

Als Beispiel, das für den heutigen Stand der Technik der dünnflüssigen Isolier- und Kabelöle kennzeichnend ist, sei hier der Verlustwinkelverlauf eines Ölkabels in Funktion der Temperatur erwähnt (Abb. 8). Die Kurve zeigt bei 0 und 100° C angenähert den gleichen Wert von etwa $\operatorname{tg} \delta = 0{,}004$ bis $0{,}005$. Zuweilen werden bei 100° sogar Werte erzielt, die unterhalb des genannten Betrages liegen. Das Minimum einer solchen Kurve liegt etwa bei 50 bis 60° C. Der Tangens des Verlustwinkels beträgt hier etwa 0,0025 bis 0,0035.

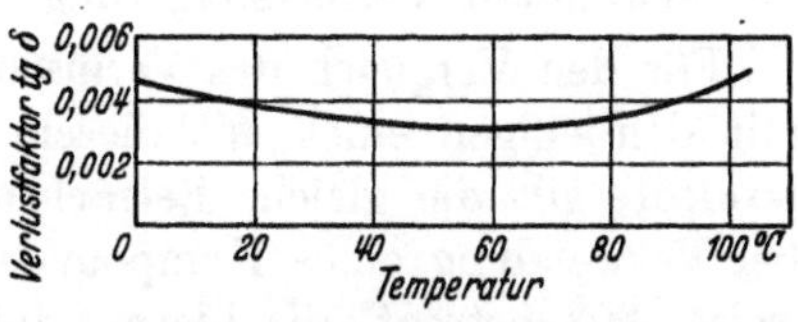

Abb. 8.

Der auf direkte Ionenleitung zurückführende Anteil des Verlustwinkels ist in diesem Fall nur verhältnismäßig gering. Er tritt erst bei höheren Temperaturen in Erscheinung und bewirkt den etwa ab 50 bzw. 60° erkennbaren und mit wachsender Temperatur steiler werdenden Anstieg. Überragend ist der Verlustanteil, der mit fallender Temperatur steigt. Die Natur dieser Verluste, die im wesentlichen der Gegenwart des Papiers zuzuschreiben sind, und auch am unimprägnierten Wickel beobachtet werden können, ist noch nicht restlos geklärt. Wenn es sich um einen mit einem Öl-Harz-Kompound imprägnierten Wickel handelt, so verursacht unstreitig der Kompound auf Grund der bei niedrigen Temperaturen auftretenden, oben erwähnten Verlustkomponente einen nicht zu vernachlässigenden Anteil. Anders ist es jedoch — wie im vorliegenden Fall — bei Tränkung mit dünnflüssigem Öl, dessen Verlustmaximum bei sehr viel geringerer Höhe im Bereich sehr viel tieferer Temperaturen liegt, so daß sich also der hiervon herrührende Verlustanteil bei Temperaturen von 0 bis etwa 60 oder 70° in sehr kleinen Grenzen bewegt.

Das gezeigte außerordentlich günstige Resultat ist das Ergebnis einer weitgehenden Reinigung des Kabelpapiers von wasser- und öllöslichen Elektrolyten sowie einer gründlichen Behandlung des Öles und konnte dementsprechend nur durch eine enge Zusammenarbeit zwischen Papiermacher, Öllieferant und Kabelhersteller erzielt werden. Dünnflüssige Öle, wie sie für Ölkabel Verwendung finden, lassen sich heute soweit reinigen, daß der Tangens des Verlustwinkels bei 100° nur mehr etwa 0,002 oder weniger beträgt. Der Hauptanteil des Verlustwinkels der Kabelisolation ist hier also dem Papier zuzuschreiben. Dies geht am deutlichsten aus der Tatsache hervor, daß bei hoher Temperatur der Verlustwinkel eines mit einem hochgereinigten Öl imprägnierten Kabelpapiers tiefer liegt als der eines unimprägnierten Kabelpapiers. Dies ist nicht, wie manchmal irrig angenommen wird, ein Trugschluß. Die Verluste werden zwar, da auch das beste Öl einen kleinen Verlustbeitrag liefert, beim imprägnierten Material größer. Da jedoch gleichzeitig durch das Imprägnieren mit Öl eine Steigerung der Dielektrizitätskonstante etwa im Verhältnis 1,6 bis 1,8 eintritt, muß dennoch der Fehlwinkel, der ja das Verhältnis von Wirkleistung zu Blindleistung darstellt, trotz der erwähnten Verluststeigerung sinken.

Für den Vergleich des Verlustwinkels eines Imprägnierkompounds mit demjenigen eines mit diesem Kompound imprägnierten Papierwickels gilt die gleiche Betrachtungsweise. Es ist also zu erwarten, daß bei Verwendung eines Kompounds, dessen Fehlwinkel bei 100° beispielsweise 0,03 beträgt, die hiermit imprägnierte Papierisolation je nach der Höhe des Fehlwinkels des unimprägnierten Papiers einen Fehlwinkel aufweisen kann, der höher, gleich bzw. niedriger liegt als der Wert des Kompounds selber. Bei Wahl guter Papiersorten und bei sachgemäßer Durchführung der Trocknung liegt heute der Fehlwinkel des imprägnierten Papiers durchweg niedriger als der des Tränkkompounds allein.

D. Durchschlag im Kabel als Folge der Verkäsung des Tränkmittels.

1. Die Vorgänge bis zum endgültigen Durchschlag. Die oben gezeigten günstigen Resultate könnten den Eindruck erwecken, als ob das Problem der Isolieröle und Isolierkompounde heute restlos gelöst sei. Dies ist jedoch nicht der Fall. Zutreffend ist vielmehr, daß dies Problem dank intensiver Bemühungen aller Beteiligten heute soweit als erledigt betrachtet werden kann, daß die Gefahr eines einfachen Wärme-Durchschlages, mit dem man früher wegen der hohen Verluste in Ölen oder Kompounden insbesondere in einem betriebsmäßig hoch beanspruchten und beispielsweise durch hohe Kurzschlußströme stark erwärmten Kabel rechnen mußte, heute gebannt ist.

Wenn dennoch bei Massekabeln Durchschläge zu verzeichnen sind, so sind diese nicht auf ungünstige elektrische Eigenschaften der Isoliermaterialien, also des Papiers, des Öles oder des Kompounds zurückzuführen, sondern als Folge der Empfindlichkeit des Öles gegenüber Glimmentladungen zu bezeichnen. Wie aus der einschlägigen Literatur hervorgeht, ist bei hochbeanspruchten Massekabeln in allen Ländern die Beobachtung gemacht worden, daß unter der Einwirkung der bei Massekabeln unvermeidlichen Glimmentladungen der Tränkkompound bzw. das Tränköl — wie oben angegeben — im Laufe der Zeit „verkäst"[1]. Unter diesem Begriff sind zusammengefaßt Kondensations- und Polymerisationsvorgänge, die unter erheblicher Volumenkontraktion des Tränkmittels sowie unter Gasbildung stattfinden und als Endergebnis einen wachsartigen, in einer Reihe von Lösungsmitteln nicht mehr löslichen Körper zeigen. Die elektrischen Eigenschaften dieses Körpers (Leitfähigkeit und Fehlwinkel) sind nicht als so schlecht zu bezeichnen, daß hierauf der Durchschlag zurückgeführt werden könnte. Ein an solchen Stellen eingetretener Durchschlag ist vielmehr so zu deuten, daß zufolge der starken Volumen-Kontraktion des Tränkmittels unter der Einwirkung der Glimmentladungen die Hohlräume vergrößert werden und damit schließlich die Glimmentladungen selbst wiederum an Intensität zunehmen. Schließlich kommt es nach sehr starker Volumen-Zusammenziehung des Tränkmittels unter gleichzeitiger Gasbildung zu einer Vereinigung der ursprünglich an voneinander getrennten Glimmstellen (insbesondere in den Stoßstellen zwischen zwei Papierwindungen) wirksamen Glimmentladungen, so daß hierdurch größere Teile des Dielektrikums überbrückt werden. Hiermit steigert sich naturgemäß wiederum die Verlustleistung, die in einer solchen veränderten in eine Art Gleitentladung übergehenden Entladungsform frei wird, so daß das Tempo bis zum endgültigen Durchschlag immer mehr gesteigert wird. Eine solche Hintereinanderschaltung von Hohlräumen mit den hieraus resultierenden Folgen findet naturgemäß da statt, wo die Voraussetzungen hierfür am günstigsten sind. Dies braucht nicht unbedingt am Leiter, also an der Stelle höchster Feldstärke zu sein, sondern kann ebensogut in der Mitte der Isolation der Fall sein, wofern hier vom Anfang an größere Hohlräume vorgelegen haben bzw. die Bedingungen für die Bildung neuer Hohlräume günstiger als an anderen Stellen sind.

2. Technische Maßnahmen zur Bekämpfung der Verkäsungsgefahr. Es ist bis heute der Öltechnik noch nicht gelungen, die Öle nennenswert gegenüber Glimmentladungen immun zu machen. Solange dies Ziel jedoch

[1] Vgl. hierzu auch den Beitrag von H. Stäger, S. 122.

nicht erreicht ist, bleibt dem Kabeltechniker keine andere Wahl als durch besondere Maßnahmen der Anfälligkeit des Öles in der beschriebenen Hinsicht Rechnung zu tragen, d. h. also Glimmentladungen durch Drucksteigerung in den Hohlräumen bzw. Vermeidung der Hohlräume (Druckgaskabel, Druckkabel und Ölkabel) zu unterbinden.

Was Ölkabel angeht, so sind in der ersten Zeit, wie aus der Literatur bekannt (*7*), Schwierigkeiten durch Gasen des Öles entstanden. Dieses Gasen war, wie bei Massekabeln, offenbar ebenfalls auf Glimmentladungen in durch die Montage im Kabel oder den Garnituren verursachten Hohlräumen zurückzuführen. Dank eingehender Studien, insbesondere von Emanueli, ist es jedoch geglückt, Öle ausfindig zu machen, die unter der Einwirkung von Glimmentladungen Gase zu absorbieren vermögen, so daß diese anfänglichen Schwierigkeiten mit Ölkabel-Ölen als überwunden gelten können.

3. Verbesserung der Öle zur Milderung und Beseitigung der Schwierigkeiten. Entschieden schwieriger ist jedoch das oben erwähnte Problem der Immunisierung der Öle und Kompounde für normale Massekabel gegen die dauernde Einwirkung von Glimmentladungen. Aber vielleicht stellen die erwähnten Verbesserungen an Ölkabel-Ölen bereits den ersten, wenn auch nur relativ kleinen Schritt auf dem Wege zur Lösung dieses Problems dar. Wenn auch eine restlose Lösung nicht möglich wäre, so wäre doch bereits viel gewonnen, wenn es gelänge, durch besondere Maßnahmen eine Verlangsamung der Alterungsvorgänge um einige Zehnerpotenzen zu erreichen. Hier bietet sich also dem Öl-Chemiker ein ebenso lohnendes wie schwieriges Betätigungsfeld.

Dem Kabelwerk Oberspree der AEG sage ich an dieser Stelle meinen Dank für die Überlassung des Materials.

Literatur.

1. Riley and Scott: J. Amer. Inst. electr. Engr. Bd. 66.
2. Kirch: In Petersen: Forschung und Technik. Berlin: Julius Springer 1930.
3. Rooper: Trans. Amer. Inst. Electr. Engr. Bd. 52 (1933).
4. Whitehead and Marvin: J. Amer. Inst. Electr. Engr. 1930, March.
5. Birnbaum: Elektrotechn. Z. 1924, S. 229.
6. Emanueli: High Voltage Cables. London: Chapman & Hall 1929.
7. Horley: J. Amer. Inst. electr. Engr. 1937 Nr. 481.

Namenverzeichnis.

Stichwortverzeichnis.

(Gesperrt gedruckte Wörter sind an anderer Stelle des Verzeichnisses als Stichwörter zu finden. Namen sind im besonderen Namenverzeichnis aufgeführt.)

wirkenden Lösungsmitteln. Die Schwefelsäureraffination beruht darauf, daß durch Zumischen von konzentrierter oder rauchender Schwefelsäure weniger beständige Inhaltsstoffe chemisch angegriffen und in den ölunlöslichen Säureteer überführt werden. Der Säureteer wird dann vom Öl geschieden. Ein zu starker Angriff der Schwefelsäure auf das Öl (Überraffination) verringert die Alterungsbeständigkeit.
Die Raffination mit auswählend wirkenden Lösungsmitteln unterscheidet sich grundsätzlich vom Schwefelsäureverfahren dadurch, daß sie nicht einem chemischen Angriff, sondern eine Lösung — also einen rein physikalischen Vorgang — darstellt, bei dem das Öl geschont wird. Das Öl wird bei diesem Verfahren mit einem Lösungsmittel gemischt, daß die Eigenschaft hat, die leicht angreifbaren, d. h. unerwünschten Bestandteile des Öles zu lösen, während die beständigen gesättigten Kohlenwasserstoffe sich nicht lösen. Auf diese Weise werden beide Ölgruppen voneinander getrennt. Als Lösungsmittel verwendet man häufig verflüssigtes Schwefeldioxyd. Die Raffination mit auswählenden Lösungsmitteln ermöglicht es, Öl immer gleichbleibender Güte unabhängig von der Herkunft des Erdöles herzustellen.

Raffination durch Adsorption bedient sich gewisser feinporiger Körper, die das Bestreben haben, fremde Moleküle aufzunehmen und festzuhalten. Als Maß für die bindende Kraft dient die Benetzungswärme. Sie ist am größten bei ungesättigten Verbindungen und solchen, die Sauerstoff und Stickstoff enthalten. Die Raffination durch Adsorption kann daher auch zur Auffrischung gealteter Öle angewendet werden. Als feinporige Stoffe werden entweder Knochenkohle oder andere amorphe Kohlearten oder verschiedene Hydrosilikate (Bleicherden) verwendet.

Raffinationsgrad. Eine genaue Definition des Begriffes „Raffinationsgrad" gibt es nicht. Einen Anhalt über den Raffinationsgrad von verschiedenen Ölen gleicher Herkunft bietet das spezifische Gewicht.

Raumladung. Hat eine elektrische Ladung die Form einer Wolke aus Ladungsträgern, so spricht man von einer Raumladung. Solche Raumladungen bilden sich in dielektrischen Flüssigkeiten zwischen den Elektroden, wenn an die Elektroden eine Spannung angelegt wird.

Reaktion im chemischen Sinne ist allgemein die Bezeichnung für jede beliebige chemische Umsetzung. Insbesondere spricht man von einer sauren, neutralen oder alkalischen Reaktion von Stoffen je nach deren Verhalten gegenüber Reagenzpapier oder anderen Indikatoren.

GPSR Compliance

The European Union's (EU) General Product Safety Regulation (GPSR) is a set of rules that requires consumer products to be safe and our obligations to ensure this.

If you have any concerns about our products, you can contact us on ProductSafety@springernature.com

In case Publisher is established outside the EU, the EU authorized representative is:

Springer Nature Customer Service Center GmbH
Europaplatz 3
69115 Heidelberg, Germany

Batch number: 10682421

Printed by Printforce, the Netherlands